中等职业学校教学用书（计算机应用专业）

Word 2003、Excel 2003、PowerPoint 2003 上机指导与练习

谢宝荣　编著

谢四正　王　颖　参编

電子工業出版社

Publishing House of Electronics Industry

北京 • BEIJING

内 容 简 介

本书与《Word 2003、Excel 2003、PowerPoint 2003 实用教程》（以下简称《实用教程》）配套使用，是Microsoft Office 2003 三个核心软件的技能训练指导书。全书共分为 13 章，主要内容包括：Word 文档的编辑和排版；图形处理和表格处理；邮件合并、宏、大纲；插入域对象及交叉引用；Excel 2003 数据管理、复杂计算与图表；PowerPoint 2003 的基本应用；Office 2003 组件之间的综合应用。

本书可作为中等职业学校的学生用书和教师用书，也可以作为社会培训教材或自学参考书。本书训练题量较大，而且内容丰富，技能实用，方法新颖，是任务驱动式上机操作指导书，其中一些训练题还可以作为职业技能的竞赛题。

为了方便教师教学和学生学习，本书配有电子资料包，详见前言。

图书在版编目（CIP）数据

Word 2003、Excel 2003、PowerPoint 2003 上机指导与练习/谢宝荣编著．—北京：电子工业出版社，2013.6
中等职业学校教学用书・计算机应用专业
ISBN 978-7-121-19902-8

Ⅰ．①W…　Ⅱ．①谢…　Ⅲ．①文字处理系统－中等专业学校－教材②表处理软件－中等专业学校－教材③图形软件－中等专业学校－教材　Ⅳ．①TP391

中国版本图书馆 CIP 数据核字（2013）第 054433 号

策划编辑：关雅莉
责任编辑：刘真平
印　　刷：北京虎彩文化传播有限公司
装　　订：北京虎彩文化传播有限公司
出版发行：电子工业出版社
　　　　　北京市海淀区万寿路 173 信箱　邮编 100036
开　　本：787×1 092　1/16　印张：18.5　字数：473.6 千字
版　　次：2013 年 6 月第 1 版
印　　次：2019 年 8 月第 8 次印刷
定　　价：32.80 元

凡所购买电子工业出版社图书有缺损问题，请向购买书店调换。若书店售缺，请与本社发行部联系，联系及邮购电话：（010）88254888，88258888。

质量投诉请发邮件至 zlts@phei.com.cn，盗版侵权举报请发邮件至 dbqq@phei.com.cn。

本书咨询联系方式：（010）88254500。

前　　言

训练题特点明显

作者多年从事计算机职业教育与研究工作，曾经设计和累积了许多 Office 上机操作训练题。这次，从积累的训练题中选出一些有代表性的，充分体现 Office 软件操作基本技能和基础知识的实例，并经过修改、充实，配合一些操作技巧，汇集成这本《Word 2003、Excel 2003、PowerPoint 2003 上机指导与练习》。在本书中，作者力图让学生在完成训练题的过程中，勤于动手，善于动脑，手脑互动，全面发展，使学生在上机操作中积累走上工作岗位的资粮，为就业创造条件。为此，训练题具有以下几个特点：

三突出：突出文化教育，突出技能训练，突出 Word 在视窗应用软件中的基础作用。

三结合：知识与技能结合，动手与动脑结合，教学与自学结合。

三提高：提高共性操作能力，提高逻辑分析能力，提高想象创新能力。

三重视：在 Word 中，以往多重视处理"文"，现在增加"字处理"的力度。本书训练题中所用到的素材，有许多是儒家经典中的文句和字词，经常接触古文和繁体字，可以了解汉字的结构及优点，了解难字的组成及输入方法。另外，还可以从古文中学习到儒家的思想，接触到深奥的意境。在 Excel 中，重视排序、筛选、汇总与分析等数据处理的内容。在 PowerPoint 中，重视"项目训练"，用一个大任务将建立演示文稿，以及插入多种信息、设定统一格式、动画和链接、切换及播放等融为一体。

训练题结构清晰

训练题就是"实训任务"，题目文字从字义上体现两部分内容。一部分是训练题的主要任务，另一部分突出所用知识就是本小节的主要内容。小节内容基本与《实用教程》一致。完成实训任务通常包括如下几个环节。

任务描述：用非专业术语叙述任务的基本要求，并以最终效果图展示任务完成后的理想效果，说明完成任务所依赖的主要知识和技能，同时还要交代所需要的素材及其来源。

任务分析：从最终的效果出发，往回逆向分析，直到出现素材，从而获得完成任务的完整思路和应该采取的具体措施。

上机指导：介绍常规性的操作方法和步骤，有些善巧方法及窍门另外提示；有些基本思路和方法都是共性的，从操作 Office 软件到操作其他窗口软件，都可能用到。

在上机指导过程中，经常出现"心灵手巧"小栏目，其初衷是让学生知道，技巧的根基还是基础知识，善于动脑才能得心应手，勤于动手就能开发智慧。小栏目总结做题中的技巧，同时启发学生探讨采用其他方法完成任务，目的是提倡思维，锻炼头脑，提高效率。

知识梳理：在每节的后面，将对完成本节各训练任务时所依据的共性基础知识进行梳理和总结，这些内容也可以作为知识铺垫在训练之前提前讲解，至于在前还是在后，要根据学生基础的差异来灵活掌握。

自主学习：为了检测学习效果，巩固学到的知识和技能，在每节的后面还为学生课后独立学习提供了新颖、有趣的训练题，采用读图、绘图、连线等方式设计题目。"自主学习"的笔答过程弥补了实操训练的不足，使任务驱动的作用趋于完善。

综合训练：每章后面有一些综合训练题，将本章各节中的重点知识和技能串联起来，完成综合训练题可能需要较多的课时，可以灵活选做。

训练题注重拓展

拓展知识和技能是编写计算机教材的重要理念。本书是许朝霞老师主编的《实用教程》的配套教材，注重实践操作。本教材既尊重《实用教程》的内容，又在章节训练中增加了一些“拓展”题。Office 以办公精品软件的身份融入社会已经 20 多年了，它所依靠的计算机也已经家喻户晓。因此，一些简单的操作没必要详细介绍，而应该重视学习一些学生尚未掌握但将来很有用处的技能和知识。

训练题课时适当

每节课所安排的全部训练题，利用大约 1~2 课时就可以做完。一般情况下，学生可以参考“上机指导”独立完成任务，难度较大的题目可以让基础比较好的学生先做。教师可以灵活处理，适当缩减难度较大任务中的一些重复性的操作，可以节省一些时间。

训练题配套素材

训练题素材是加工材料，是制作优质作品的必要保证。本书提供所有训练题所需要的各类素材，如图片、文本等，还有作者编写题目时做的题样，作为电子资料包提供给学生，可以提高学生学习和训练的效率。上机前必须将整个电子资料包的文件复制到学生的计算机中，以便密切配合“上机指导”，“自主学习”的答案也随电子资料包提供给学生，仅供参考。电子资料包请登录华信教育资源网（http://www.hxedu.com.cn）免费注册后进行下载。

作者由衷希望

本书由谢宝荣、王荣欣编著，参加本书编写的还有谢四正和王颖。在本书出版发行之际，作者感谢选择本教材的教师和使用本教材的学生，并由衷希望读者在上机训练的时候，不但注重提高操作技术，还应该善于思维，用大脑指挥双手，避免把计算机当成普通的工具来使用。因此，建议使用本教材的学生，面对每一个“实训任务”，不要急于获取操作方法，也不要一步不离地跟着“上机指导”走，而应该看清“任务描述”，尤其要依据“任务分析”，确定自己的操作方法，独立思考，独立做题。当自己完成任务后，可以与“上机指导”相对照，从中寻找答案、学习技巧、改正错误。希望您用越来越聪明的头脑深入到计算机中去，开发和探取无量的宝藏，用于社会实践，用来完善自我。本书有不足之处，欢迎指正、沟通、探讨。

编著者

目　录

第 1 章

中文版Office 2003简介

训练目标

- 自定义安装 Office 2003 各个组件和配件;
- 掌握组件的启动和关闭方法;
- 采用三种方法联机获得帮助。

第1节 Office 2003的组成与启动

本节将介绍办公套件 Office 2003 的组件名称，重点掌握自定义安装中的要点，以便减少由于安装不全给后来完成训练题带来的麻烦。

实训任务 1：通过自定义安装常用组件了解 Office 2003 的组成

任务描述

在计算机中安装 Office 2003 的 3 个主要软件 Word、Excel 和 PowerPoint，保证将来软件能够独立运行，不会再与安装程序发生联系。另外，还要安装两套配件。

任务分析

通过安装，既能了解 Office 2003 包括哪些组件，还能了解每个组件的内部组成。只有选择“自定义安装”选项，才有权利选择安装的组件和其他配件。只有选择“在本机运行全部程序”选项，才能保证软件运行不再依赖安装软件。另外，还应该全部安装“Office 共享功能”和“Office 工具”组件。例如，只有安装了“微软拼音输入法 2003”，才能保证“拼音指南”能够自动为汉字标注汉语拼音。

上机指导

（1）启动安装程序：插入安装光盘，一般会自动出现安装画面。如果不能自动运行，双击“Setup.exe”程序进入安装过程。

（2）选择组件及选项：选中 3 个组件，并选择“选择应用程序的高级自定义”选项，如图 1-1 所示。

图 1-1　选择三个组件和选择“选择应用程序的高级自定义”选项

（3）在“高级自定义”画面中，在“Word”、“Excel”、“PowerPoint”、“Office 共享功能”和“Office 工具”的下拉菜单中选择“在本机运行全部程序”，对于其他组件都选择“不安装”，如图 1-2 所示。

图 1-2　选择组件的安装内容

实训任务 2：启动 Excel 观看工作簿图表

任务描述

在 Excel 2003 环境下，打开一个系统自带的样本文件，文件的内容是反映全国各地区钢铁产量的 Excel 图表，能够一目了然地看出某地区产量占总产量的百分比。

任务分析

在 Office 2003 自带的样本文件 xl8galry.xls 中专门储藏了一些外部式图表，这些图表的形态各异，其中，以饼图最能够反映比例问题。由于饼图隐藏在工作表标签条的右侧，因此，需要操作标签上的移动按钮才能显露出“分裂饼图”图表。

上机指导

（1）启动软件：按照“开始→所有程序→Microsoft Office→Microsoft Office Excel 2003”的顺序打开电子表格软件窗口。

（2）打开工作簿文件：从“文件”菜单中选择“打开”，打开 C:\Program Files\Microsoft Office\Office11\2052\ xl8galry.xls 文件，显示第 1 张“自然条形图”，其外观如图 1-3 所示。

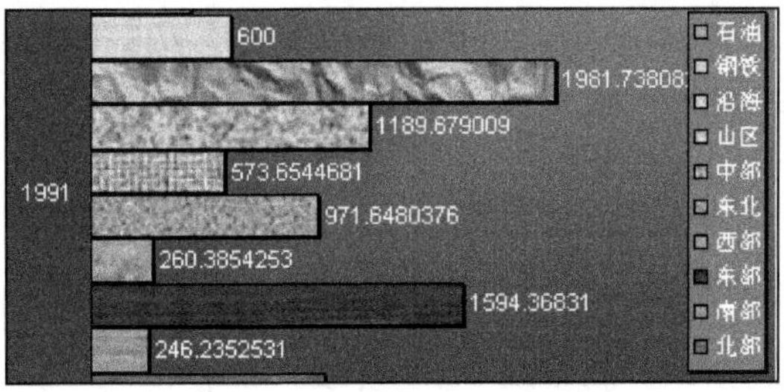

图 1-3 图表中的自然条形图

（3）查找图表：单击“工作表标签条”上的“右移标签”按钮（▶），移动工作表标签条，直到看见“分裂的饼图”为止。

心灵手巧：按住 Shift 键，再单击窗口下方的“工作表标签”的滚动箭头，可以一次滚动多个工作表；对准“标签滚动”箭头按右键，在弹出的菜单中列出所有工作表的名字。

（4）激活图表：单击工作表标签上的“分裂的饼图”，激活该图表。

（5）关闭窗口：由于没有进行任何操作，双击 Excel 2003 窗口左上角的“窗口控制”按钮，从中选择“关闭”，就会直接退出软件。

自主学习

填空题

（1）Microsoft Office 2003 是________公司的产品，其中，Word 2003 是________软件，Excel 是________软件，PowerPoint 是________软件。

（2）打开 Office 2003 的几个常用组件，利用快捷菜单查看该软件所包含的工具栏名称，然后，在横线上填写以下工具栏属于哪个应用软件所有。

“DHTML 效果”工具栏属于________软件；“动画效果”工具栏属于________软件；

“数据透视表”工具栏属于________软件；“其他格式”工具栏属于________软件。

第2节 Office 2003的帮助功能

计算机软件的共同特点是便于自学，Office 2003 当然也不例外。Office 2003 能够为用户提供多种方式的帮助，具体采用哪种方式，因具体问题和个人爱好而定。

实训任务 1：从“帮助”菜单找到使用“拼音指南”的方法

任务描述

能够做到有求必应的是“帮助”菜单中的第一条命令，与按“F1”键等同。用户在利用

"拼音指南"为汉字标注汉语拼音时，"拼音指南"不能自动提供默认读音，必须人工输入拼音。利用帮助功能可解决这个问题。

任务分析

通过按 F1 键可以打开"Word 帮助"对话框，寻求帮助的关键问题是在"搜索"框中如何输入检索关键词。在本题中，可以输入"为什么'拼音指南'不显示拼音"，也可以只输入"拼音指南"。单击"搜索结果"窗口中的"拼音指南"项，就能得到问题的答案。

上机指导

（1）单击"帮助"菜单，选择"Microsoft Office Word 帮助（F1）"选项，打开"Word 帮助"对话框。

（2）在"搜索"框中输入"拼音指南"后回车，出现"搜索结果"对话框。

（3）单击结果列表中的"拼音指南"项，显示最后的答案，如图 1-4 所示。

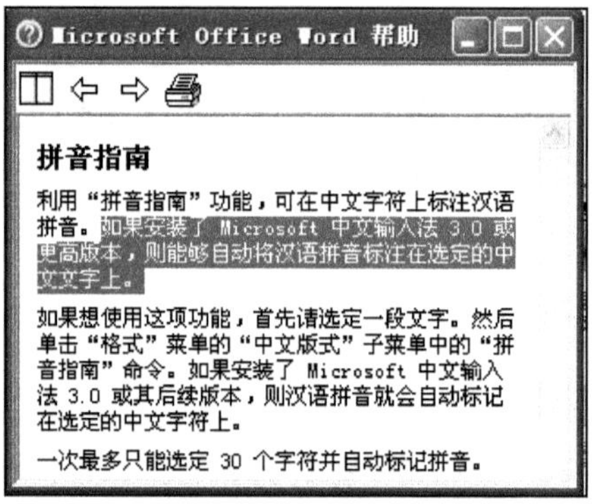

图 1-4　搜索"拼音指南"的结果

知识梳理

Office 2003 可以采取不同的帮助方式解决疑难问题，包括：选择"帮助"菜单的"Microsoft Office Word 帮助"（或直接按"F1"功能键）；单击助手图标，在打开的对话框中输入需要解决的问题等。需要注意的是，在安装 Office 2003 时，如果不是完全安装，在选择助手时系统将提示："所选助手角色无效。这项功能目前尚未安装，是否现在安装？"，此时，插入原安装光盘并确认，系统将增补与助手相关的内容。

实训任务 2：通过互联网帮助了解 Office 2003 新功能

任务描述

用户在使用 Word 2003 中出现许多新的想法，有时希望微软公司能够有新产品出现，以便使自己的想法得到满足。

任务分析

在“帮助”菜单中专门设立一个选项，不必启动 I E 软件就能够快速链接到微软公司的客服中心，寻求自己需要的帮助信息。上网之后，其操作过程与平时上网没有特殊之处。

上机指导

（1）连接微软网站：启动 Word，选择“帮助”菜单中的“Microsoft Office Online（M）”选项，直接指向微软客服中心网站。

（2）选择项目：因为自己是想知道微软最近是否有新产品发布，所以应该单击“产品”选项，在主页上找到自己想了解的内容所在的栏目“Office 产品”。

（3）选择具体信息：单击“所有产品”，通过发布日期确定哪些是新产品。选择“Word 2010”，屏幕上将显示该产品的主要信息。如果想了解信息的功能，可以进入“More（更多）”页面。

自主学习

1. 填空题

（1）如果窗口中没有 Office 2003 助手，执行________菜单的________命令可以显示助手，对准助手按________键，利用快捷菜单能够隐藏助手。

（2）在 Word“帮助”菜单中能够与互联网发生联系的 3 个选项是________、________和________。

2. 简答题

（1）在“请问您要做什么？”对话框中输入关键词有哪些规定？哪一类的关键词能够高效率地搜索到准确的帮助信息？

（2）执行“编辑”菜单的“查找”命令时，助手在做什么？选择“工具”菜单的“拼写和语法”选项时，助手的表情如何？在保存文件时，助手举起了什么东西？意味着什么？

第 2 章

Word 2003基础知识

训练目标

- 窗口结构；
- 建立、保存、打开与查找文档；
- 输入文档内容；
- 视图模式。

Word 2003 是 Office 2003 的核心和灵魂，牢固掌握其基础知识和基本技能，感悟其风格和艺术，就会自然而然地形成一种能力，这种能力不但能够降低后来学习 Excel 2000 和 PowerPoint 2000 的压力，而且还能够为全面掌握计算机操作技术奠定坚实的基础。

第1节 认识Word 2003的工作界面

实训任务 1：通过操作菜单和按钮使窗口组成结构发生变化

任务描述

启动 Word 2003，打开应用程序窗口，在“页面”视图模式下，通过操作窗口的菜单或按钮来改变窗口的尺寸，使窗口内部的组成结构发生变化，从而更加深刻地了解窗口的组成及功能，同时掌握窗口操作的基本方法。

任务分析

工作窗口是人机交互的场所，是处理素材的平台。启动 Word 2003 时，展现在读者面前的窗口是默认状态，这种状态都可以改变。通过改变窗口及其部件的状态，可以辅助了解窗口的功能和各个部件的作用。

上机指导

（1）改变尺寸：在 Word 窗口中，单击右上角的“还原”按钮，使窗口尺寸可以调整。然后，拖曳窗口的边框或角框，把窗口的尺寸缩小到大约是最大化的四分之一左右。

（2）隐藏工具：鼠标对准窗口菜单按右键，从快捷菜单中单击“格式”和“绘图”，暂时隐藏这两个工具栏。打开“选项”对话框中的“视图”选项卡，取消“垂直标尺”复选框，确定后，垂直标尺消失了。

（3）改变刻度：切换到“选项”对话框的“常规”选项卡，在“度量单位”框中选择“厘米”，确定后，水平标尺的刻度单位由默认的“磅”改成“厘米”了。

（4）显示网格：在“视图”菜单中单击“网格线”项，在页面上出现横格线。

（5）改变比例：从“常用”工具栏“显示比例”列表框中，选择显示比例“25%”。

实训任务 2：通过操作“页面设置”对话框设置文档网格

任务描述

以素材文件“儒家《诗经》（一）.doc”为素材，通过设置工作区域的网格，熟悉对话框的几个主要部件的功能和操作方法，同时了解网格对编排文档的辅助作用。

任务分析

网格设置是比较复杂的事情，如果处理不当会引来许多麻烦。但是，当必须借助于网格来实现文档中多个对象的精确对齐时，就会感觉到网格的作用了。

上机指导

（1）打开素材文件：打开电子资料包“基础知识”文件夹中的“儒家《诗经》（一）.doc”，以此文档为基础进行“对话框操作”训练。

（2）打开对话框：在“文件”菜单中打开“页面设置”对话框，切换到“文档网格”选项卡，进行设置网格的对话。

（3）确定选项：在“文字排列”选区中，单击“垂直”单选框，使文字竖向排列。在“网格”选区中选中“文字对齐字符网格”单选框。

（4）设置行数和字符数：设定“字符”数是每行 9 个，设定“行”数是每页 12 行。

（5）确定应用范围：单击“预览”区的“应用于”列表框，在下拉列表中，选择应用范围为“整篇文档”。

（6）选择复选框：单击“绘图网格”按钮，打开“绘图网格”对话框，选中“在屏幕上显示网格线”复选框，再选定“垂直间隔”复选框，并设定参数是“2”，“水平间隔”是“1”。其他复选框都不选择。此时，文档工作区的状态如图 2-1 所示。

图 2-1　利用对话框设置文档网格

心灵手巧： 有些按键能够代替鼠标操作。❶按 Alt 或 "Shift+Alt" 组合键可以向下或向上移动光标；❷按空格键能够选中或取消复选框或单选框，还能拉下列表框；❸按上下箭头键改变增量框中的数值；❹用上下箭头键寻找目标，按回车键选中目标。

知识梳理

对话框是人机对话的主要手段；快捷菜单是常规菜单的精选命令的集合；任务窗格的内容基本是原来菜单命令的复制；视图模式可以辅助不同的编排内容。

自主学习

1. 连线题

（1）用笔将左侧的"目的"与右侧的"实现方法"画连线。

显示或隐藏工具栏	利用"视图"菜单
显示或隐藏垂直标尺	利用"常用"工具栏
改变显示比例	利用"选项"对话框
显示网格	利用"格式"工具栏

（2）在下面所示的"部件的特点"和对应的"对话框部件"之间画连线。

可以同时选中两个	单选框
能够改变数值	复选框
至少提供两个	增量框

2. 判断题

（1）Word 窗口关闭时，其程序可以在后台运行。（□正确，□错误）

（2）窗口显示比例放大之后，文档中文本的字号也被放大了。（□正确，□错误）

第2节 新建及保存Word文档

本节训练的主要内容是采用多种方法新建 Word 文档，"新建"命令可以从工具栏和菜单中直接获得。在新建文档时还将接触到模板和向导的概念。

实训任务 1：新建及保存我的第一个 Word 文档

任务描述

以电子资料包中的文档文件"儒家《四书五经》简介.doc"为训练素材，新建一个 Word 空白文档，把素材文档中的古诗内容复制到新建文档中，关闭文档窗口时保存文件，新文件名为"我的第一个 Word 文档.doc"。

任务分析

新建文档虽然简单，但是，由于文档内容改变了，所以在关闭窗口时就麻烦了，系统要询问是否保存文档内容，保存到什么地方，存盘的文件名是什么等。

上机指导

（1）新建空白文档：执行“文件”菜单的“新建”命令，在打开的对话框中单击“空白文档”选项，新建文档的窗口马上打开。

心灵手巧：单击“常用”工具栏上的“新建空白文档”按钮，不需要对话，就能新建一个 Word 空白文档。无论采用哪种方法，新建文档的临时文件名都是“文档 x”。

（2）复制文字内容：打开电子资料包中“基础知识”文件夹中的文档文件“儒家《四书五经》简介.doc”，把文字内容复制到新建文档中。

（3）关闭文档：执行“文件”菜单的“关闭”命令，或单击右上角的窗口“关闭”按钮后，确认系统的提问，就打开“另存为”对话框。

（4）完成对话：先确定文件保存的位置，然后填写文件名“我的第一个 Word 文档.doc”，单击“保存”按钮，就可以保存文件并关闭新文档窗口。

实训任务 2：应用模板快速建立固定格式的文档

任务描述

利用“标准传真.dot”模板新建一个 Word 文档文件，在文档中输入“收件人”、“发件人”和“主题”等信息后，保存为磁盘文件。

任务分析

模板好像是无形的模具，使用模板新建 Word 文档能够提高工作效率，规范操作，统一外观。在执行“新建”命令的同时，系统会同时提供获取模板的几种途径。确定后就会打开相应的模板对话框，琳琅满目的模板按不同类型保存在不同的选项卡中。

上机指导

（1）新建对话：执行“文件”菜单的“新建”命令，打开“新建文档”对话框。选择“本机上的模板”，打开“模板”对话框。

（2）选择模板：单击“信函和传真”选项卡，双击“标准传真”模板图标，就新建一个具有传真基本框架的 Word 文档，如图 2-2 所示。

（3）输入文字：在新文档文件中，逐项输入传真的各项内容，迅速而准确地新建一个传真。

收件人：	[单击此处输入姓名]	发件人：	[单击此处输入姓名]
传真：		传真：	
电话：		电话：	
日期：	2011-07-02		
主题：	[单击此处输入姓名]		

图 2-2 “标准传真”结构

（4）保存文件：执行“文件”菜单的“保存”命令，打开“另存为”对话框，在“文件名”列表框中输入“传真”并确定保存位置。

知识梳理

在 Word 2003 中，任何一个文档文件都要依托一个模板文件而存在。所谓模板，好比冲压汽车外壳的模具，“冲压”出来的文档一旦建立，就具备了字体、字号、行间距等格式。除了系统提供的模板之外，用户还可以自定义模板，模板的扩展名必须是.dot。

Word 向导是一种特殊的模板，它与传统模板的作用基本相同，二者都能够为 Word 文档提供隐含的多种样式，方便快速创建和编排复杂的 Word 文档。Word 向导的扩展名是.wiz，模板扩展名是.dot，它们都区别于 Word 文档的扩展名.doc。

自主学习

1. 连线题

用笔将左侧的“任务”与右侧对应的“实现方法”画连线。

新建文件	利用“文件”菜单
保存文件	利用“常用”工具栏
	利用“工具”菜单
复制文件	启动 Word 2003 应用程序

2. 判断题

（1）打开文档文件后，Word 2003 应用程序窗口才能跟着打开。（□正确，□错误）

（2）利用“新建”命令既能建立 Word 文档，又能新建模板。（□正确，□错误）

（3）修改文档时，它的模板也一定要发生变化。（□正确，□错误）

第3节 输入文档内容

实训任务 1：检查并更正所输入英文单词的拼写错误

任务描述

参考题样输入英文单词，并利用 Word 的“拼写与语法”检查功能统一检查错误拼写的单词，让系统自动更改错误，对系统应该做一定的设置。

任务分析

“拼写与语法”检查是 Word 在字处理方面的重要举措，可以发现单词拼写和文句语法方面的错误，尤其是对英文单词的拼写检查更具实际意义。根据题目要求，在输入之前应该先对系统做如下设置：❶只检查单词拼写错误，不检查语法；❷输入时不自动替换；❸单词字首不大写；❹输入单词时不显示拼写错误，就不会出现波浪线。

上机指导

（1）设置“自动更正”：从“工具”菜单打开“自动更正”选项卡，取消“键入时自动更正”复选框，等到单词全部输入完时统一更正；取消“句首字母大写”复选框。

（2）设置“拼写和语法”：从“工具”菜单打开“选项”对话框，切换到“拼写和语法”选项卡，取消“键入时检查语法”和“随拼写检查语法”复选框，选中“隐藏文档中的拼写错误”复选框。

心灵手巧： 检查拼写错误时，为什么不选中“键入时检查拼写”选项呢？系统默认的选项中已经包含“键入时检查拼写”选项了，所以没有再重复说明。但是，如果在操作中出现异常现象，应该打开“选项”对话框检查，是否默认的选项曾经被别人修改过。

（3）输入单词：参考图 2-3，输入所有的英文单词，单词之间用空格分开。

abbout	accross	achieve	anbd
chaneg	devellopment	esle	
fidn	gruop	hlep	importnat
knwo	mroe	poeple	questoin

图 2-3　输入有错误的英文单词

心灵手巧： 假设选中了“键入时自动更正”选项，系统在何时实施自动更正呢？除了数字和字母之外，输入绝大部分符号都可以使前面输入的错误的英文单词自动更正。

（4）更正错误：首先，恢复“键入时自动更正”选项，然后再把光标放在最前面，从“工具”菜单打开“拼写和语法”对话框，单击“更改”按钮，将顺序更正拼写错误。

实训任务 2：利用字符代码输入难字和生字并练习读音

任务描述

参考如图 2-4 所示的题样，标注生字的拼音，并造难字。在这段文字中，有几个是不会读音的生字，包括“絺”、“诃”和“旃”。还有一个难字“鯊”（发音是“nóu”），需要采用特殊方法造字。

zhǎnglǎoshèlìfú mó[ ]mùjiānlián móhējiāsè
长老舍利弗、摩诃目犍连、摩诃迦叶、

móhējiā[ ]yán móhējù[ ]luó lípóduō zhōulì
摩诃迦旃延、摩诃俱絺罗、离婆多、周利

pántuóqie nántuó ānántuó luóhóuluó jiāo
盘陀伽、难陀、阿难陀、罗侯罗、憍

fànbōtí bīntóulúpōluóduò jiāliútuóyí mó
梵波提、宾头卢颇罗堕、迦留陀夷、摩

hējiébīnnà báojūluó ā nóu lóutuó
诃劫宾那、薄拘罗、阿𦮮楼驮。

图 2-4　输入难字和生字的题样

任务分析

输入一篇文稿时，如果不知道字的读音，或是字库中没有这个字，可以用以下方法输入这些字。一种是，把生字按笔画或简单字拆开，将其中的笔画或简单字代码输入到“普通文字”字体集中，查找该文字；另一种是，用组合字符的方法造字，比如用“拼音指南”将两个字组合起来，也可以通过改变字符间距组合字符。

上机指导

（1）输入生字“絺”：因为不知道这个字的读音，因此无法通过拼音来查找并输入这个字。可以采用如下方法。在新建文档中，首先输入“纟”，然后选中“纟”后按组合键“Alt+X”，得到字符代码“7E9F”。选择“插入”菜单中的“符号”选项，打开“符号”对话框，在“字体”列表框中选择“普通文本”，把“7E9F”输入到“字符代码”框中，简体的“纟”马上显示出来。如果查不到“絺”字，应该把“纟”转换成繁体“糸”后再重复上述操作。查到“絺”后单击“插入”按钮，如图 2-5 所示。

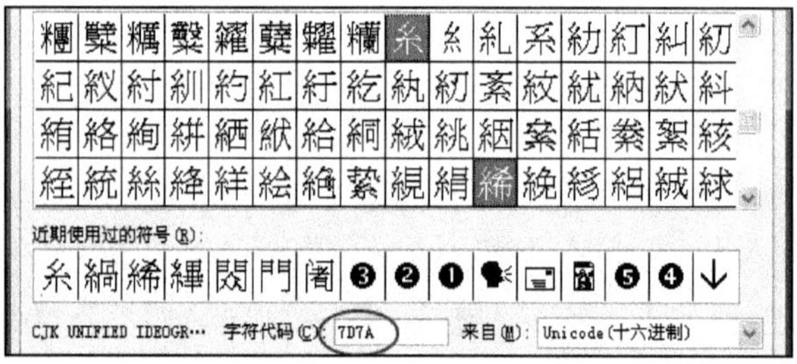

图 2-5　插入生字“絺”的对话框

（2）输入其他生字：仿照上面的方法和步骤在文档中输入“诃”字和“旃”字。

（3）为生字添加拼音：选中“絺”字，打开“格式”菜单“中文版式”中的“拼音指南”对话框，就会发现，在“拼音文字”框中自动出现了“絺”字的拼音“zhǐ”。仿照同样方法，查得“诃”的拼音是“hē”，“旃”的拼音是“zhān”。完成后，把查得的拼音填写在题样中（教材中）对应生字上面的括弧中。

（4）造难字“𦮮”：输入“兔”字，选中后设置字号为“六号”，字符缩放 200%,然后选择“格式”菜单中“中文版式”中的“拼音指南”，在打开对话框的“拼音文字”框中输入“少”，设置字号为 6 磅，确定。

实训任务 3：通过自动图文集词条嵌套使“车”字在文档中移动

任务描述

在空白文档中输入一个“1”字。把这个字添加到自动图文集中，并命名为“2”。然后，再把“2”添加到自动图文集，并命名为“1”。完成准备工作之后，在文档中输入“1”之后连续按 F3 键，观察出现什么情况？其原因是什么？根据这个原理，在文档中输入“车”字，在“车子的后面”再插入一个合适的字符，使得连续按 F3 键时，“车”字能够在文档中移动。

任务分析

如果“1”和“2”互为词条的名字，那么，在文档中输入“1”之后按 F3 键，则以“1”为名字的词条“2”就会插入在当前光标之处，反之亦然。在文档中输入“1”后反复按 F3 键，“1”和“2”就会不断地轮流出现，这就是词条嵌套。根据这个原理，让“车”字作为词条“车”+“空格”的词条，当反复按 F3 键时，“车”字就会移动。

上机指导

（1）新建文档：启动 Word 2003，自动新建一个文档。

（2）建立词条：在文档中先按一下空格键，然后输入“车”字，再一起选定“空格”和“车”字，从“插入”菜单的“自动图文集”选项中选择“新建”，打开“创建自动图文集词条”对话框，输入要插入词条的名字“车”，单击“确定”按钮。

（3）插入词条：首先在文档中定位光标，接着打开“自动图文集”选项卡，在“请在此自动图文集词条”框中输入要插入词条的名字“车”，然后单击“插入”按钮，带空格的“车”字就会插入在光标所在处。

（4）词条嵌套：在文档中输入“车”字，然后反复按 F3 键，保存在“自动图文集”中的带着空格的“车”字，就会借助于“空格”的积累而不断向文档的右侧移动。

心灵手巧： 如果选定字符时无意包含了回车符，按 F3 键时嵌套的词条链就会断裂，打开“显示/隐藏编辑标记”开关，看着回车符选定字符就不容易再犯上面的错误了。

知识梳理

常用字母、数字、符号和文字。文字、文本、文档和文件的字面意义很相近，但代表了完全不同的含义如下。

文字：包括中文文字和西文文字，如“春风化雨”和“Computer”等；

文本：包括文字、数字和符号，如“打开💻，打开🗁，查找到 12 个文件”等；

文档：包括文本、表格、图形、图像、声音和视频等多种信息；

文件：将各种类型的数据存储到磁盘上并赋予其一个规范的文件名，这个磁盘中的信息集合就叫做磁盘文件。

在“插入”菜单中，有许多选项能够插入字符，比如插入“符号”，插入“特殊符号”，插入“数字”，插入“日期和时间”，乃至插入“文件”等，都能够不通过键盘获取特殊字符或是获得批量的字符。在这些方法中，“符号”选项卡是功能非常奇特的字符海洋，字体集所包含的许多子集，分门别类地储藏着各种字符，可谓是应有尽有。

自动图文集是一种储藏室，本身不能生产字符，但可以按照用户的需求，有次序地保存许多常用的字符、词句、文章，甚至是图片。在用户需要时，只要输入一个简单的名字，或是马上把一段文章或图片插入到文档中。如果是在文章中间插入词条，应该在输入名字之后，再多输入一个空格，然后按 F3 键才能生效。

自主学习

1. 选择题

（1）“拼写和语法”检查适用的范围是（　　）。

A. 英文和中文　B. 只适用于英文　C. 凡是西文都适用　D. 只适用于中文

（2）自动更正不能做的事情是（　　）。

A. 输入时自动替换　B. 更正前两个字母连续大写

C. 更正中文语法错误　D. 中文成语拼写错误

2. 设计题

（1）利用自动图文集词条能嵌套使用的性质，设计一道训练题。要求是连续按 F3 键时，字符“—、｜、＼、／”能够按照一定顺序出现，产生字符旋转的效果。

（2）输入几个“龙”字，分别设置不同的颜色，然后恰当命名，使得连续按 F3 键时，在文档中显现“变色龙”。

第4节 打开与查找Word 文档

打开文件之前的查找文件操作很重要，正确操作可能需要许多计算机基础知识做铺垫，比如文件目录的树形结构、计算机文件的种类及属性，乃至网络知识都是必须具备的。

实训任务 1：打开文件并实行“另存为”操作复制一个转型文档

任务描述

打开电子资料包中指定的文件，然后利用“另存为”对话框复制一个纯文本文件，新复制的文件名为“儒家《诗经》（二）.txt”，然后，再把繁体中文转换成简体中文，最后关闭文档窗口。

任务分析

本题的设计目的有两个，一个是体验“另存为”的作用，就是不用关闭文档而复制一个文件；另一个目的是了解在保存文件的过程中可以实现文件的类型的转换。

上机指导

（1）打开文件：执行“文件”菜单的“打开”命令，打开电子资料包中“基础知识”文件夹中的文档文件“儒家《诗经》（二）.doc”。

（2）复制文件：执行“文件”菜单的“另存为”命令，在对话框的“保存类型”列表框中选择“纯文本（*.txt）”，在“文件名”列表框中输入“儒家《诗经》（二）”，单击“保存”按钮。

（3）修改文档：执行“工具”菜单“语言”中的“中文简繁转换”命令，在打开的对话框中选择“简体中文转换为繁体中文”选项，确定后完成转换。

（4）关闭窗口：按“Alt+F4”快捷键关闭当前窗口，当系统询问“是否保存对儒家《诗经》（二）.txt 的更改？”时，单击“是（Y）”按钮，保存文档内容并关闭文档窗口。

实训任务 2：以作者姓名为查找文档的文件线索

任务描述

新建一个 Word 文档文件，并用自己的名字作为作者的名字，然后，把它保存到一个比较隐蔽之处。接下来，利用 Word 2003 的查找文件功能找到并打开这个文件。

任务分析

在树状目录星罗棋布的计算机硬盘寻找一个文件简直是大海捞针，利用 Word 2003 的查找文件功能可以快速打开指定的文件。磁盘文件的许多属性都可以作为查找条件，如：文件名、关键词或文本内容、作者，乃至文章有几个段落或几行文字。

上机指导

（1）隐藏文件：新建一个 Word 文档文件，通过“文件”菜单打开“属性”对话框，切换到“摘要”选项卡，修改“作者”为自己的名字，如“解无明”，再填写标题和单位名称，如图 2-6 所示。然后，把文档保存到“C:\Program Files\Microsoft Office\OFFICE11\MEDIA”中，文件名为“我的毕业论文.doc”。最后，关闭文档窗口。

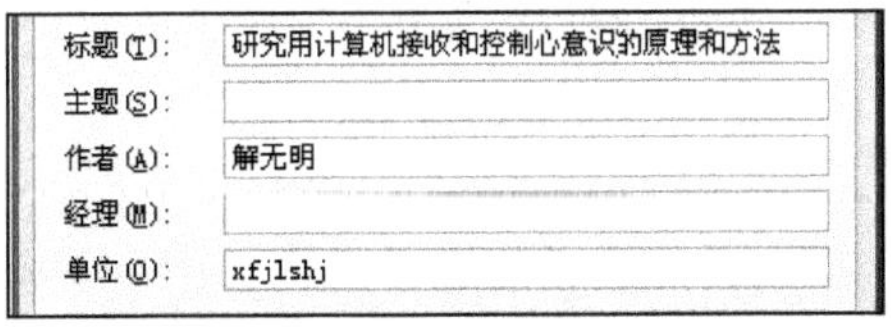

图 2-6　填写作者姓名的对话框

（2）搜索对话：重新启动 Word 2003，执行“文件”菜单的“文件搜索”命令，在“高级文件搜索”窗格的“属性”框中选择“作者”，在“条件”框中选择“是（精确地）”，在“值”框中输入要查找的作者名字，单击“添加”按钮。在“搜索范围”框中选中“任何地方”；在“搜索文件类型”框中选择“任意类型”。单击“搜索”按钮，查找的条件和结果如图 2-7 所示。

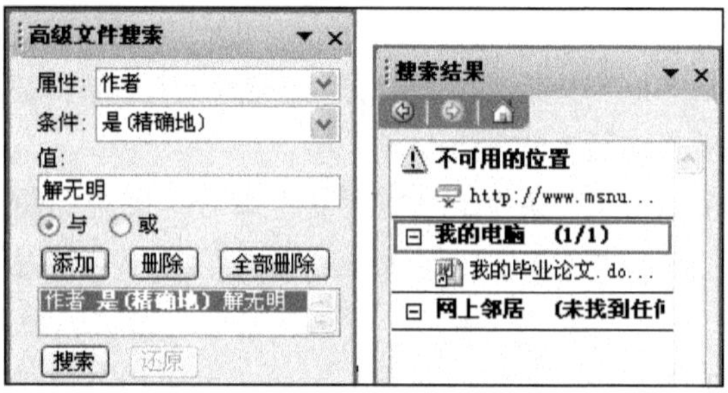

图 2-7 “文件搜索”条件及结果

心灵手巧：在填写搜索条件时，必须明白对话框语言的含义。比如，当确定以“作者”为查找线索之后，在“条件”框中将提供两个可选项，一个是“是（精确地）”，另一个是“包含”。前者的要求是很精确的，只能是这 3 个字。后者则比较宽松，不但可以查到“解无明”，还可以查到“解无明、奚芳”，这就是“包含”的含义。

在“搜索结果”框中，“不可用的位置”是指向互联网的查找，但由于计算机没有连通网络，所以就有这样的结果。要想查找“网上邻居”中的文件，计算机必须开通网络。

实训任务 3：以文件的“修改时间”为查找历史文件的线索

任务描述

打开早期建立的文档文件，比如打开“我的第一个 Word 文档.doc”，然后，在文档中输入当前的日期，再把它另存为一个文档文件，文件名为“温故知新.doc”。

任务分析

在 Word 2003 中，把早期打开过的文档文件归属于历史记录中，在“打开”对话框的左侧有一排按钮，其中，“我最近的文档”图标与这些历史文件保持着密切的联系，只要单击这个图标，在文件列表框中将列出许多文件名，附带列出文件的大小、类型和修改时间，根据要打开文件的某种属性，在这里能够快速找到这个历史文件。

上机指导

（1）显示文件“打开”对话框：启动 Word 2003，从“文件”菜单选择“打开”，显示“打开”对话框。

（2）锁定范围：在“打开”对话框中，单击窗口左侧“查找范围”栏中的“我最近的文当”图标，在文件列表框中显示最近曾经打开过的文件。

（3）按时间排序：单击文件列表框上方的“修改时间”文字，将列表框中的文件信息按照修改的日期排序。

心灵手巧：在文件列表框的上方有4个按钮，分别是名称、大小、类型和修改时间。单击“大小”按钮，文件将按照长度从小到大排序，再次单击该按钮，将从大到小排序。

（4）滚动文件信息：根据自己要寻找文件的建立时间，拖曳列表框右侧的滚动条，当“名称”栏中出现“我的第一个 Word 文档.doc”时停止滚动，双击该文件名就可以打开这个文件。查找过程如图 2-8 所示。

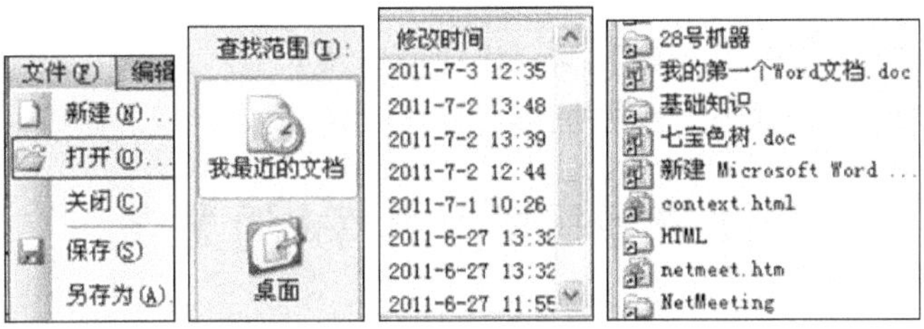

图 2-8　查找历史文档的过程

（5）输入时间：在打开文档的末尾输入当时的年份后按回车键，后面的月份和日子将由系统自动填补。

（6）另存为：从“文件”菜单选择“另存为”，在“另存为”对话框的“文件名”框中填写“温故知新.doc”，单击“保存”按钮。

知识梳理

在与 Office 2003 打交道的过程中，经常要查找文件，有许多查找的手段，包括手工打开“我的电脑”中的各级文件夹，此方法虽然简单，但比较笨拙，具有盲目性，查找效率不高；另一种常用的方法是利用 Windows XP“开始”菜单的“搜索”命令，此方法很有特色，除了能够查找到已知文件名的文件之外，还能够根据文件中的文字内容查找到这个不知名文件；另外，利用文件“打开”对话框中的“查找范围”栏可以定向查找，但需要用户经常分类保存文件；功能最齐全的是利用“文件”菜单打开的“高级文件搜索”对话框，在这里可以进行有条件的查找，这种方法虽然复杂，却能够提供多种查找条件，因此，查找方式灵活，查找对象广泛。

自主学习

1. 填空题

（1）将 Word 文档图标拖曳到________图标上，可以打开该文档文件，同时启动________。

（2）在按住 Shift 键的同时单击“文件”菜单，执行“文件”菜单中的________命令能够一次性关闭所有打开的文档。

2. 判断题

（1）将扩展名为.txt 的纯文本文件的图标拖曳到 Word 2003 应用程序图标上之后，将打开 Windows 附件中的“记事本”程序窗口，并显示文本内容。（正确□，错误□）

（2）即使文件被设置了“隐藏”属性，在“打开”对话框的文件列表框中也能够看到它的文件图标。（正确□，错误□）

第5节 改变Word 2003的视图模式

Word 2003 可以提供不同的视图模式，以便适合完成不同的工作任务。有时随着不同类型文件的打开，系统将自动配合转换到相适应的模式，有时也需要读者自己设置。

实训任务 1：文档的背景需要视图模式的支持

任务描述

先将文档的背景设置为“水印”，然后，在 5 种视图模式中切换时，观察水印背景有什么变化。再设置一幅图片为文档的背景，重新切换视图模式，并观察变化。

任务分析

在 Word 2003 文档中，可以设置图片背景、水印背景和以填充色为背景。在几种视图模式中，对于这些背景的显示能力是不同的。除了“页面”模式都能够支持这些背景之外，其他 4 种都有不同程度的缺憾。

上机指导

（1）打开文档：执行“文件”菜单的“打开”命令，打开电子资料包中“基础知识”文件夹中的文档文件“儒家《诗经》（三）.doc”。

（2）设置水印背景：在 Word 2003 窗口中，选择“格式”菜单“背景”的“水印”为背景。在“水印”对话框中选择“文字水印”单选框，并适当设置文字的形色，单击“确定”按钮，文档背景中出现水印。

（3）设置“图片”背景：从“格式”菜单的“背景”中选择“填充效果”，在打开的“填充效果”对话框中，单击“图片”选项卡，再单击“选择图片”按钮，打开电子资料包中“基础知识”文件夹中的图片“峨眉山.jpg”，确认后，该图片成为文档的背景。

（4）改变视图模式：单击“视图”菜单，轮流切换 5 种视图模式，观察并记载，在各种模式下，显示水印型背景和图片型背景的情况。

实训任务2：体验视图模式随文档类型而变化的自适应能力

任务描述

启动 Word 2003 应用程序，打开模板文件“专业型备忘录.dot”。然后，再打开电子资料包中“基础知识”文件夹中的“儒家《诗经》（四）.htm”。注意观察，为适应这两种不同类型的文件，窗口的视图模式各发生了什么变化。

任务分析

由于训练题中没有给出模板文件“专业型备忘录.dot”的具体位置，就应该先查找该文件，可以利用“打开”对话框右上角的“工具”菜单查找该文件。另外，打开模板文件不能用简单的“双击”方法，应该利用快捷菜单中的“打开”命令。

上机指导

（1）新建文档：启动 Word 2003 应用程序，自动新建一个 Word 文档“文档 1.doc”。

（2）改变视图：单击“视图”菜单中的“普通”选项，改变视图模式。

（3）查找模板文件：利用“文件”菜单打开“打开”对话框，单击右上角的“工具”菜单，选择“查找”选项，打开“文件搜索”对话框。以文件名“专业型备忘录.dot”为搜索线索，填写各项搜索选项，确定后，找到模板文件。

（4）打开模板文件：单击“确定”按钮，返回“打开”对话框，单击“打开”按钮，就可以打开刚刚找到的模板文件。现在的视图模式是“页面”。

（5）打开网页文件：在 Word 文档文件中，从“文件”菜单打开电子资料包中“基础知识”文件夹中的网页文件“儒家《诗经》（四）.htm”，此时，视图模式自动改变为“Web 版式”。

（6）切换视图：分别从“视图”菜单选择其他 4 种模式，发现在“普通”模式和“大纲”视图下，图片无法显示。在“阅读版式”模式下，图片可能移位。

知识梳理

在“视图”菜单中出现的选项大部分都可以作为一种视图模式，比如：文档结构图、缩略图、页眉和页脚、全屏显示和显示比例等。在选择这些选项时，窗口尺寸、结构或颜色都发生不同的变化，同时出现的各种工具为新的操作提供方便。教材中所指出的视图模式泛指“视图”菜单最上面的 5 个选项，为编排版提供方便。

自主学习

1. 填空题

（1）利用“视图”菜单的“任务窗格”选项可以打开________种任务窗格。其中，“显示格式”窗格中显示的是________的字符格式和段落格式。

（2）设置文档网格形式的对话框的名字是“页面设置”，选项卡的名字是________，决定显示或取消文档网格的命令在________菜单中。

2. 连线题

在视图模式的名称和视图模式的特点之间建立连线。

“文档结构图”视图	显示效果与打印效果一样
“页面”视图模式	不能显示插入的图片
“大纲”视图模式	能够显示文档的标题结构

3. 判断题

（1）在“普通”视图模式下能显示图片。（□正确，□错误）

（2）在“Web 版式”视图模式下能显示水印。（□正确，□错误）

第6节 综合训练

实训任务：利用自动图文集提高插入稀有字符的方便性

任务描述

要求完成两项操作：首先，参考如图 2-9 所示的题样，从指定的字体子集中查找并插入指定的字符，然后，把这些插入到文档中的字符分门别类地保存到自动图文集中，并以类别名作为词条的名字。

图 2-9　从字符子集中插入的字符

任务分析

在“符号”选项卡中，依据字体的种类把符号划分为许多字体集，由许多字体集又细化为许多子集。当进入“Arial Unicode MS”字体集中时，可能眼花缭乱，只要按照要求在“子集”列表框中找到子集区域，再耐心地滚动列表框就会找到指定的字符。

上机指导

（1）找到字符集：从“插入”菜单打开“符号”对话框，切换到“符号”选项卡，单击“字体”列表框，选择“Arial Unicode MS”字符子集。

（2）插入汉字：在“子集”列表框中选择“CJK 统一汉字”，在字符预览区显示的都是汉字，其排列规律是从笔画最少的“一”开始，到笔画最多的“龥”字结束。根据题样汉字的笔画，陆续找到并插入指定的汉字。

心灵手巧：在“CJK 统一汉字”子集中，汉字的位置是有一定规律的。首先按照此汉字的偏旁的笔画决定具有此偏旁的一群汉字的位置。如“亻”字比“木”字的笔画少，则以“亻”为偏旁的文字群就会安排在以“木”字为偏旁的文字群前面。在这一群具有相同偏旁的文字群中，又按照除偏旁之外的文字的笔画数决定其前后位置。如“林”字排在“枯”字的前面。明白这个道理之后，可以在文档中快速输入“京”~“齉”等各个汉字。

（3）插入其他字符：在“子集”列表框中选择“朝鲜文 Ga”，顺序选择前 8 个文字插入到文档中；在“子集”列表框中选择“带括弧的 CJK 字母及月份”，顺序插入 1 月~9 月；采取相同的做法插入其他类别的符号，它们所在的子集名称分别是“箭头”、“数字形式”、“丁贝符”、“零杂丁贝符”、“带括弧的 CJK 字母及月份”。

（4）保存到自动图文集：选中汉字类的所有字符（第一行），从“插入”菜单打开“自动图文集”选项卡，在“请在此输入自动图文集词条”处输入本词条的名字为“汉字”，单击“添加”按钮。采取相同的操作方法，分别建立其他词条，名字分别为“朝鲜文”、“月份”、“箭头”、“数字”、“花朵”、“示意符”和“带圈字”。

（5）引用自动图文集中的词条：新建一个文件，在文档中输入 3 段文字，分别是“难字生字:”、“常用分数:”和“带圈汉字:”。然后，把光标置入第 1 行中，输入词条的名字“汉字”后，按 F3 键，插入自动图文集中的词条。采取相同方法，在第 2 行和第 3 行中分别插入词条“数字”和词条“带圈字”。

第 3 章

编辑功能

训练目标

- 移动插入点；
- 选定字符；
- 编辑字符；
- 替换字符。

从字符到页面，从段落到表格，从常规应用到录制宏，从文字处理到制作网页，编辑字符是最大量、最常见的操作，就像平时经常挪动房屋中的用具一样频繁。本章作为全书的重点，将通过选定和编辑字符，带领读者迈进文字处理的门槛。

第1节 插入字符和选定字符

俗话说，巧妇难为无米之炊。字符就是文字处理的“米”，是造就一桌文字大餐的基本材料。所以，插入字符是必需而重要的文字处理工作，而选定字符又是处理字符之前的前奏曲，谁忽视选定字符的技术，面对待操作的大量字符群，谁就将出现束手无策的尴尬。

实训任务 1：利用书签和超链接快速定位光标

任务描述

打开电子资料包中“编辑”文件夹中的儒家经典文件“《孝经》原文.doc”，在文档中进行 4 项与书签和超链接有关的操作：❶删除原有的名字为“开始”的书签；❷添加 3 个书签，位置和名字见下面的“上机指导”；❸把光标定位到书签“译文”处，并借助于文字超链接打开文件“《孝经》译文.doc”，利用相同方法，在文件“《孝经》译文.doc”中，利用书签和文字链接功能，打开文件“《孝经》图片.doc”；❹在文件“《孝经》原文.doc”中，利用书签快速定位到“庶人章第六”和“儒家十三经”处，记录下这些内容，填写在本节“自主学习”训练题的表格中。

任务分析

本训练主要是针对“书签”设计的，目的是训练建立、删除和定位书签的方法。对于超连接问题，只是简单地涉及使用问题，至于比较全面地学习建立、使用及设置超链接的任务，将在下面的训练题中完成。

上机指导

（1）打开素材：从电子资料包的“编辑”文件夹中打开文件“《孝经》原文.doc”。

（2）删除书签：在“《孝经》原文.doc”文件中，从“插入”菜单打开“书签”对话框，看到一些书签的名字。选定“书签名”中的“开始”，单击“删除”按钮，再单击“关闭”按钮。

（3）添加书签1：把光标定位在原文开始的“引言”处，从“插入”菜单打开“书签”对话框，在“书签名”框中输入“引言”，单击“添加”按钮后关闭对话框。

（4）添加书签2：把光标定位在原文的“正文”处，在“书签”对话框的“书签名”框中输入“正文”，单击“添加”按钮后关闭对话框。

（5）添加书签3：把光标定位在经典结尾“儒家十三经”处，在“书签”对话框的“书签名”框中输入“参考”，单击“添加”按钮后关闭对话框。

（6）书签定位：打开“书签”对话框，选定名字为“译文”的书签，并单击“定位”按钮，光标迅速定位到原文结尾的“链接到《孝经》译文”文字处。

（7）链接文件：当鼠标指针对准“链接到《孝经》译文”文字链时，显示文字提示，此时按住Ctrl键并单击文字链，将打开被链接的文件“《孝经》译文.doc”。

（8）定位与链接：在译文中，打开“书签”对话框，从中选定“图片”书签，并单击“定位”按钮，光标马上定位到“译文”结尾的“链接到图片”处。按住Ctrl键并单击文字链，将打开文件“《孝经》图片.doc”。

（9）定位段落1：切换到“《孝经》原文.doc”文件窗口，在“书签”对话框中，选定名字为“经典文句”的书签，并单击“定位”按钮，光标迅速定位到原文“庶人章第六”的正文处。把这一章中的文字内容填写到本节“自主学习”相应习题的表格中。

（10）定位段落2：在原文窗口中，利用新添加的“参考”书签，定位到原文结尾处的“儒家十三经”处，把儒家十三经的名称填写到本节“自主学习”相应习题的表格中。

心灵手巧：其实，查找和定位是没有明显差别的，利用“查找”选项卡也能够将光标移动到目标之处，只不过已知条件不同，应该区别对待，采取适当的定位光标的方法。Word 2003还提供了一些快速定位插入点的工具。比如，在垂直滚动条下方有一个“选择浏览对象”按钮群，单击其中某个按钮就会按对象的类别浏览文档。

实训任务2：建立超链接并改变其颜色和下画线

任务描述

本训练是专门针对超链接而设计的，难度稍微增大一些。要求在位于电子资料包的“编辑”文件夹中的“《西斋净土诗》（五）.doc”文件中进行一系列与超链接有关的训练：❶在本文档内部建立目录与诗文的链接；❷通过链接能够从诗文返回到目录；❸建立《西斋净土诗》（五）与《西斋净土诗》全文、读解和译文之间的链接；❹改变超链接默认的设置，如颜色、下画线和链接操作方式等。

任务分析

任务中的头两个小任务是在文档内部实现文字链接的，需要在“插入超链接”对话框的“链接到”选项中选择“本文档中的位置”，同时需要插入“书签”做配合。第三个小任务是在两个文件之间实现链接，其操作方法在前面的训练中已经接触到。第四个小任务是改变“超链接”的设置，一个是原文字链的颜色和下画线；另一个是单击后文字链的颜色及下画线；还有一项设置是取消必须按 Ctrl 键后单击鼠标才能实现链接，即直接单击鼠标就生效。

上机指导

（1）打开素材：从电子资料包的“编辑”文件夹中打开文件“儒家《诗经》（五）.doc”。

（2）插入书签：首先在诗文的每一首诗处都插入一个书签，比如，在“儒家《诗经》（五）—1”处插入一个书签，并命名为“第 1 首诗”。以此类推，在“儒家《诗经》（五）—4”处插入一个书签，并命名为“第 4 首诗”。

（3）目录链接：选定目录中的文字“儒家《诗经》（五）—1”，单击鼠标右键，在快捷菜单中选择“超链接”命令。在打开的“插入超链接”对话框中，选中“链接到”区域中的“本文档中的位置”选项，同时，在窗口右部的“请选择文档中的位置”区域中，选中“书签”区域中的名字为“第 1 首诗”的书签作为链接的目标。然后，单击“屏幕显示”按钮，在文字区输入“母亲养子多辛劳”作为鼠标指向文字链时的屏幕提示。确定之后，即实现文档内部两个文字区域的链接。采取相同做法实现“目录”中的另外 3 个题目与对应诗文段落的链接，并适当添加“屏幕提示”。

（4）返回目录：选定诗文结尾处的“（返回）”文字，打开“插入超链接”对话框，维持原“链接到”选项，在窗口右部区域中选择“文档顶端”，确定后，即实现诗文返回目录的链接。采取相同方法，为另外 3 首诗文建立“返回”超链接。

（5）链接“选编”全文：按“Ctrl+End”组合键，切换到文档的末尾。选定文字“诗文片段的原文及译文选自‘儒家《诗经》选编’”，打开“插入超链接”对话框，在“链接到”区域中选中“原有文件或网页”，在窗口右部的“查找范围”列表框中找到位于“编辑”文件夹中的文件“儒家《诗文》选编.doc”，再设置该超链接的屏幕提示为“中华瑰宝，源远流长”。确定后，建立原文之间的链接。

（6）改变设置：在“儒家《诗经》（五）.doc”文档中，从“格式”菜单中选择“样式和格式”选项，在窗口中显示“样式和格式”窗格。滚动列表框找到“超链接”样式，单击其右侧的下拉按钮，从中选择“修改”命令，在打开的“修改样式”对话框中单击左下角的“格式”按钮，接着选择“字体”，将字体原来的“蓝色”修改为“黑色”，并设置蓝色的“双波浪线”下画线。采取相同方法，在“样式和格式”窗格中找到“已访问的超链接”，并设置其文字的颜色为“黑色”，下画线为黑色的双波浪线。

（7）链接设置：从文档窗口的“工具”菜单中打开“选项”对话框，切换到“编辑”选项卡，取消“用 Ctrl+单击跟踪链接”复选框，在单击文字链时就不需要按 Ctrl 键了。

心灵手巧：除了用文字作为实现不同文字区域之间的链接之外，插入的图形、图片，乃至其他多媒体对象，都可以作为超链接的“链”，有时会增加趣味性和明了性。另外，当选择链接到“本文档中的位置”时，如果文档中有正式的标题，也可以用标题作为连接的目标，就不一定必须插入“书签”作为链接的对象了，二者具备其一就可以了。这一点要做到心中有数，在建立超链接时就不至于画蛇添足了。

实训任务 3：灵活变更多种方法选定字符及其组合

任务描述

在电子资料包中有一个文件“新的一千年.doc”，本题就是利用这个文件来完成选定字符的训练。要求采取不同的操作手法，综合利用鼠标和键盘来选定字符，并使被选定的字符增添下画线，表示已经被选定。具体要求见“上机指导”。

任务分析

本题的重点是“看准不同对象，选择相应方法”，针对不同的对象，采取最恰当的选定方法。看起来选定比较容易，但“选择”却是一件难事。如果就一条道可走倒也容易选择，如果面临多条道路，又有多种出行方式，则选择将成为一件难事，其实选择也是一种能力。本题设计的目的就在于此。

上机指导

（1）打开文件：打开电子资料包“编辑”文件夹中的文件“新的一千年.doc”，围绕这个文件中的字符，开展选定字符的一系列训练。

（2）选定一行：把鼠标指针移到左页边距，当鼠标指针变成向右倾斜的空心箭头时，对准并选定文档的标题，单击“格式”工具栏上的“下画线”按钮右侧的下拉按钮，从列表中选择“波浪线”型下画线，为选定的标题行设置下画线，作为被选定的标记。

（3）选定一句话：在按住 Ctrl 键的同时，单击正文第 1 自然段的第 1 句话：“在过去几年中，人们不断提及即将到来的新的一千年。”将选定以“句号”结尾的这一句话，为这句话设置下画线。

心灵手巧：按照汉语语法规定，划分一句话的符号是句号、叹号或问号，因此，按住 Ctrl 键单击鼠标时，将以这 3 种符号为依据划分出一句话。

（4）选定一段：把鼠标指针移到左页边距，对准第 2 自然段双击鼠标，选定整个第 2 段，单击“下画线”按钮设置下画线。

（5）选定任意字符：鼠标对准第 3 自然段的第 1 个字符“2”的左侧，按下左键后向右拖动鼠标到达字符“待”的右侧松开左键，选定“2000 年已指日可待”一共 10 个字符，设置下画线。

（6）选定到结尾：把光标定位在第 4 自然段的首字符“当”的左侧，同时按住 Ctrl 键和 Shift 键，再按 End 键，选定从光标到文章结尾之间的所有字符，设置下画线。

（7）选定矩形区域：按住 Alt 键后，从第 5 段首行的“2000 年 9 月 30 日”左侧开始按鼠标左键，向右下角拖曳鼠标，到达文章最后一行的末字符时松开鼠标键，选定了鼠标所经过的矩形区域，单击“下画线”按钮，以前曾经被选定字符，其下画线消失了，所以只选定了左半部字符。到此为止，选定的结果如图 3-1 所示。

新的一千年

在过去几年中，人们不断提及即将到来的新的一千年。它已日渐深入到我们对未来前途的思考、对逝去年华的感怀和对未卜命运的忧虑。

许多人认为，我们的第三个一千年将在 1999 年 12 月 31 日午夜钟声敲响时到来；但另一些人却坚信，应该在上述时间的整整一年之后第三个一千年才真正开始。

2000 年已指日可待，个人的传统和时间观念的分歧，看来并不会影响到全世界大多数人着手准备这一生只有一次的欢庆活动。

当全球多数人在准备迎接 2000 年时，还有为数可观的人对新的一千年不甚关心。例如，按照中国阴历纪年，公历的 2000 年 2 月 5 日，将是 4698 年的开始。对于中国的大约 12 亿人而言，离下一个一千年还有 302 年。

犹太历法是阴历和阳历的混合历。2000 年 9 月 30 日是犹太历 5760 年的开始。这就是说，2000 年有四分之三的时间属于犹太历的 5759 年。

图 3-1　体现多种选定字符的方法

心灵手巧：“格式”工具栏上的“下画线”按钮是两挡按钮，它的作用与控制电灯的拉线开关相似，第 1 次单击时字符增添下画线，再次单击时取消下画线，如果再单击又添加下画线。凡是一种动作产生两种结果的操作，都可以用“两挡”来比喻。

实训任务 4：利用键盘的组合键快速选定字符

任务描述

如果没有鼠标，或鼠标出现了故障，则利用键盘既可以移动光标，也可以选定字符。从电子资料包中打开素材文件，参考如图 3-2 所示的题样，以这篇文章为素材，灵活利用键盘进行选定字符的训练，并为选定的字符设置底纹。

冯·诺依曼号穿越 BR 天体

1916 年贝思克来在地球用红外望远镜发现的这个 BR 天体，现在我们居然身在其中，这是多么不可思议的事啊！

深红色的光从飞船窗口照进来，一个外缘模糊不清的巨大的“太阳”在放射光芒，在它的外围，巨大的气体和尘埃呈旋涡状激烈旋转着。

研究员们在招呼我呢，轮到我来驾驶飞船了。这些天，时间仿佛过得特别慢。冯·诺依曼号仍然在 BR 天体中飞行，在一片黑暗中穿过时间隧道。

图 3-2　选定字符的训练文章

任务分析

在有些场合，尤其是录制宏命令的时候，必须使用键盘选定被操作的文字或其他对象。利用键盘也可以产生许多种选定字符的方法，能够移动光标和选定字符的按键主要有 Shift、Ctrl、Home、End、PgUp、PgDn 和光标移动键等。

上机指导

（1）打开文件：从电子资料包“编辑”文件夹中打开 Word 文件“冯·诺依曼号.doc”。

（2）选定到头：在按住 Ctrl 键的同时再按一下 End 键，将光标移到文章的末尾。然后，同时按住 Shift 键和 Ctrl 键，再按一下 Home 键，选定从光标处到文章开头的所有字符，单击格式工具栏上的“下画线”按钮，为选定的字符（全篇）设置下画线。

（3）选定任意字符：利用“光标移动键”把光标移到标题的左端，按住 Shift 键后，连续单击右光标键“→”，选定文章的标题“冯·诺依曼号穿越 BR 天体”，单击“格式”工具栏上的“字符底纹”按钮，为选定的字符设置底纹。

（4）选定到行首：把光标移到第 1 自然段中第一个“逗号”的后边，按住 Shift 键后按 Home 键，选定从光标到行首之间的所有字符，设置字符底纹格式。

（5）选定到行尾：把光标移到第 2 自然段第一个“逗号”的右侧，按住 Shift 键后再按 End 键，选定从光标到行尾之间的所有字符，设置字符底纹格式。

（6）选定到文尾：把光标移到第 3 自然段的开头，同时按住 Shift 键和 Ctrl 键，再按一下 End 键，选定从光标所在处到文章结尾的所有字符，设置字符底纹格式。

知识梳理

除了利用鼠标选定文本切块之外，利用键盘也可以选定文本内容，操作方法如下：把光标移到文本切块的左侧，在按住 Shift 键的同时，再点动右光标键，光标经过之处的文本内容都被选定并变成反色；在按住 Shift 键的同时，再按一下 Home 键，将选定从光标所在处到本行的行首的所有文本内容；在按住 Shift 键的同时，再按一下 End 键，将选定从光标所在处到本行的行尾的所有文本内容；在按住 Shift 键的同时，再按一下“下光标”键（↓），将选定从光标所在处到下一行该光标所在处之间的所有文本内容，其长度正好是当前段落的行宽；在按住 Shift 键的同时，再按 PgUp 键，选定从光标所在处到文档开头的所有字符；在按住 Shift 键的同时，再按 PgDn 键，选定从光标所在处到文档结尾的所有字符。

自主学习

1. 填表题

在进行“书签”与“超链接”训练时，曾经看到了《孝经》中“庶人章第六”的内容和“儒家十三经”的内容，将自己记载的结果填写在表 3-1 中。

表 3-1　书签与超链接训练题结果

庶人章第六	
儒家十三经	

2. 填空题

在按住 Shift 键的同时，再按一下________键，将选定从光标所在处到行首的所有字符；在按住 Shift 键的同时，按一下 End 键，将选定从光标所在处到________的所有文本内容。

第2节　编辑字符

在 Word 文档中编辑字符有 3 步曲：插入、选定和编辑。如果具体一些，可以用“插、选、删、改、移、拷”6 个字来概括，其本质是让字符发生数量变化或位置移动。

实训任务 1：通过编辑字符形成一幅“蓬莱仙阁”的图画

任务描述

首先从“普通文本”字符集中插入图形化字符“◣◢■●”，然后，参考如图 3-3 所示的 4 个操作步骤，采用不同的选定字符的方法，并综合运用编辑字符的技术进行操作，最后，用字符组合成一幅“空中楼阁”的图画。

任务分析

操作过程应该注意以下几点：❶插入字符虽然容易，但操作手法是否巧妙，事关完成任务的效率；❷必须设置每行为一个段落，并且设置居中对齐方式，否则，想通过增加空格来固定字符的位置就不太容易了；❸在选定字符之后，移动时可以采取两种方法，一种是“拖曳鼠标”法，另一种是“组合键”法。

上机指导

（1）插入字符：插入 4 个图形化符号“◣◢■●”，然后，利用复制和粘贴的快捷键方式复制字符，形成由 4 种符号构成的矩形区域，如图 3-3（a）所示，作为训练“编辑字符”技巧的素材。

（2）对齐方式：选定所有的字符后，单击“格式”工具栏上的“居中”对齐按钮，使各个段落都具有居中对齐的特性。

（3）移动字符：利用“剪切”和“粘贴”命令移动一些符号“■”的位置，形成如图 3-3（b）所示的效果。

（4）拖曳移动：选定字符后拖曳鼠标，把 2 个符号“●”移到第 5 行，再把 2 个符号“●”移到第 6 行。把剩余的 6 个符号“●”分成两行，并增加它们的间距，如图 3-3（c）所示。

（5）移动字符：每次从第一行剪切两个符号“◣”和“◢”，分别粘贴到由符号“■”组成的各行上方，并插入空格，令二者向两端分开，形成飞檐的效果，如图3-3（d）所示。

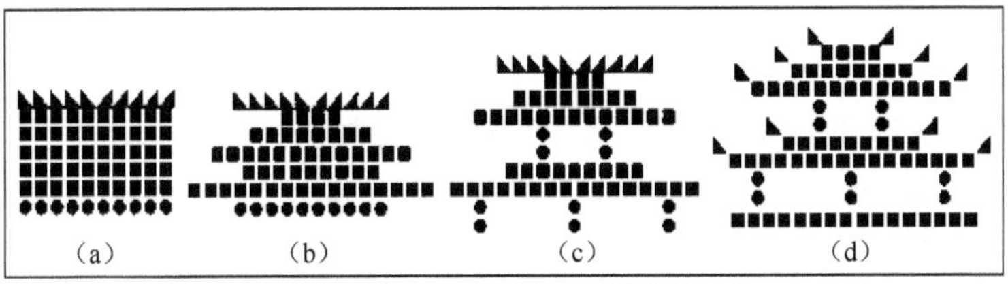

图3-3　编辑字符的操作步骤

（6）复制字符：复制一行“■”字符，粘贴到最下面一行中，作为地面。

实训任务2：通过编辑字符素材由“我”字组成“空”字

任务描述

新建一个空白文档，输入一个“我”字，并复制若干个，由“我”字组成一个字符方阵，作为编辑字符的训练素材。接下来，就通过对字符进行插入、删除、修改、移动、复制等多种编辑手段，最后使“我”字的方阵显示为一个“空”字。

任务分析

在删除方阵中间的许多个字符时，利用Alt键配合拖曳鼠标能够选定一个矩形区域中的字符切块。但是，如果要选定不满整行的字符，按住Shift键再单击光标移动键（←或→）来选定字符能够更准确一些。按照“上机指导”操作时，确实感觉到很麻烦，但能够发现其中的严谨，透过严谨还可能发现一些技巧。有时，灵活就是从笨拙开始的。

上机指导

（1）字符方阵：在新文档窗口中，输入一个“我”字，选定“我”字后（不要选定回车符），利用“Ctrl+C”组合键复制，再利用“Ctrl+V”组合键粘贴“我”字，填满一整行。然后按Enter键，再复制一整行的“我”字（需要选定回车符），粘贴13行，形成字符方阵。

（2）居中对齐：选定所有14行的字符后，单击“格式”工具栏上面的“居中”按钮，使各个段落都具有居中对齐的特性，为顺利完成后续操作做好铺垫。

（3）剪切字块：在按住Alt键的同时拖曳鼠标，在字符方阵的左侧圈出一个矩形区域，如图3-4所示。然后，按“Ctrl+X”组合键，剪切被选定区域中的字符。

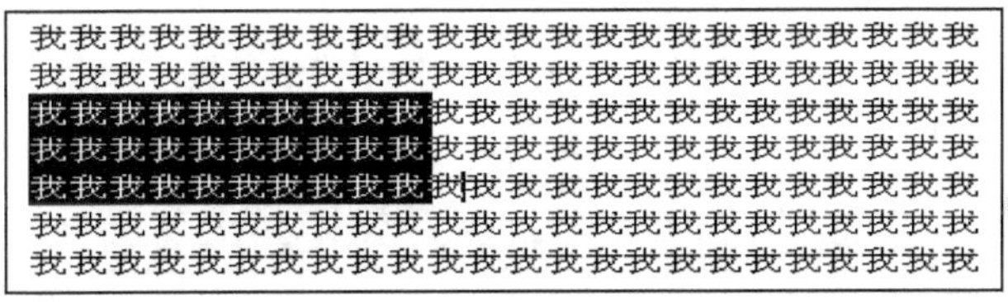

图3-4　选定矩形区域中的字符

（4）粘贴字块：把光标定位在方阵上方，留出 4 个空行的位置，在此处按“Ctrl+V”组合键，粘贴被剪切下来的矩形区域中的字符。采取相同做法，在原方阵的右侧也剪切一个矩形区域的字符，粘贴到上方的区域。

（5）移动字符：先把光标定位在“工”字上一“横”的左端，按住 Shift 键后，再按 4 次“右箭头”键（→），选中 4 个字符后，直接用鼠标拖曳到矩形区域的上方。然后，采取完全相同的做法，再拖曳过来 4 个字符。现在，已经具有 3 个字符区域，即两行小块、4 行大块和“工”字区域。

心灵手巧：按住 Ctrl 键后拖曳字块是复制，产生“加法”效果。不按 Ctrl 键直接拖曳是位移，其数量没有发生变化。

（6）替换字符：先输入一些“空格”组成一个方阵，然后从中剪切下来 8 个空格。接着，在 4 行大块的中部也选择 8 个“我”字，按“Ctrl+V”组合键，新粘贴过来的 8 个“空格”替换原来选定的 8 个“我”字。采取相同做法，再替换一次，结果如图 3-5 所示。

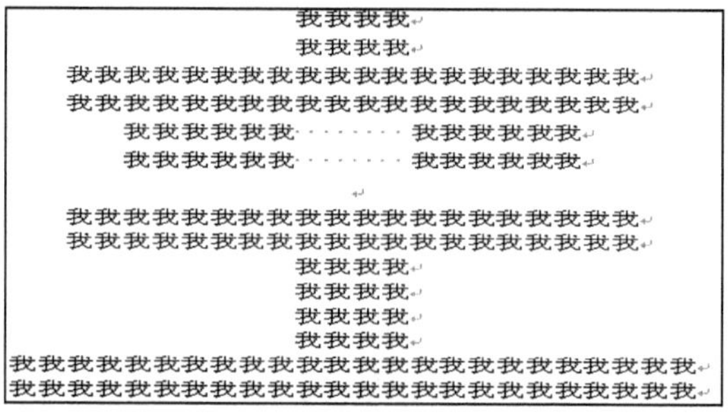

图 3-5　替换字符块

（7）插入字符：在“空格”区域中选定一个 4 行 2 列的区域剪切下来，然后把光标定位到上面数第 5 行中，按“Ctrl+V”组合键，粘贴过来的空格字块插在“我”字之间，原来的“我”字被迫向两边移位。

（8）复制字符：选定刚插入进来的 8 个空格，按“Ctrl+C”组合键复制字符，再把光标定位到右部的“我”字之中，按“Ctrl+V”组合键粘贴字符，原来的字符也做相应的让位。

（9）删除字符：使用退格键或使用 Delete 键，删除“工”字中多余的字符，使“空”字更加圆满，最终的结果如图 3-6 所示。

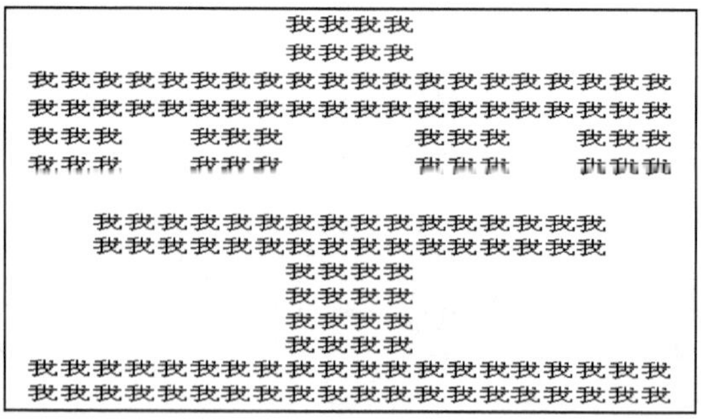

图 3-6　加工“我”字的最终结果

知识梳理

通过拖曳鼠标移动对象，应该从以下 3 方面加以注意：❶把选定的一段移到另一段的上面时，应该在“I”字形光标落在目标段首行的左端时，再松开鼠标左键，否则，不能保证切块移动位置的准确性；❷把选定的一段移到另一段的下面时，应该先产生一个空行，然后移动切块，当“I”字形光标落在空行的右端时，再松开鼠标左键；❸如果在拖动鼠标过程中出现光标突然失控现象，或者在移动切块过程中想取消这种操作，那么，就不要松开鼠标键，继续向下拖动鼠标直到窗口的状态条上，当鼠标指针呈现“⊘”形状时，表明这里是安全区，这时可以松开鼠标键，被选定的切块将安然无恙。

自主学习

1. 填空题

常见的编辑文本操作包括对文本进行选定、移动、________、删除和替换等。另外，查找和________文本内容也是编辑文本的重要内容。

2. 读图题

根据图 3-7 判断，目前正在进行什么操作？松开鼠标键后将产生什么结果？

图 3-7　图形化符号及编辑操作

第3节　查找与替换

实训任务 1：通过查找字符来模拟寻找一位外国小朋友的过程

任务描述

风筝曾经建立了中法两国儿童的联系和友谊。现在，请你帮助风筝的主人寻找一位小朋友。已知条件如下：地址是法国－巴黎，凯旋大街石榴花园 NB 座，只知道小朋友姓氏的第一个字母是 K，名字是 Mareci。寻找过程是通过在如图 3-8 所示的字符群中，多次查找符合一定条件的字符串，层层筛选来模拟实现找人过程的。

任务分析

题目设计的目的就是通过在实际中使用“查找”的选项，体会这些选项的含义，同时了解它们的作用。比如，了解全角字符和半角字符有什么区别，怎样切换；了解什么是通配符，有几种通配符，以及它们在文句中所能替代的成分等。

❶法国一巴黎中央大街雨果花园 nb 座 Bar Maryca
❷法国-巴黎凯旋大街石榴花园 NB 座 Mi Moucki
❸法国-巴黎凯旋大街石榴花园 NB 座 Kar Mareci
❹法国-巴黎凯旋大街石榴花园 nb 座 Kar Maresi
❺法国-巴黎凯旋大街石榴花园 nb 座 Kar Logice
❻法国一巴黎凯旋大街石榴公寓 mv 座 lare Maeci

图 3-8 被查找的文本内容原文

上机指导

（1）准备工作：执行“编辑”菜单的“查找”命令，打开“查找和替换”对话框，在“查找”选项卡中，首先选择“搜索范围”列表框中的“全部”。然后，单击“高级”按钮，在扩展的“查找”选项卡中选定其他查找条件。

（2）区分全角/半角：在查找城市时，选定“区分全/半角”复选框，在“查找内容”框中输入“法国-巴黎”。准备工作完成后，单击“查找下一处”按钮，查到 4 项（第 2、第 3、第 4 和第 5 项）。有两个“－”是在汉字状态下输入的全角字符，所以没有被查到。

（3）使用通配符：在查找姓氏时，因为只知道姓的第一个字母是 K，所以，应该采用通配符“*”来替代未知的几个字母。输入查找内容“K*”，并选定“使用通配符”复选框，结果从上面查到的 4 个人中找到了 3 个姓“Kar”的人（第 3、第 4 和第 5 项）。

（4）区分大小写：在查找楼号时，选定“区分大小写”条件，并使查找的内容为“凯旋大街石榴花园 NB 座”，经过查找，只有第 3 项符合条件，也就是风筝的主人要寻找的法国小朋友。

心灵手巧：由于各个查找条件的互相影响，有时两个条件不能共存。比如，选择“使用通配符”后，“区分大小写”等 3 个条件都变成灰色，意味着这些条件不能与“使用通配符”条件配合使用，这一点应该引起注意。

实训任务 2：利用字符替换功能把中文从中英文混合的文章中分离出来

任务描述

打开电子资料包中“编辑”文件夹中的文件“中英文混合的文章.doc”，要求利用“替换”功能删除所有的中文字符，但又无法直接查找到中文，怎么办？

任务分析

英文属于“字母”，而中文不属于，所以，可以先针对“任意字母”下手，就能够把英文挑选出来。然而，题目要求保留英文，删除中文，所以，需要多一步操作，先把挑选出来的英文设置为区别于汉字的格式，以此为保护伞，待删除汉字后，再撤除英文上的保护格式，还原其本来面目。有可能出现这种情况，虽然保留了英文，删除了中文，但是，在删除中文时所有的回车符和空格也难免同时被删除。怎样解决？应该把回车符和空格也都替换成绿色的，然后再进行删除操作就可以了。

上机指导

操作过程可以分为 4 大步骤：一是保护英文，二是保护回车符和空格，三是删除中文，四是复原。

（1）打开文件：打开电子资料包中“编辑”文件夹中的文件“中英文混合的文章.doc”，文中的中英文颜色都是白色的。

（2）英文着色：打开“替换”选项卡，光标定位在“查找内容”框中，单击“特殊字符”按钮，从列表中选择“任意字母”。把光标定位在“替换为”框中，从“特殊字符”列表中选择“查找内容”。然后单击“格式”按钮，从“字体”对话框中选择“鲜绿”色。此时，“替换”选项卡中的参数如图 3-9 所示。完成参数填写之后，单击“全部替换”按钮，所有的英文字符都被设置为鲜绿色，与白色的中文字符区分开来。

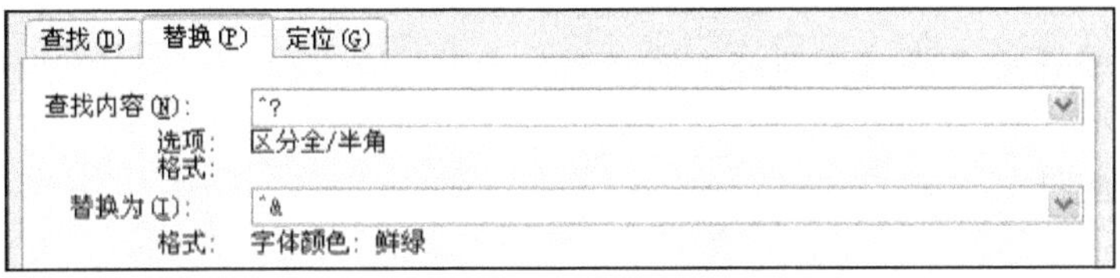

图 3-9 英文着色时的替换参数

（3）保护 3 种符号：为了保护中文中的“书名号”(《》)、空格和段落标记，需要进行与英文相似的操作，令其也变为“鲜绿”色。光标定位在“查找内容”框中，在“查找内容”框中输入“《”，“替换为”框中的内容不变，维持前面对英文的设置，然后，进行全部替换，“《”就变成鲜绿色了。采取相同操作，将文中的“》”、空格和“段落标记”也替换成鲜绿色。

（4）删除中文：光标定位在“查找内容”框中，单击“特殊字符”按钮，从列表中选择“任意字符”，然后单击“格式”按钮，从“字体”对话框中选择“白色”。把光标定位在“替换为”框中，清除框内的任何字符，只剩下“空字符”，同时，还需要单击“不限定格式”按钮，以便消除前面操作时所设置的格式。完成参数填写之后，单击“全部替换”按钮，所有的中文字符都被删除了。

（5）恢复英文：光标定位在“查找内容”框中，单击“特殊字符”按钮，从列表中选择“任意字符”，同时单击“不限定格式”按钮。然后光标定位在“替换为”框中，从“特殊字符”列表中选择“查找内容”，再单击“格式”按钮，从“字体”对话框中选择“白色”。单击“全部替换”按钮，就可以恢复所有的英文为原来的白色了。

心灵手巧：在“特殊字符”列表中排列的各种字符，一旦被插入到“查找内容”框或“替换为”框中，其表现形式都是以字符“^”开始，后面是特定的字母，形成在“查找”选项卡和“替换”选项卡中使用的“临时代号”。在前面的训练中，需要插入多个“制表位”符号时，可以从键盘输入并复制“临时代号”，一定会感觉到“心灵手巧”确实不虚。

知识梳理

下面，针对几个查找条件和按钮，梳理其知识和操作的要点：

❶全字匹配：选定“全字匹配”为查找条件之后，如果要查找的是“search”，那么，文档中的“research”将不会被查找出来。❷使用通配符：通配符的作用与 DOS 中的概念完全相同。❸区分全、半角：该查找条件主要是针对在中文下输入的字符设计的。比如选中该条件后，如果查找内容是半角字母“Q”，那么，文档中的全角字母“Ｑ”就不会被找到。❹“特殊字符”按钮：单击该按钮可以展开一个特殊字符的列表，从中选择一个就可以作为被查找的对象，如查找“段落标记”、“制表位”、“分栏符”等。❺“格式”按钮：利用这个按钮，可以把字符的格式特征也作为查找的条件。比如，可以查找到蓝色、楷体、三号的字符等。单击“不限定格式”按钮将取消所有的格式条件。

利用“定位”选项卡，在“定位目标”列表框中限定要定位的目标类型，如页、节、行或批注等，并输入指定的页号、行号等，就能够快速地把光标定位在文档中的任意一页的某一行，还可以定位在某个脚注或尾注之处。

自主学习

1. 判断题

（1）设置了“区分全角/半角”，能区分大写字母和小写字母。（□正确，□错误）

（2）“ca”和“ka”是同音字符。（□正确，□错误）

2. 填表题

根据表 3-2 中提供的已知条件，在空白单元格中填写对应的“特殊字符”名称或“代号”。比如，“段落标记”的代号是“^p”。

表 3-2　填写字符名字或代号

特殊字符	制表位		分节符		图形		域
代　号		^#		^w		^v	

第4节 综合训练

实训任务：通过替换字符实现不同文档形式的自动转换

任务描述

参加暑假“Word 替换功能开发学习班”的学生名单公布了，大约有 300 多人。在开课之前，要用这 300 人的姓名建立一个“签到表”，用来记录每次上课学生的出勤情况。教师经过苦思冥想，利用“替换”功能，把用制表位制作的“学生名单”自动转化成一个“签到表”，节省了许多工作量，而且还领略到神奇的“Word 替换功能”。

任务分析

采用逆向分析，先考虑从“签到表”到“学员名单”转换需要经历哪些步骤。❶脱掉“签到表”的“外衣”，把表格的格去掉，只保留表中的文字及其排列规则。表格转换成文字后，每行的左侧是姓名，后面跟着 4 个制表位（可以单击“常用”工具栏上的“显示/隐藏编辑标记”命令按钮观看）。❷把每行中的制表位删掉，只剩下“学生姓名”排成独立的一列。❸在每两个姓名之间都插入一个制表位，在横向上将相邻的姓名分隔开，这就形成原来由制表位定位的“学员名单”了。❹在每一行姓名之后按 Enter 键，以便增加一个空行。❺在女同学姓名的后面再增加“(女)”。当实际做题时，应该按照“⑤、④、③、②、①”的顺序，反其道而行之，产生做题的步骤，这就是做题的思路。学生名单和签到表如图 3-10 所示。

赵今天	刘水（女）	黑黎明
周舟（女）	初元	孔有心
邵年志	吴凡（女）	年复年
张弓（女）	邹新路	孟焕云
王今天	李水（女）	白黎明
周一舟（女）	邹初元	宋有心

赵今天				
刘水				
黑黎明				
周舟				
初元				
孔有心				
邵年志				
吴凡				
年复年				
张弓				
邹新路				

图 3-10 学生名单和签到表

上机指导

（1）删除字符：上课签到时不需要考虑性别问题，所以，先删除字符“(女)”。打开“替换”对话框，在“查找内容”框中输入“(女)”，在“替换为”框中不输入任何字符，按“全部替换”按钮，顷刻间，大量的删除任务就完成了。

心灵手巧：在“替换为”框中什么都不输入，其实，还是存在一个字符，叫做“空字符”。空字符的作用与数学中的“0”相似，虽然在数轴上没有长度，但确实是存在一个“0”点。用“空字符”替换任何字符就相当于删除这个字符。

（2）删除空行：空行中不是一无所有，存在一个唯一的字符“段落标记”，俗称“回车符”。“段落标记”与段落形影不离，如果删除“段落标记”，则这个段落也就不存在了。所以，采用如图 3-11 所示的替换过程，就可以删除所有的空行。

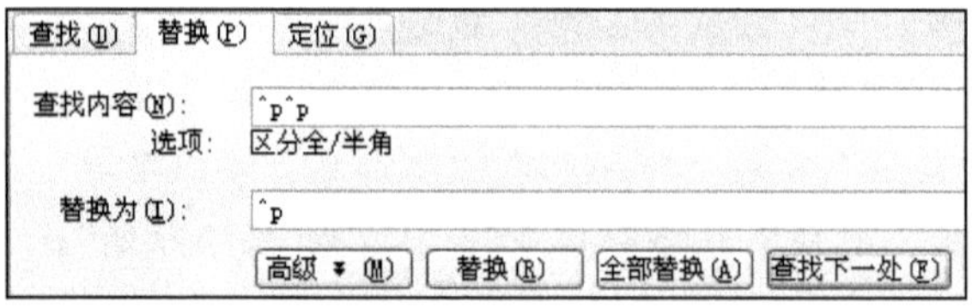

图 3-11　删除空行时在“替换”对话框中输入的参数

心灵手巧：有些同学仿照删除“(女)”的简单方法来删除空行，结果把所有的“段落标记”都删除了，无数个段落聚集到一个段落中。其错误就在于不明白“替换”既有删除作用，还有减法作用。如果用一本书替换两本书，结果不就是减法吗？所以，在“查找内容”框中插入两个“段落标记”，在“替换为”框中插入一个“段落标记”，替换的结果就是减去了一个“段落标记”，就相当于执行了一次减法操作，就是删除了一个空行。

（3）一列排队：由于学生姓名在“签到表”中呈一列纵队排列在表格的最左侧，所以，在实现转换之前，必须让所有姓名都集中到左侧的一列中。利用“替换”功能，把维持姓名水平间距的“制表位”替换成“段落标记”，那么，每一个姓名就会独占一行，实际上各个姓名就会排成一列，等待在转换时有秩序地被分配到相应的表格中去。在“查找内容框中插入的是“^t”，在“替换为”框中插入的是“^p”。

（4）增加空列：在表格中，每个姓名的右侧都有 4 个空列，用来记载 4 次课程学生上课和缺课的情况。用 4 个制表位加上一个段落标记替换原来的一个段落标记，就相当于执行了一次加法操作，如“A=B+B+B+B+A”，操作情况如图 3-12 所示。

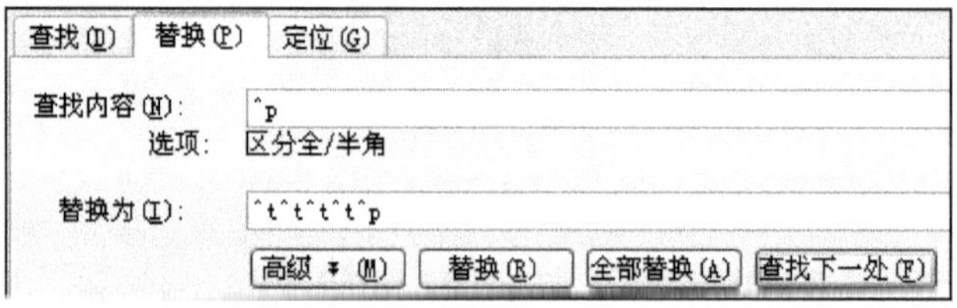

图 3-12　增加空列时在“替换”对话框中输入的参数

（5）转换为表格：万事俱备，接下来就要显现“表格”菜单的“转换”功能了。首先选定所有的字符，包括姓名、制表位和段落标记，然后执行“表格”菜单的“转换”命令，并确定是“文本转换为表格”。在对话框中，除了改变表格“列宽”之外，一般不需要改变参数，确定就可以了。

第 4 章

排版与打印

训练目标

- 设置字符格式；
- 设置段落格式；
- 设置页面格式；
- 样式与模板；
- 打印文档内容。

如果把字符比做文档的细胞，那么，段落就是文档的肌肉，页面就是文档的骨骼。经过排版，色形规范的段落使文章有血有肉；错落有致的版面使文章有棱有角。

第1节 设置字符格式

本节主要训练设置字符的基本格式、间距、效果和特殊格式，并掌握字符以及格式化的概念。在训练题中，较多地使用了一些图形化符号作为训练素材。

实训任务 1：通过设置字符的字体格式来倡导自然环境的平衡发展

任务描述

训练分为两项内容，第一，针对图形化符号素材“地、树、水、沙、鸟、日”，通过设置不同的字符效果，形成一幅大自然平衡被严重破坏的景象，如图 4-1 上排所示；第二，针对符号素材“ ”和汉字“猪、土、地、林”，通过设置不同的基本字体格式表现平衡发展中的自然环境，如图 4-1 下排所示。

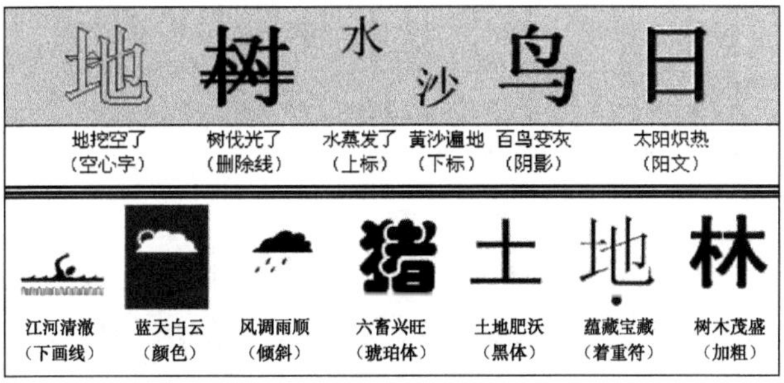

图 4-1　设置字符效果和字体格式

任务分析一

从左向右分析上排字符的效果："地"字是空心字，表示资源浪费，土地流失；"树"字设置双删除线，表示树木被大量砍伐；"水"字设置上标格式，表示水源大量蒸发；"沙"字设置下标格式，表示草原荒漠，黄沙遍地；"鸟"字设置阴影，是工业废气和黑烟污染的后果；"日"字设置阳文，表示阳光炽热，地球温度越来越高。

任务分析二

分析下排字符的字体格式：符号"游泳"设置蓝色下画线，象征江河清澈；"云朵"设置白色字体和蓝色的突出显示，象征蓝天白云；"小雨"设置倾斜格式，表示风调雨顺；"猪"字设置粗犷的"琥珀"字体，表示六畜兴旺；"土"字是黑体，表示土地肥沃；"地"字设置着重号，表示蕴藏宝藏；"林"字加粗，表示树木茂盛。

上机指导

操作过程分"设置字符效果"和"设置字符基本格式"两大步骤进行。

第一步，设置字符效果。

（1）准备工作：首先输入文字"地、树、水、沙、鸟、日"，并适当放大这些字符的字号。然后，选定这些字符，单击"格式"工具栏上的"突出显示"按钮的右部，从调色板中选择一种比较淡的颜色，对字符，尤其是"鸟"和"日"的格式起衬托作用。

（2）设置空心字：选定字符"地"，在"字体"选项卡中选中"效果"区域中的"空心"复选框，单击"确定"按钮。

（3）设置删除线：选定字符"树"，在"字体"选项卡中选中"双删除线"复选框。

（4）设置上标和下标：选定字符"水"，在"字体"选项卡中选中"上标"复选框；选定字符"沙"，在"字体"选项卡中选中"下标"复选框。

（5）设置阴影：选定字符"鸟"，在"字体"选项卡中选中"阴影"复选框。

（6）设置阳文：选定字符"日"，在"字体"选项卡中选中"阳文"复选框。

心灵手巧：平时，黑色字符和"自动"颜色字符并无两样，但设置字符的阳文或阴文时的表现不同，"自动"颜色的字符变成白色，"黑色"字符的颜色不会发生任何变化。

第二步，设置字符基本格式。

（7）插入字符并设置字号：从"插入"菜单打开"符号"选项卡，从"字体"列表框的"Webdings"子集中，插入图形化符号""，接着输入文字"猪、十、地、林"，选定所有字符，设置字符的字号统一为 72 磅。

心灵手巧：在"字号"列表框中，提供选择的最大字号是"72 磅"，如果需要的字号超过这个数值，则把光标置入"字号"列表框，直接输入需要的数字即可。

（8）设置下画线：选定符号“⛰”，在“字体”选项卡中从“下画线”列表框中选择“双波浪线”，并设置“下画线颜色”为“蓝色”。

（9）设置字符颜色和字形：选定符号“☁”，从“格式”工具栏“字体颜色”的下拉列表中选择白色。接着，从“格式”工具栏“突出显示”下拉列表中选择蓝色，产生蓝底白字。然后，选定符号“☂”，单击“格式”工具栏“倾斜”按钮，设置字符向右倾斜。

（10）设置字体和着重号：选定“猪”字，设置为“华文琥珀”字体。选定“土”字，设置字体为“黑体”。然后，选定“地”字，在“字体”选项卡中选择“着重号”。

（11）加粗字体和设置字号：选定“林”字，单击“格式”工具栏上的“加粗”按钮。

实训任务 2：通过设置字符间距创作高山滑雪图

任务描述

通过设置字符间距及其他格式，创作一幅高山滑雪人的图画。具体要求是：首先，在新建文档中插入1个“◣”字符和5个“⛷⛷⛷⛷⛷”字符，然后，通过改变字符的间距格式，包括缩放比例、水平间距和垂直位置，同时，还需要改变字符的字号、颜色、下画线和效果等格式，最终产生如图 4-2 所示的效果。

图 4-2　通过改变字符的间距格式形成一幅滑雪图

任务分析

通过这个实例，可以比较深刻地了解字符间距的基本概念，以及所产生的特殊效果，并且能够掌握字符间距的设置方法和操作技巧。对照原始字符串和题样中最终形成的效果，分析出每个字符发生的变化如下。

❶令字符“◣”发生 3 种变化：字号增大；宽度增加（大约达到 10 厘米长），形成一个滑雪道；产生了空心效果。❷字符“⛷”的字号放大了，相互之间的水平间距拉大了，从右向左，每个字符的位置提升得越来越高。❸每个字符“⛷”与字符“◣”都有不同程度的重叠，实质是它们在水平位置上与字符“◣”紧缩的效果。❹另外，在滑道的侧面还需要有一条双线栏杆，通过设置下画线可以解决这个问题。建议先改变字符的垂直位置，后设置水平间距紧缩，否则难度比较大。

上机指导

（1）插入符号：打开“符号”对话框，单击“字体”列表框，选择“普通文本”字体集中的“几何图形符”子集，双击符号“◣”（直角三角形），插入该符号；选择“Webdings”

字体集，插入5个滑雪人符号（⛷），然后，设置滑雪人为蓝色。

（2）设置阳文：选定5个滑雪人，在“字体”选项卡选中“阳文”效果复选框，单击“确定”按钮，在字符的上边和左侧，产生白色的镶边。

（3）放大字号：选定“◣”，单击“格式”工具栏的“字号”列表框，输入“80”（磅），按Enter键。采用相同做法，设置5个滑雪人的字号为“42”（磅）。

（4）缩放字符：选定“◣”，打开“格式”菜单的“字符间距”选项卡，单击“缩放”列表框，输入“500”（%），单击“确定”按钮。

（5）设置颜色：选定“◣”，单击“格式”工具栏的“字体颜色”列表框，选择“白色”，单击“确定”按钮。同时，设置文档的背景色为“灰色-25%”。

（6）加宽间距：同时选定5个“⛷”，打开“字符间距”选项卡，从“间距”列表框中选择“加宽”，在“磅值”调整框中输入“20”（磅）。

（7）提升位置：选定左侧第1个“⛷”，打开“字符间距”选项卡，从“位置”列表框中选择“提升”，在“磅值”调整框中输入“48”（磅），单击“确定”按钮。采取相同的做法，使第2人提升36磅，第3人提升24磅，第4人提升12磅。

（8）紧缩间距：选定三角形滑道，打开“字符间距”选项卡，在“间距”列表框中选择“紧缩”，在“磅值”调整框中输入“160”（磅），单击“确定”按钮。

心灵手巧：应该注意，字符的间距被紧缩之后，选定字符比较困难，这时，可以用Shift键和光标移动键来选定字符，用心中的计数来判断已经选定了哪些字符。

（9）设置下画线：在左页边距区域中单击鼠标，同时选定滑道和5个滑雪人，打开“字体”选项卡，在“下画线”列表框中选择“双线”，单击“确定”按钮。

心灵手巧：由于下画线的效果是与字符保持一致的，所以，“双下画线”左侧呈现的白色是受三角形影响的结果，其他部分与蓝色的滑雪人保持一致。

实训任务3：巧设字符间距创作体现爱心的公益宣传画

任务描述

训练素材是4个字符“人、🌂、🌂、十”，通过设置字符的间距格式（包括字符缩放、水平间距和垂直位置）和改变字号，用这些字符组合成3幅图，其中：第一幅图是“个”字，另一幅图是拄着拐杖的老人，最后一幅图是“半”字。3幅图是互相关联的，整个创意过程突出的是爱心。

任务分析

题样由3部分组成，都具有故事情节。第1部分由“人”字和符号“🌂”组成，是一个打着雨伞的小女孩。技术处理有两点，一点是将“人”字提升，另一点是紧缩“人”和“🌂”

的水平间距，使两个字符重合，形成“个”字。第2部分由符号“🚹”和“十”字组成，是一个拄着拐杖的老人。经过缩小“十”字的字号，降低位置和减小间距，使“十”字落在“🚹”的底下，形成人拄拐杖的样子。第3部分针对字符“人、🚺、🚹、十”，各自设置不同的间距格式，包括放宽字符，缩紧字符的水平间距，提升字符的垂直位置，重新组合成一个“伞”字。这个字符图画赞扬了人与人和谐相处、互相帮助的美德。

上机指导

第一步，制作“个”字。

（1）插入字符：先输入“人”字，再从“Webdings”字体集中插入小女孩符号（🚺）。

（2）设置字号：选定“人”，设置为“初号”；选定“🚺”，设置“80”磅字号。

（3）字符缩放：选定“人”字，单击“格式”工具栏上的“字符缩放”按钮，从列表中选择“200%”，使字符横向加宽100%；同样，设置字符“🚺”缩放“66%”。

（4）降低字符：选定字符“🚺”，打开“字体”对话框的“字符间距”选项卡，从“位置”列表框中选择“下降”，在右侧的“磅值”增量框中输入“50”（磅），确定。

（5）紧缩字符：选定“人”字，从“字符间距”选项卡的“间距”列表框中选择“紧缩”，在“增量框”中输入“35”（磅），确定后，“小女孩”就移到“伞盖”的下面了。

心灵手巧：要想让两个字符的中轴线重合，必须考虑位置关系，谁左谁右，结果不同。在图4-3的上排图中，字符“🚺”在左边，“人”在右边，无论怎样紧缩，两个字符也不可能中轴线重合。因为“🚺”站在“墙根”，“墙”挡住了“人”继续左移。在下排图中，“人”在左边，“🚺”在右边，间距紧缩时，“🚺”可以与“人”重合，形成“个”字。

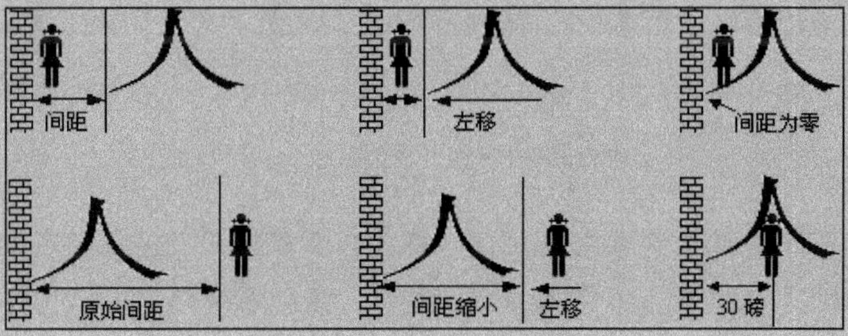

图4-3 两个字符紧缩时的操作要点示意图

第二步，制作“老人”图。

（6）插入字符：先从“Webdings”字体集中插入男人符号（🚹），然后，再输入“十”字，作为拐杖。

（7）设置字号：选定“🚹”，设置为“80”磅；选定“十”字，设置为“初号”。

（8）字符缩放：选定“🚹”，缩放“80%”；选定“十”字，缩放“33%”。

（9）降低字符：选定“十”字，降低5磅，使“拐杖”能接触到“地面”。

（10）紧缩字符：选定“🚹”，紧缩30磅，使“拐杖”移动到老人的手中。操作步骤如图4-4所示。

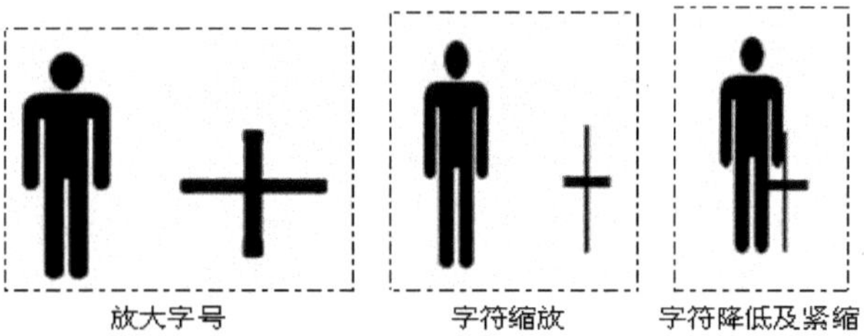

图 4-4 “老人图”的制作过程

第三步，制作“伞”字，这部分的操作过程如图 4-5 所示。

（11）准备工作：重新插入字符“人、🚺、🚹、十”，设置“十”字为“80”磅，设置其他 3 个字符为“初号”。设置“人”字缩放 300%，设置“十”字缩放 150%，然后，调整字符的位置，排列顺序是“人、十、🚺、🚹”。

（12）加宽间距：选定字符“🚺”，从“字符间距”选项卡的“间距”列表框中选择“加宽”，在增量框中输入“10”磅。

（13）提升字符：选定字符“🚺”和“🚹”，提升 40 磅。

（14）紧缩字符：选定“十”字，紧缩 55 磅，使字符“🚺”和“🚹”移到“十”字的上面。

（15）处理“伞盖”：选定字符“人”，提升 70 磅，并紧缩 62 磅，确定后，作为“伞盖”的“人”字就到位了。

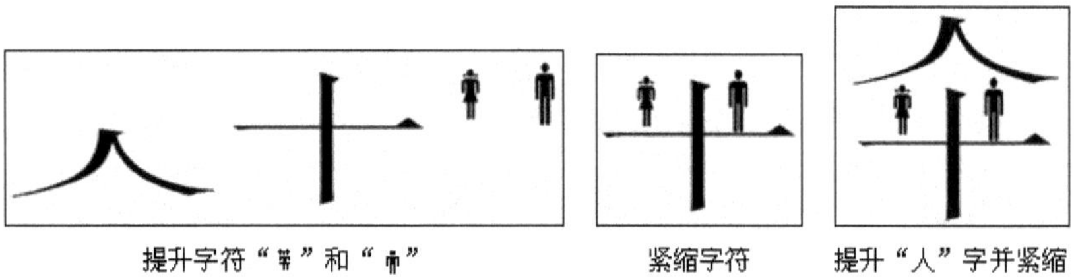

图 4-5 “伞”字的制作过程

（16）背景衬托：选定 3 组字符画，从“格式”菜单打开“边框和底纹”对话框，只在底边设置“双波浪线”型边框，似乎地面水波荡漾；然后切换到“底纹”选项卡，在“样式”列表框中选择“淡蓝色”的“浅色上斜线”，用细雨蒙蒙作为故事的背景。最后的字符画组合如图 4-6 所示。

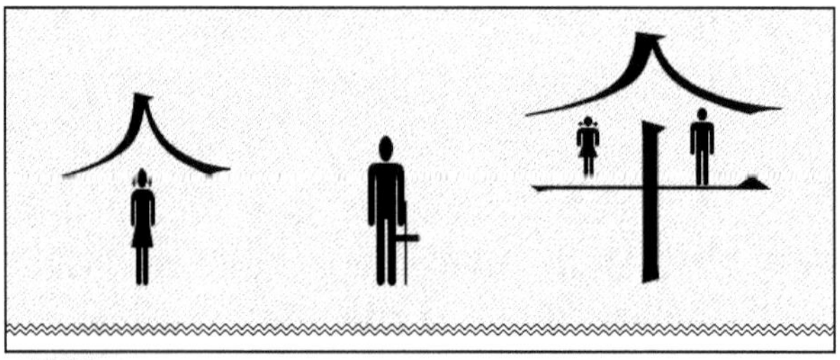

图 4-6 制作的 3 幅字符画的组合效果

实训任务 4：综合运用中文版式中的几种特殊格式表现一段谚语

任务描述

将“中文版式”中的所有格式，分别作用于不同的文字上，产生如图 4-7 所示的特殊效果。

图 4-7　应用字符特殊格式表现谚语的内涵

任务分析

文字素材是“一人起火挑水喝，二人搭伙抬水喝，三人合伙没水喝，睡觉。”表现人之间缺乏谦让，互相攀比的坏习气。第 1 句话是应用“拼音指南”标注汉语拼音。在第 2 句话中，因为有尖括号（<>），所以，应该用“双行合一”实现。第 3 句最为复杂，又可以划分为 3 小部分：因为“三人合伙”有阴影，这是“合并字符”的特征；“水”字是带圈字符；通过设置“纵横混排”使“睡觉”二字横过来。

上机指导

（1）输入文字：在一行中输入文字“一人起火挑水喝，二人搭伙抬水喝，三人合伙没水喝，睡觉”（不必输入标点符号）。设置所有文字的字号为“一号”。

心灵手巧：设置字号不是难事，但是，如果字符已经被设置了某种“中文版式”，要想改变这些合成字符的字号就不那么容易了。一是必须进入对话框中修改，二是要保持一行内所有字符都具有统一的字号也不是轻而易举的事情，这个结论通过实践可以得到证实。

（2）拼音指南：选定“一人起火挑水喝”，打开“拼音指南”对话框，改变对齐方式为“居中”，其他默认，确定。

（3）双行合一：选定“二人搭伙抬水喝”，打开“双行合一”对话框，选中“带括号”复选框，并从“括号样式”列表框中选择“<>”（尖括号），其他默认，确定。

（4）合并字符：选定“三人合伙”，打开“合并字符”对话框，不需改变，确定。

心灵手巧：“合并字符”的条件是不能超过 6 个字符，多出来的自动去掉，其实，最佳的数量是 4 个或 6 个。合并后的字符具有“域”的性质，在常规操作时难以实现的效果，只要进入“域”的境界，许多难事就变得易如反掌，合并 6 个以上的字符也变成可能。

（5）带圈字符：选定“水”字，打开“带圈字符”对话框，选中“增大圈号”单选框，其他默认，确定。

（6）纵横混排：选定“睡觉”二字，打开“纵横混排”对话框，选中“适应行宽”复选框，确定。

心灵手巧：通过设置“@”类字体格式，也可以让“睡觉”二字“躺下”（如图 4-8 所示），但是，比“纵横混排”麻烦多了。可见，选择一种恰当的方法至关重要。

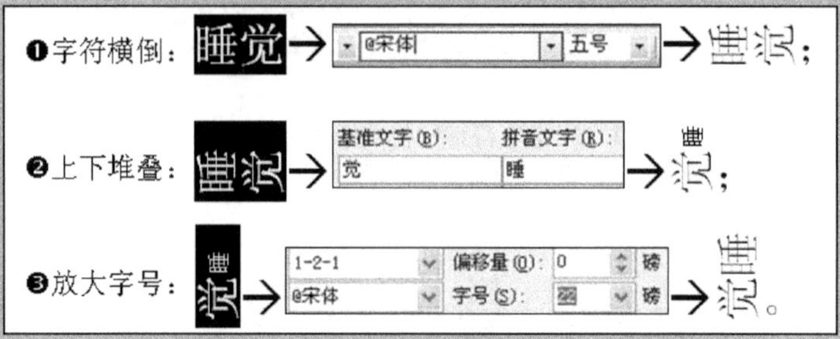

图 4-8　采取一种麻烦的办法让字符横倒

知识梳理

本节是全书基础知识的汇聚点。字符格式包括基本字体、字符间距、动态效果和特殊格式 4 方面内容。下面重点解释一些概念。

❶字号有两种表示法：一种用数目字表示，如小三号、五号等，数字越大，字号越小；另一种用磅表示，如 1 磅、10.5 磅、200 磅，最小值是 1 磅，最大值是 1 638 磅，数字越大，字号越大。在表 4-1 中列出了两种字号的换算值和显示尺寸，供使用时参考。

表 4-1　两种表示法的中文字号对照表

中 文 字 号	字符大小（磅）	屏幕尺寸（宽度，厘米）
小五号	9	0.25
五号	10.5	0.29
小四号	12	0.35
三号	16	0.42
二号	22	0.60
一号	26	0.70

❷阴影、空心、阳文和阴文都是一种特殊的字符效果。阴影出现在字符笔画的右侧和下方，与树阴现象相似；阳文的亮线出现在字符的左侧和上方，使字符产生凸起的效果；阴文的亮线出现在字符的右侧和下方，呈现下凹的效果；空心字符镂空字符的内部，以字符背景的颜色来填充。如果将繁体的空心汉字转换成图形，可以将其分解成多个笔画。

❸字符间距：通过设置字符的间距，可以制作出许多特效字体，字符间距的改变似乎是一切字符格式，乃至特殊段落格式的真实内因。通过改变字符间距的训练，不但能够从内部

了解字符格式产生的根源，而且对于认识文字的点阵结构，清楚字符组成的来龙去脉都有不可低估的积极作用，还能够充分展示操作者的才智。

❹特殊格式：“拼音指南”有多种对齐方式，其中，“1-2-1”方式使字符串左右各空一格，其余均匀分布；“0-1-0”方式使字符串满行均匀分布；其他 3 种对齐的效果与段落对齐方式一样。“纵横混排”能够妥善处理字符横卧排列的问题，弥补了利用“文字方向”命令改变字符方向时，不能使个别字符横卧排列的缺陷（该命令是面向全文所有字符的）。

自主学习

1. 读图题

（1）图 4-9 所示是以“Webdings”字体集中的符号“🏝🕊🌲🚘🚶🚶”为素材，通过设置字符间距创作的一幅图画。通过读图，说明每个字符被设置了哪种字体格式和间距格式。

图 4-9 字符间距读图题参考题样

（2）观察图 4-10 中所显示的按钮状态，在对应单元格中填写光标所在位置的字符格式。

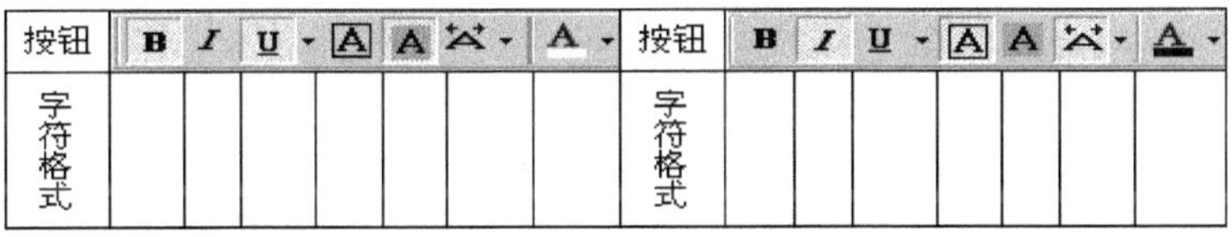

图 4-10 有关“格式”工具栏的读图题

2. 连线题

（1）观察图 4-11，在第 1 行的字符格式和第 2 行的字符效果之间建立正确的连线。

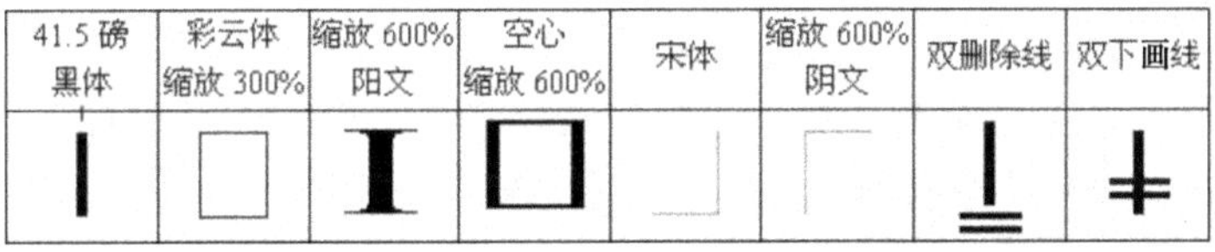

图 4-11 判断字符字体格式的连线题

（2）观察图 4-12，在第 1 行的字符格式和第 2 行的字符效果之间建立正确的连线。

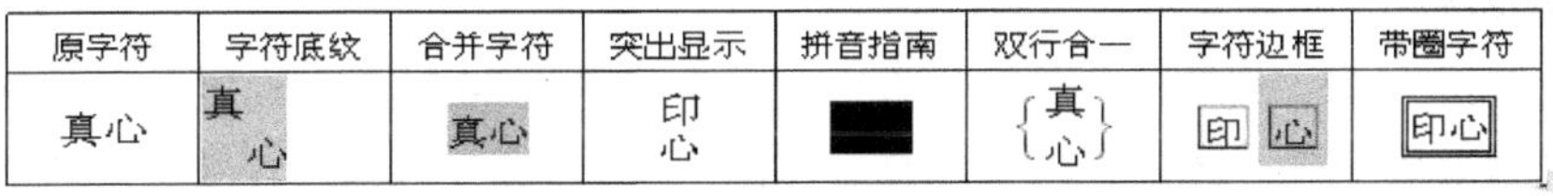

图 4-12 判断字符的特殊格式

第2节 设置段落格式

段落格式包括基本格式和特殊格式。段落基本格式包括段落分合、段落缩进、段落对齐、行间距、段间距。段落特殊格式包括边框和底纹、制表位、项目符号与编号和更改大小写等。

实训任务 1：为《诗经》选段设置段落基本格式使之明了易读

任务描述

以电子资料包提供的经典文句为素材，参考如图 4-13 所示的题样和“任务分析”的内容，对不同的段落设置不同的格式，使段落内容清晰、明了。

芣 苢 （译 文）

——体悟天地人间的节律

采了又采车前子，采呀快去采了来。
采了又采车前子，采呀快快采起来。
采了又采车前子，一枝一枝拾起来。
采了又采车前子，一把一把捋下来。
采了又采车前子，提着衣襟兜起来。
采了又采车前子，别好衣襟兜回来。

——选自儒家经典《诗经》

图 4-13　设置段落基本格式

任务分析

按文章结构划分，此文由标题、作者、正文和选自 4 部分构成。在题样中，标题文字的间距是设置段落缩进和对齐格式的结果；行之间的间距也并非空行所致。

上机指导

（1）打开素材：从电子资料包的“排版”文件夹中打开文件“段落基本格式.doc”，一共 9 行，每行都是一个独立的段落。

（2）设置标题段：把光标置入诗文“标题”中，打开“段落”对话框的“缩进和间距”选项卡，设置段落左右各缩进 5 厘米，并设置分散对齐。

（3）设置副标题段：光标置入位于第 2 行的副标题段中，打开“缩进和间距”选项卡，设置居中对齐，并设置段后间距 6 磅。

（4）设置正文段：设置正文各段落的行间距为固定值 20 磅，并设置段落居中对齐。

（5）设置最后一段：光标置入“选自儒家经典《诗经》”段落中，在“缩进和间距”选项卡中，设置右缩进 3 厘米，设置段前间距 3 磅，并设置右对齐。

实训任务 2：运用制表位制作“《计算机应用基础》使用调查表”

任务描述

通过在文档中设置制表位的不同格式制作一个用户调查表，了解学生对《计算机应用基础》的评价和要求，以及对教材价格的承担能力和学生使用计算机做什么等信息。观察标尺上的制表位符号可以了解“调查表”的制表位要素。

任务分析

调查表的主体内容有 3 部分：左半部的两项调查主题、右半部的两项调查主题和中间的竖线，竖线由“竖线对齐”制表位组成。从纵向来看，调查表有 8 行，除去第 1 行标题是段落居中格式之外，其他 7 行都设置了不同的制表位位置、对齐方式和前导字符格式。

上机指导

（1）输入标题：第 1 行是标题行，不必设置制表位格式，只要输入标题内容并设置字符为字体格式和加粗就可以了。

（2）设前导符：在第 2 行中有 3 个下画线，位于 3 厘米、5.5 厘米和 8 厘米处，只要设置这 3 处制表位的前导符为“实线型”就可以出现下画线了，如图 4-14 所示。

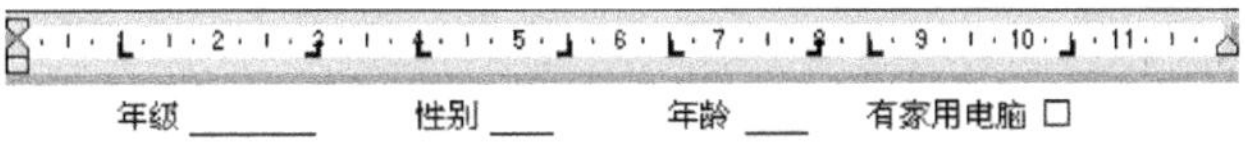

图 4-14　第 2 行制表位

（3）对齐方式：按 Enter 键产生第 3 行，必须删除所有无用的制表位，以免干扰正常地建立新制表位。在第 3 行插入两个制表位，一个是位于中线处的竖线对齐方式制表位，另一个是左对齐制表位，用来定位“你希望这套书的价格是（元）”。

心灵手巧：与“左对齐”和“右对齐”等制表位相同，“竖线型”制表位的主要作用是在制表位处产生一条竖线，不需要另外输入其他字符。

（4）综合应用：第 4 行有 5 个制表位，左半部只需要一个有虚线型前导符的右对齐制表位来定位符号“○”；在 6 厘米处建立竖线对齐制表位；右半部是两段价格信息，数字部分采用小数点对齐，两个圆圈都采用右对齐，如图 4-15 所示。

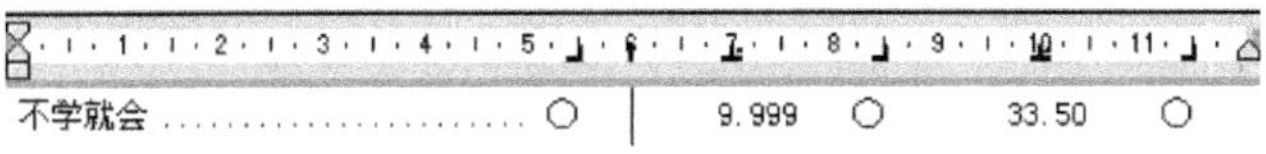

图 4-15　第 4 行制表位

（5）继续设置：第 5 行的制表位与第 4 行完全相同；第 6 行的与第 3 行完全相同。

（6）定位字符：第 7 行的左半部只有一个右对齐制表位，改变它的位置可以控制“实线型”前导符的长度；右半部有两个复选框，一个是用计算机来“学外语”，另一个是“做动画”，各自都需要一对制表位来定位，如图 4-16 所示。

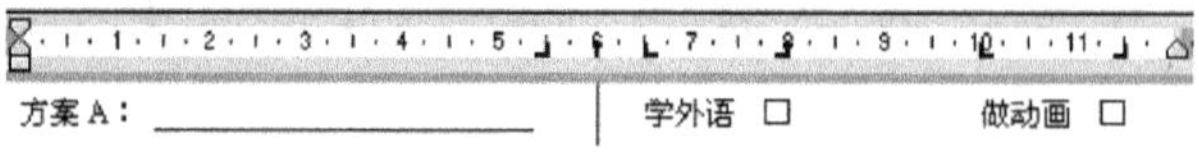

图 4-16　第 7 行制表位

（7）字符定位：第 8 行的左半部与第 7 行完全相同，只是在右半部中增加了一个“编程”调查项。最后的结果如图 4-17 所示。

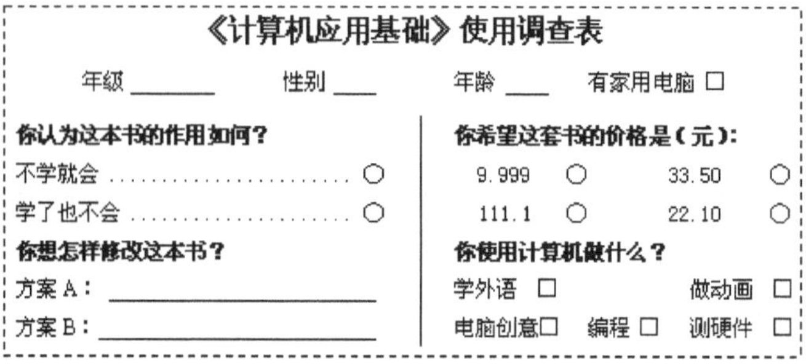
《计算机应用基础》使用调查表

年级 ______　性别 ___　年龄 ___　有家用电脑 □

你认为这本书的作用如何？
不学就会 .... ○
学了也不会 .... ○
你想怎样修改这本书？
方案 A：____________________
方案 B：____________________

你希望这套书的价格是（元）：
9.999 ○　33.50 ○
111.1 ○　22.10 ○
你使用计算机做什么？
学外语 □　做动画 □
电脑创意□　编程 □　测硬件 □

图 4-17　学生使用教材的调查表

实训任务 3：利用段落的边框和底纹格式衬托充满迷茫的童年生活

任务描述

新建一个文档，参考如图 4-18 所示的题样，利用段落的“边框和底纹”对话框，设置段落的边框和底纹格式，格式应该与段落内容相吻合。

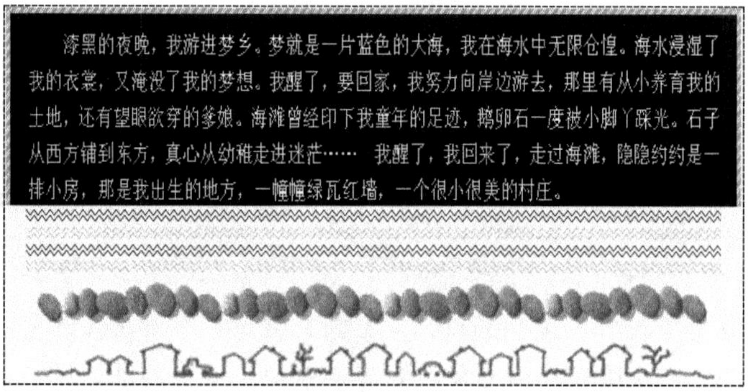

图 4-18　通过设置段落的边框和底纹制作的图画

任务分析

作品充满了诗情画意，由 4 部分构成：第 1 部分是文字段落，字符颜色是白色，底纹是黑色，段落的四周是蓝色的斜线边框；第 2 部分有 4 个空行被设置了蓝色的和浅蓝色的双波浪线边框，象征大海波浪起伏；第 3 部分的一串鹅卵石是在设置边框线时，插入的图片型横线；最后一部分也是插入的图片型横线，内容是一排红色的小房子。

上机指导

（1）打开素材：打开电子资料包“排版”文件夹中的“游子归来.doc”，默认字体。

（2）设置边框：选定全段，从“格式”菜单打开“边框和底纹”对话框。首先选择“彩条”线型，并设置“天蓝色”，然后，单击左侧“设置”中的“方框”选项，接着单击右侧“预览图”的下边线，令其取消，确定后，使段落增加三边框。

（3）设置正文距离：在“边框”选项卡中单击“选项”按钮，在新对话框中修改正文和边线的距离，距离上边线和下边线都是 4 磅，距离左边线和右边线都是 10 磅。

（4）设置底纹：选定全段后，打开“边框和底纹”对话框，切换到“底纹”选项卡，单击“样式”列表框，从中选择“纯色 100%”，确定后，段落变成黑底白字。

（5）设置单边边框：先在正文下方产生 4 个空行（空段落），然后选中这 4 个段落，在“边框”选项卡中，设置蓝色的“双波浪线”。然后再分别单击“预览图”的上边线和左右边线，令其取消，只保留下边线。

心灵手巧：在为段落设置边框或底纹时，一种是应用于全部段落，这时，即使是空段，边框和底纹也将与版面的行宽相适应；如果应用于文字，则其宽度与该行中文字的宽度相等。设置大海的蓝色波浪线时，应该设定边框线的应用范围是“段落”。

（6）紧缩行距：选中 4 行波浪线，在“缩进和间距”选项卡中，设置“行距”为“固定值”1 磅。确定后，边线密集，深浅相间，波浪起伏。

（7）横线边框：把光标移到最后一条波浪线下方的空行处，在“边框”选项卡中单击“横线”按钮，在打开的“横线”对话框中，选定并插入“鹅卵石”横线图形。采取相同的做法，在“鹅卵石”的下方插入一排“小房子”横线图形。

（8）紧缩段落：同时选定“鹅卵石”和“小房子”，设置行间距为“最小值”0 磅。

实训任务 4：应用项目符号控制缩进产生错落有致的段落格式

任务描述

新建一个文档，参考如图 4-19 所示的题样，利用不同的符号作为项目的符号，建立 5 个级别的项目符号，每增加一级，缩进量增加固定的数值。

文字处理步步高

- Word 2003 为 Word 2000 版锦上添花
  - Word 2000 成为编辑排版的中流砥柱
    - WPS 曾经掀起一场文字处理的革命
      - Wordstar 是最早进入中国的排版软件
        - DOS 命令使输入字符从黑纸白字起步

图 4-19　具有 5 个级别的项目符号

任务分析

系统为用户提供了许多默认的项目符号样式，如果要应用，则可以先在临时段落中设置项目的符号和缩进量。也可以直接在正式的数据段落中，一边建立项目符号的框架，同时也完成了对段落设置“项目符号”格式。但是，在建立新的项目符号样式之前，应该首先清除“库存”，使各种样式都呈现默认的样子，以便更改。

上机指导

（1）清理库存：首先打开“项目符号”选项卡，分别选中每一种默认的样式，然后单击“重新设置”按钮，当询问“是否将此库位置重设为默认设置”时，回答“是”，清除该样式已经被更改的状态，恢复到默认状态。清理后的默认样式如图 4-20 所示。

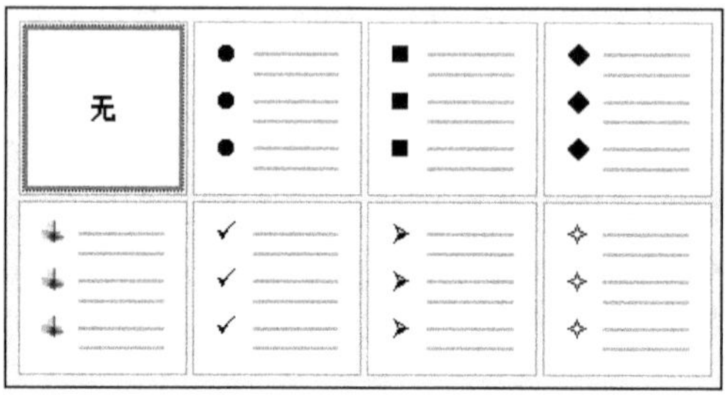

图 4-20　默认的“项目符号”样式

心灵手巧：这一步是为下面更改项目符号扫清障碍。因为某种样式可能被人为地修改过，如果不经过初始化，则会出现许多奇怪的“继承”现象，干扰用户设置项目符号。

（2）输入数据：参考题样，先输入标题，再分 5 段输入 5 级项目符号的文字内容。

（3）建立 1 级项目：光标置入第 1 段中，从“格式”菜单打开“项目符号和编号”对话框，选中第 1 种默认样式（符号是“●”）。单击“自定义”按钮，打开“自定义项目符号列表”对话框。参考表 4-2 中的数据，将缩进量填写到“项目符号位置”和“文字位置”中。然后，单击“符号”按钮，在打开的新对话框中，从“字体”列表框中选择“Wingdings 2”字体集，找到并插入符号“❋”，作为第 1 级项目的符号。

表 4-2　建立 5 级项目符号的参考数据

内容/级别	1 级	2 级	3 级	4 级	5 级
符　　号	0.00	0.74	1.48	2.22	2.96
文　　字	0.74	1.48	2.9622	2.96	3.70

心灵手巧：从表中可以看出，这组数据有这样的规律，横向上看，级别每增加一级，位置的数值增加 0.74 厘米。从纵向上看，“符号”的位置总是比符号后面“文字”多 0.74 厘米，正好是一个字符（该项目的符号）的宽度。

（4）建立 2 级项目：光标置入第 2 段中，在“项目符号和编号”对话框中选中第 2 种默认样式（符号是“■”）。单击“自定义”按钮，在新打开的对话框中，填写 2 级项目的位置数据。然后，从“Wingdings 2”字体集中选择“✵”，作为第 2 级项目的符号。

（5）建立其他级别项目：采取相同方法，建立其他 3 级项目符号，各级项目的符号依次是“✭✦⅄”。从各级符号的外形来看，其项目符号的“角数”逐渐减少。

（6）应用项目符号：重新在文档中输入 5 行数据，分别将光标插入各段中，然后依次从“格式”菜单打开“项目符号”对话框，为普通段落设置不同的“项目符号”格式，以此来体验，一旦建立项目符号，就可以长期使用。

知识梳理

下面，归纳几点比较特殊的段落格式概念。

❶基本格式。“固定值”行间距可以使两行重叠，其最大间距值是 1 584 磅；分散对齐使所有字符从两端向中间靠拢，并在行宽范围内等间距分布；标尺是关系到段落格式和页面格式的重要的两栖工具，拖曳标尺的“标记”可以设置多种缩进格式，如图 4-21 所示。

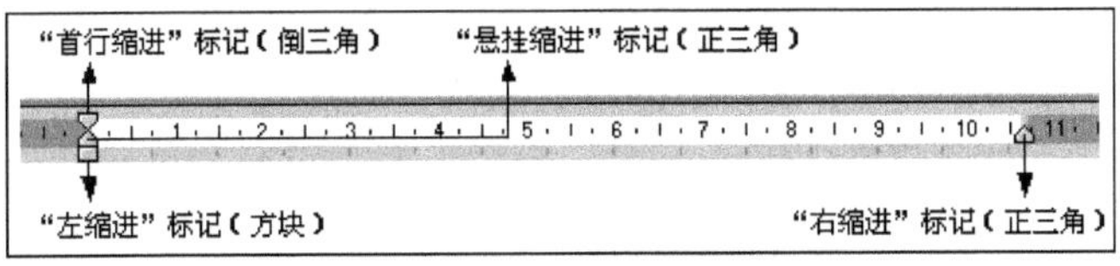

图 4-21　标尺上 4 个标记的样子及作用

❷制表位。制表位是没有表格线的表，可以使各行文字在列方向对齐，例如制作与会人员名单和货物清单等。不可以在“竖线对齐”制表位处插入任何字符，如果在小数点对齐制表位处输入了不带小数点的数字，数字将自动被改变成“右对齐”方式。按住 Alt 键后横向拖曳标尺上的制表位，能够使其位置发生变化，并用数字显示制表位的精确位置；纵向拖曳制表位可以删除制表位；双击标尺上的制表位符号，可以快速打开“制表位”对话框。

❸段落“边框和底纹”。段落底纹的填充颜色和图案颜色各自具有不同的作用，如果把填充色比做一块方格布料的底色，那么，图案颜色就是方格线条的颜色。

自主学习

1. 读图题

读图 4-22 回答问题：（1）根据“格式”工具栏的状态判断当前的段落被设置了哪种对齐方式；（2）根据标尺上缩进标记的位置，说明当前段落缩进的类型，以及缩进的尺寸。

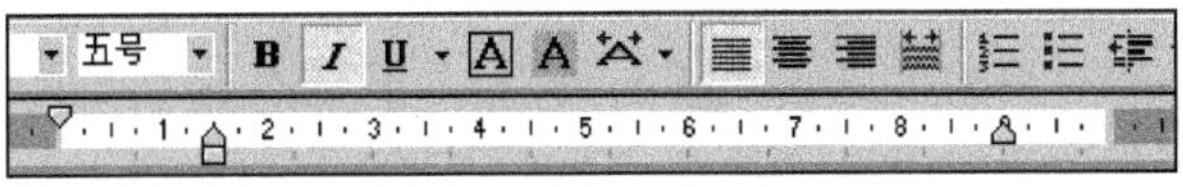

图 4-22　段落基本格式读图题

2. 填空题

（1）标尺上刻度的度量单位可以改变，应该在________对话框中重新设置，允许采用的单位是英寸、厘米、毫米、________和________。

（2）如果采用“多倍行距”，则最大的倍数是________，最小的倍数是________。

（3）段前间距是本段中的________行与前段中的________行之间的间距；段后间距是后段中的________行与本段中的________行之间的间距。

（4）根据图 4-23 中标尺上的制表位符号，分析各制表位的对齐方式，把结果填写在下面的下画线处：1.25 厘米处的制表位是________对齐方式；3.25 厘米处的制表位是________对齐方式；4.75 厘米处的制表位是________对齐方式；6.25 厘米处的制表位是________对齐方式；7.75 厘米处的制表位是________对齐方式。

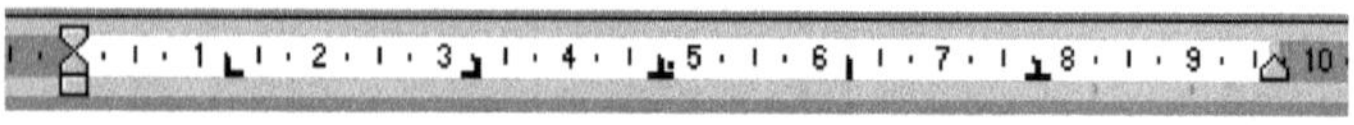

图 4-23　标尺上的制表位符号

第3节　设置页面格式

与字符格式和段落格式不同，Word 的页面格式将决定文档的整体布局和结构框架，是排版工作的重要环节。本节将完成版心设置、分栏、建立页眉和页脚的训练任务。

实训任务 1：调整版心使诗文布满整个页面

任务描述

以文件“儒家《诗经》（七）.doc”为素材，参考如图 4-24 所示的题样，通过设置纸张的尺寸和改变页边距来调整版心的大小为 10.5 厘米×5.3 厘米，位置偏右。同时，设置文字竖排格式，并设置段落格式和字符格式，从而使一首诗歌布满整个页面。

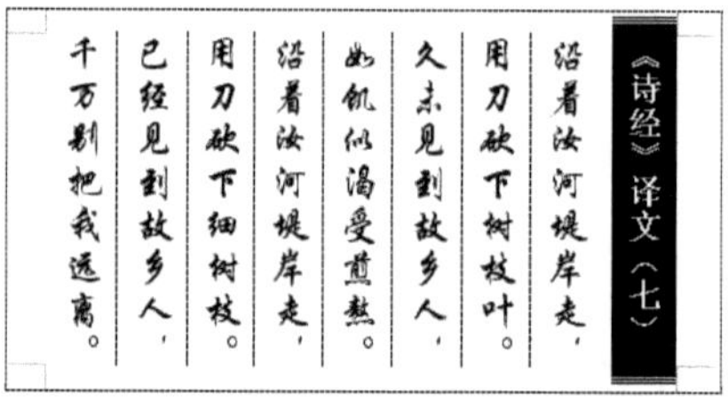

图 4-24　被设置版心的古典诗文

任务分析

题样的具体数据如下：❶纸张的宽度是 14 厘米，高度是 8 厘米；❷上、下、左、右页边距分别是 1.2 厘米、1 厘米、2 厘米、1.5 厘米；❸正文文字排列的方式是竖向；❹标题设置了段落边框（双边）和底纹（纯色）格式，第一句诗文设置段前间距，各句诗文之间的虚线是段落边框；❺正文文字的字号是小二号，字体是“华文行楷”。

上机指导

（1）文字竖排：打开电子资料包“排版”文件夹中的素材文件“儒家《诗经》（七）.doc”。从“文件”菜单打开“页面设置”对话框，切换到“文档网格”选项卡，选中“文字排列”选择框中的“垂直”单选项。

心灵手巧：为什么先设置文字竖排？如果先定义纸张及设置版心，然后再让文字竖排，那么，在文字竖排的同时，原来行的数据与列的数据互相调换，整个版面布局完全打乱，还需要重新设置参数。所以，排版工作应该把对全局有影响的格式化工作放在前面完成。

（2）定义纸张：从“文件”菜单中打开“页面设置”对话框，切换到“纸型”选项卡，在纸型的“宽度”调整框中输入 14（厘米），在“高度”调整框中输入 7.5（厘米）。

（3）调整版心：切换到“页边距”选项卡，分别在上、下、左、右页边距的调整框中输入 1.2、1、2、1.5（厘米）。此时的版心为 10.5 厘米×5.3 厘米，并且略微偏向右侧。

（4）设置字符格式：选中诗文，设置为“华文行楷”，字号是小二号。标题保持原来的“宋体”，字号是“三号”，加粗。

（5）设置段落间距：首先，把这个诗文划分成 8 个段落，即一句一段。然后，将光标置入第 1 句诗文中，设置“段前”间距是“6 磅”，增加与标题的间距。

（6）设置边框和底纹：首先选定标题，设置“纯色 100%”样式的底纹。然后，在“边框”选项卡中，先单击“设置”区中的“方框”，再从列表中选择“三线”边框，接着，单击“预览图”的上边和下边，使其消失，只剩下左右两边的边框（因为竖排，左右两边线就是上下两边线）。

心灵手巧：这里有一个不容忽视的“顺序”问题。如果不先设置字符的字号，而是先分段，设置底纹等，将不容易准确地选择段落来设置边框格式。

（7）设置诗文中的虚线：选定第 1 句，从“边框”选项卡的“线型”列表框中选择“虚线”。然后，单击“方框”，接着，单击“预览图”的左线、右线和上线，使其消失，只保留下线（竖排中的左边线）。选定第 3 句，仍然选择“虚线”，然后，单击“方框”，接着，单击“预览图”的左线和右线，使其消失，只保留上、下线（竖排中的左、右边线）。按照相同的手法，分别为第 5 和第 7 句诗，设置左、右两边的虚线边框，形成题样的效果。

心灵手巧：如果为两个相邻的段落设置单边线，则系统经常将它们的格式合二为一，只保留最后的设置效果，难得周全。所以，采取为 3、5、7 奇数段设置双线竖向边框，实际产生了 6 条虚线，既提高效率，又解决疑难。

实训任务 2：正确对待竖向排列之后的文字处理工作

任务描述

以电子资料包中的小诗《网页之魂》文档作为文字竖排的训练素材，并在竖排的格式下，对诗文进行一系列字符格式和段落格式的设置。训练的目的是，必须换一个角度来对待竖向排列之后的文字处理工作，有许多常规的选定方法是需要扭转方向的。

任务分析

文字竖排是文字处理的另一个重要领域，但方向的改变给编辑及格式化操作带来许多不便，比如选定字符，设置字符间距，设置段落间距等操作，都需要在心中扭转方向，把原来在一行上（左右）移动光标，改变成在行之间（上下）移动光标；原来按 Enter 键可以增加一段（换行），现在按 Enter 键是增加一空列；按退格键是删除上方的字符，按 Delete 键是删除下方的字符。诸如此类，需要多训练才能适应，才能熟练，才能正确。

上机指导

（1）打开素材文件：从电子资料包“排版”文件夹中，打开文件“《网页之魂》.doc”。确认文档各个段落处于默认的“两端对齐”方式，默认的字号是“五号”。

（2）调整段落：通过插入回车符，将原来 4 句一行，改变为 1 句一行。

（3）文字竖向：从“格式”菜单打开“文字方向”对话框，选中“竖向排列”后，单击“确定”按钮，结果如图 4-25 所示（“写给参加 IBM……”句子被截短了）。

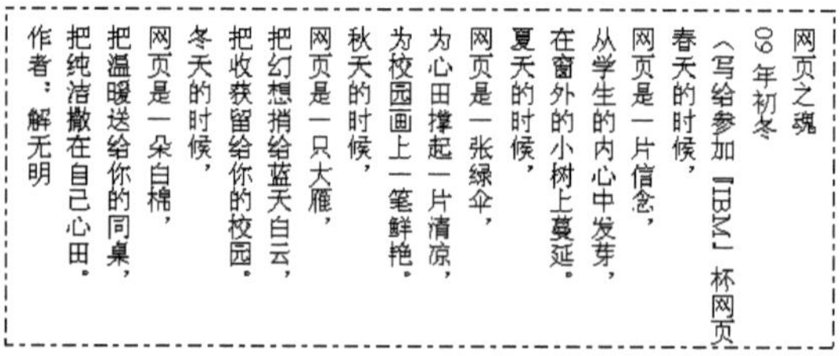

图 4-25　竖排后的诗歌

（4）设置字符格式：设置标题“网页之魂”的字号是“四号”，字体为“华文琥珀”；设置“写给参加……”段的字符具有“下画线”格式；设置“春天”一小节中的字符是“绿色”，“夏天”小节是“红色”，“秋天”小节是“黄色”。

（5）设置段落底纹：选中“冬天”一小节中的所有文字，从“格式”菜单打开“底纹”选项卡，从“图案样式”列表框选择“纯色 100%”，在增加黑色底纹的同时，原来的黑色文字自动变成白色。

（6）设置特殊格式：设置标题字符缩放“220%”，并使字符间距“紧缩”2 磅；设置“写给参加……”段的字符缩放“80%”，使之与其他段落长度相同；设置“作者”段的字符缩放“80%”；再设置诗文正文字符缩放“150%”；最后，选择“09”二字，从“格式”菜单选择“中文版式”中的“纵横混排”，使“09”旋转 90°。采取相同做法，改变“IBM”的方向。

（7）段落缩进：从“编辑”菜单选择“全选”，在“段落”对话框的“缩进和间距”选项卡中，把“右缩进”参数改变为 9.2 厘米，使所有段落的长度只剩下大约 5.4 厘米。

心灵手巧：设置“冬天”小节内的各个段落右缩进，其目的是使黑色底纹缩短到与诗文整体对齐，因为段落有多长，底纹也有多长。另外。如果不缩短“作者”段落的长度，当设置右对齐时，作者就会下降到版面的最低端，也就无法看见了。

（8）设置对齐格式：设置标题和“09 年初冬”段落“居中对齐”；设置“作者”段落为“右对齐”方式。

（9）行段间距：设置“作者”段落的“行间距”为“最小值”40 磅，与正文保持一定距离。设置“写给参加……”段落的“段后间距”是 20 磅；通过设置“段后间距”，使 4 个小节之间都有 10 磅的间隔。最终效果如图 4-26 所示。

图 4-26　设置竖排诗歌的最终效果

心灵手巧：设置竖排文字的格式，有许多奇怪现象，必须对“竖排”刮目相看。本来缩放“200%”的字符会“变胖”，现在却“长高”了；提升字符的高度，字符却向右侧跨出一步；下画线变成左画线；拼音应该标注在汉字的上方，却标注在右侧，等等。现在，应该道破文字竖排的规则了。凡是与方位无关的操作，其效果与横向时相同，凡是与方位有关的则发生异变。如设置字体、字符颜色、空心等就保持正常，而设置下画线、上下标、删除线、提升字符、拼音指南等则不同。总的规律是，原来向右方变化的改为向下方变化，在下方变化的改为在左侧变化，相当于扭转 90°。一个生活在平原的人，走进大森林时一定会经常转向。文字竖排也如此，需要明白道理，调整方向。

实训任务 3：对“儒家《诗经》（八）的诗文及读解”进行版面分栏

任务描述

以“儒家《诗经》（八）.doc”中的诗文及读解为文字素材，通过插入“回车符”和“分节符”等标识符，将整个文档重新划分段落和区域，并采取“分栏”措施，将不同的区域划分成不同数目的栏，形成竖排和横排兼有的版面格局。

任务分析

分析如图 4-27 所示的题样，将对整体布局、文字位置和分节符位置等问题有所了解。其中，4 个分节符的位置是很关键的，它决定了文档将被划分为 3 节（区域），每节的内容如下：❶第 1 节是诗文和标题的内容，小二号字，隶书体；❷第 2 节中只有“【读解】”4 个字符，居中对齐，三号字，楷体；❸第 3 节是“读解”的正文，五号字，宋体。

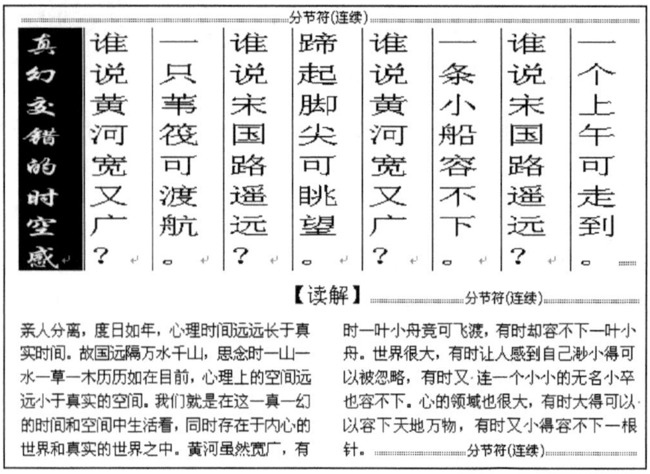

图 4-27　通过插入分节符设置复杂分栏格式

上机指导

（1）文字素材：打开电子资料包“排版”文件夹中的“儒家《诗经》（八）.doc”文档文件。

（2）插分节符：从“插入”菜单打开“分隔符”对话框，在以下 4 处插入“连续”型分节符，包括：诗文标题一行的左侧、诗文第 8 行末字符的右侧、“读解”二字的右侧、全文的最后一个字符的右侧，如图 4-28 所示。

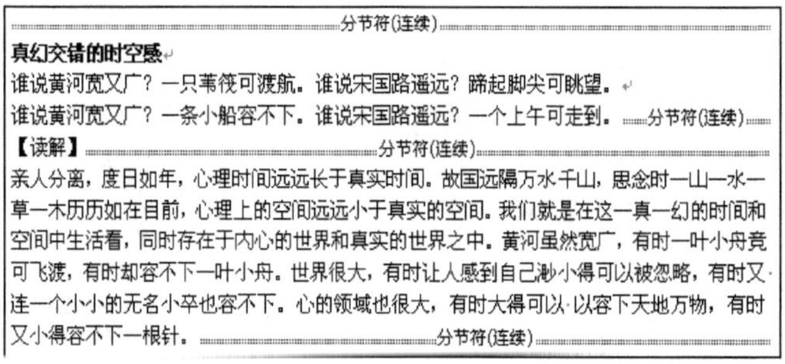

图 4-28　插入分节符后的文档

（3）划分段落：通过插入回车符，把文档的全部内容划分为多个段落，其中，标题“真幻交错的时空感”为一个段落，诗文划分为 8 个段落（一句一段），“读解”的内容为一个段落。

（4）诗文分栏：同时选定标题“真幻交错的时空感”和 8 句诗文，从“格式”菜单打开

“分栏”对话框。在“分栏”对话框中，设置分栏后的栏数等于9（原文的段落数），同时，改变“间距”为“0.2厘米”，并选中“分隔线”复选框。效果如图4-29所示。

真幻交错的时空感	谁说黄河宽又广？	一只苇筏可渡航。	谁说宋国路遥远？	踮起脚尖可眺望。	谁说黄河宽又广？	一条小船容不下。	谁说宋国路遥远？	一个上午可走到。

【读解】

亲人分离，度日如年，心理时间远远长于真实时间。故国远隔万水千山，思念时一山一水一草一木历历如在目前，心理上的空间远远小于真实的空间。我们就是在这一真一幻的时间和空间中生活着，同时存在于内心的世界和真实的世界之中。黄河虽然宽广，有时一叶小舟竟可飞渡，有时却容不下一叶小舟。世界很大，有时让人感到自己渺小得可以被忽略，有时又连一个小小的无名小卒也容不下。心的领域也很大，有时大得可以 以容下天地万物，有时又小得容不下一根针。

图4-29 分栏后的版面效果

心灵手巧：由于版心的宽度已经确定，一旦选择将版面划分为9栏，那么，其栏宽就会自动产生，每栏之间的间距也计算出来了。系统规定，栏宽的最小值为1.27厘米。

（5）改变字体及行间距：选定标题和诗文内容，设置文字的尺寸为“三号”，字符缩放180%。另外，设置行间距为“固定值”20磅。采取这些措施后，再利用分栏的作用，就能够强迫标题和8句诗文按竖向均匀排列，布满版面，实现文字竖排的效果。

心灵手巧：把光标定位在“真”字的左侧，然后，按住Shift键，在最后一个字符的右侧单击鼠标，就会选定包括标题的整个诗文，这是键盘和鼠标配合使用的结果。

（6）“读解”分栏：把光标置入“读解”正文中，打开“分栏”对话框，在“预设”区选中“两栏”，其他参数保持默认值。

（7）修饰标题：选定“真幻交错的时空感”（不包括回车符），设置其字体为“华文行楷”。然后，打开“底纹”选项卡，在“样式”列表框中选择“纯色100%”。另外，设置“读解”的标题段落为“居中对齐”方式，并将标题文字设置为“四号”。至此，已经完成全部版面分栏工作，版面的效果如图4-27所示。

心灵手巧：与文字竖排不同，分栏虽然也能使文字竖立起来，但首行在左侧，末行在右侧。如果想与古文的排列方式一致，则可以提前改变文字行的顺序，做到这一点，只要具备前面所学到的“编辑字符”的本事就可以了。

实训任务4：通过分栏制作多段落共处一行的复杂会标

任务描述

在新建文档中，参考如图4-30所示的题样，利用分栏的基本性质，并且综合运用以前学过的字符格式和段落格式，制作文艺晚会的会标，会标的边框有阴影效果。在会标中，3个“宾语句子”和2个“地点句子”并排显现，两边的文字各具特色。

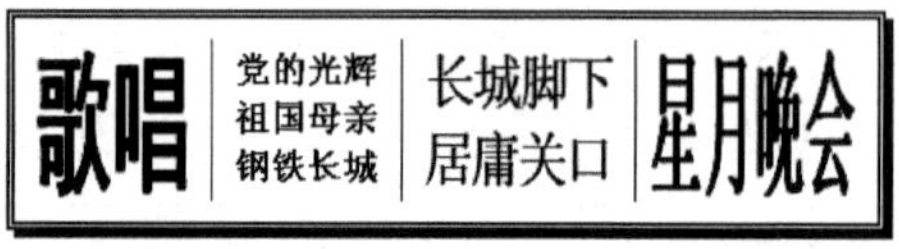

图 4-30　利用分栏制作的特殊会标

任务分析

完成本题需要把整个文档分为不等宽的 4 栏，并且通过改变栏宽让中间两栏产生 3 行和 2 行，分别对每栏中的文字设置不同的字符和段落格式。在这其中，比较关键的问题是通过调整栏宽来控制栏内的文字行数，另外，通过插入“分栏符”来解决“各就各位”的问题也是必需的。

在 Word 2003 中，还有两种做法也能够实现“一版多页”的性质，以便在一个页面中设置出多种不同的页面格式。比如，在文档中插入表格，每一个单元格就相当于一个小小的页面。再如，在文档中插入的文本框也是一个独立的页面，可以在这个特区中设置出与外面世界不同的独特格式。这 3 种手段都能够在图文混排时大显身手。

上机指导

（1）输入文字：在一行内输入“歌唱党的光辉祖国母亲钢铁长城长城脚下居庸关口星月晚会”，作为分栏的文字素材。

（2）分栏：在本行文字的首尾各插入一个连续型分节符，然后，打开“分栏”对话框，在“栏数”框中输入“4”，并取消“栏宽相等”复选框，选中“分隔线”复选框。

（3）平衡各栏：打开“分隔符”对话框，在 3 处插入“分栏符”，如图 4-31 所示。通过插入“分栏符”可以规范字符，强制一些越位的字符缩回到自己应该在的栏中去。

图 4-31　确定插入“分栏符”的位置

（4）放大字号：设置 4 个栏中字符的字号分别是 70 磅、三号、一号和 70 磅。

（5）字符缩放：通过设置字符缩放的比例，使所有字符都能够显示在自己的栏中，4 个栏中字符缩放的比例分别为 50%、100%、80%、33%。

（6）调整栏宽：通过调整栏宽和栏间距，使各栏字符比较规矩地排列，4 个栏的栏宽分别是 2.7、2.5、3.2、4.75（厘米），每个栏间距都是 0.5（厘米），效果如图 4-32 所示。

图 4-32　利用标尺修改栏参数

心灵手巧：有两种改变栏宽和间距的途径，一种就是上面在“分栏”对话框中进行，另一种是通过拖曳标尺上与分栏有关的部件来完成。其实，如果心中无数，需要通过反复实验才能确定参数，则还是利用标尺操作比较直观，便于反复调整。如果按下 Alt 键再拖曳标尺部件，还能动态显示变化的参数，非常顺手，如图 4-32 所示。

（7）进一步修饰：分别设置各栏字符的字体、加粗和颜色。另外，还必须减小中间两栏字符的行间距（最小值 0 磅）和增加段前间距（12 磅），以便使 4 个栏的字符在水平位置上排列整齐。再设置段落居中对齐，纵向也会整齐。完成后的效果参见题样。

实训任务 5：通过设置页眉和页脚为 Word 文档的页面“穿鞋戴帽”

任务描述

从电子资料包“排版”文件夹中打开“儒家经典《大学》.doc”，按照正式出版的要求，为该经典书籍设置必要的页眉和页脚，显示与阅读有关的信息，并通过在页眉和页脚区域中插入一些字符并修饰，突出经典书籍的庄严和深邃。

任务分析

人可以选择鞋和帽子来装饰自己，一本书籍的页面也有自己的帽子和鞋子，那就是页眉和页脚。本题要求按照行业规则来设置页眉和页脚，如“奇偶页不同”、“首页不同”和页码的位置等，还要显示总页数等信息。设置字体可以自由发挥。

上机指导

把全部操作划分为 3 大步骤。

第一步，插入页码。

（1）首页不同：从电子资料包打开“儒家经典《大学》.doc”，单击“页眉和页脚”工具栏上的“页面设置”按钮，在打开的对话框中，切换到“版式”选项卡，选中“奇偶页不同”和“首页不同”两个复选框，以便在奇数页和偶数页中设置不同的页眉和页脚，同时禁止在首页添加页码等内容。

（2）文档分节：把光标移到“儒家经典《大学》上部终”的后面，从“插入”菜单打开“分隔符”对话框，选择“下一页”类型的分节符，确定后，分节符把“上部”和“下部”分隔开，以便在不同“节”的页眉中插入不同的内容，以至于不互相干扰。

（3）插入页码：在文档的第 1 节中，从“插入”菜单打开“页码”对话框，从“位置”列表框中选择“页面顶端”，从“对齐方式”列表框中选择“外侧”，不选中“首页显示页码”复选框。单击“格式”按钮，在打开的对话框中，设定“起始页码”为“0”，这样假设，才能使第 1 页的页码自动编号时为“1”。

（4）在第 2 节插入页码：在文档的第 2 节中，利用“版式”选项卡，取消“首页不同”复选框。然后，在“页码”对话框中，选中“首页显示页码”复选框。单击“格式”按钮，在打开的对话框中选中“续前节”单选框。

心灵手巧：“首页不同”主要是为第 1 节设置的，然而，第 2 节也有一个“首页”，它不需要特殊设定，需要继承从前页传承下来的各种信息，如页码、标题名称等。所以，如果从开始已经为全文设置了“首页不同”，此时则应该取消，以免无事生非。

（5）修复下画线：从“视图”菜单选择“页眉和页脚”，在页眉中，打开“段落”格式对话框，取消“右缩进”和“首行缩进”，页眉中的下画线就完整无缺了。

第二步，在页眉中引用标题内容（头两步是准备工作）。

（6）建立编号：从“格式”菜单打开“编号”选项卡，从“编号样式”列表框中选择样式“(一)、(二)、(三)”，单击“自定义”按钮，再单击“字体”按钮，设置编号的字号为“三号”，并加粗，如图 4-33 所示。

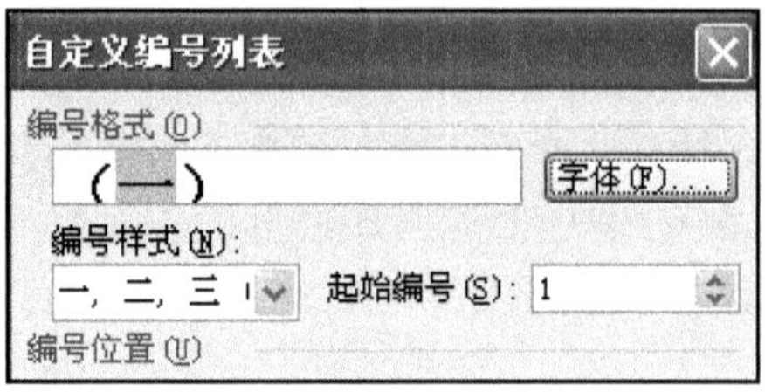

图 4-33　建立编号的对话框

（7）应用编号：把光标定位到“儒家经典《大学》上部”标题中，打开“编号”选项卡，选择新建的编号样式，文字就具有编号格式，成为“(一)儒家经典《大学》上部”。采取同样方法，把“儒家经典《大学》下部”也设置为编号格式。

心灵手巧：在页眉和页脚中可以插入章、节标题，目的是动态显示当前页归属于哪个章节。但前提是，该文章中必须具有事先建立好的标题或编号。在训练中，虽然只有两个标题文字被授予“编号”，但是，其方法可以适用于更多的编号项目。

（8）交叉引用：在“卷上”节中，双击页眉区，进入编辑页眉和页脚的视图模式。把光标置入“奇数页页眉”中，从“插入”菜单打开“交叉引用”对话框。从“引用类型”列表框中选择“编号项”，从“引用内容”列表框中选择“段落文字”，从“引用哪一个编号项”列表框中选择“(一)儒家经典《大学》上部”，如图 4-34 所示。

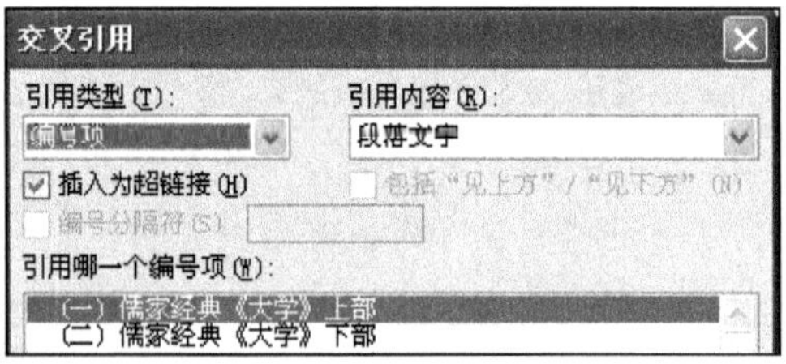

图 4-34　选择交叉引用的参数

（9）继续引用：在“卷下”节中，进入页眉和页脚编辑状态。首先，把光标置入“奇数页页眉”中，然后，单击工具栏上的“链接到前一个”按钮，切断第 2 节与第 1 节页眉的联系。然后，采取与“卷上”相同的方法，选择交叉引用的参数，并确定引用的编号项是“（二）儒家经典《大学》下部”。

第三步，填充数据及修饰页眉和页脚。

（10）插入偶数页眉：在任何偶数页中，输入“儒家经典《大学》”，不切断“链接到前一个”，全文的偶数页页眉都将统一显示“儒家经典《大学》”。然后，设置“儒家经典《大学》”为“三号”字，字体是“华文琥珀”，空心，字符缩放 150%。

（11）修饰页眉：在偶数页眉中，把光标定位到“儒家经典《大学》”的右侧后，从“格式”菜单打开“边框和底纹”对话框，单击“横线”按钮，从打开的对话框中插入一种图形线条，作为页眉的横线。最后，适当放大页码的字号。

心灵手巧：如果只是在第 1 节或第 2 节的偶数页页眉中出现了“儒家经典《大学》”文字，则可以采用如下的做法弥补。把光标置入第 2 节的偶数页眉中，单击“页眉和页脚”工具栏上的“链接到前一个”按钮，使其成为有效状态，如图 4-35 所示。

图 4-35　偶数页页眉的内容

（12）修饰奇数页页眉：在第 1 节的奇数页页眉中，选定“（一）儒家经典《大学》上部”，设置字号为“四号”，并加粗。然后，选定位于“图文框”内部的奇数页页码，设置数字的字号是“一号”，加粗，空心。最后，为数字增加灰色的底纹，并向下拖曳“图文框”，实现如图 4-36 所示的效果。然后，采取相同方法，修饰第 2 节中的奇数页页眉。

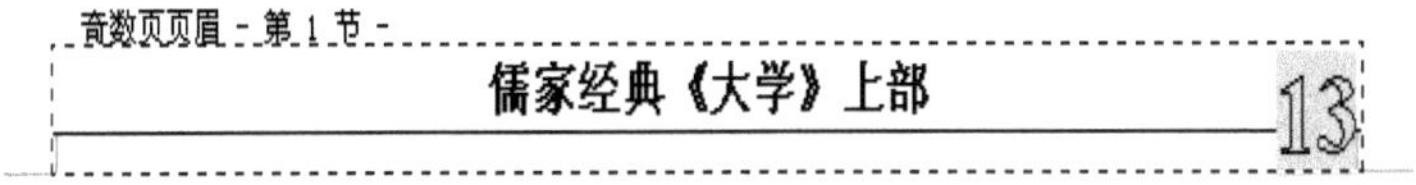

图 4-36　奇数页页眉的内容

（13）修饰偶数页页脚：先为偶数页页脚中的空白段落设置双波浪形的上边框线，然后，再单击“页眉和页脚”工具栏上的“插入日期”按钮，在页脚中插入日期，并设置右对齐，如图 4-37 所示。

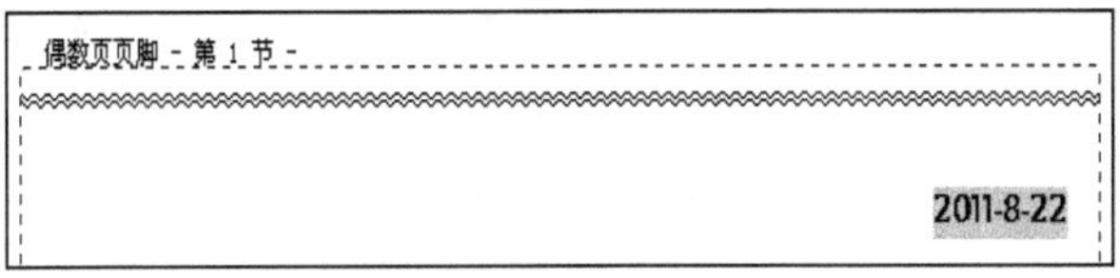

图 4-37　偶数页页脚的内容

（14）修饰奇数页页脚：先为奇数页页脚中的空白段落设置双线型的上边框线，然后，再单击“页眉和页脚”工具栏上的“插入页数”按钮，在页脚中插入总页数（包括首页）。

实训任务 6：通过设置页眉和页脚制作报告会的入场券

任务描述

新建一个文档，参考如图 4-38 所示的题样，在正文插入一幅图片，在页眉和页脚区域中插入多种信息内容，通过修饰页眉和页脚，制作报告会的入场券。

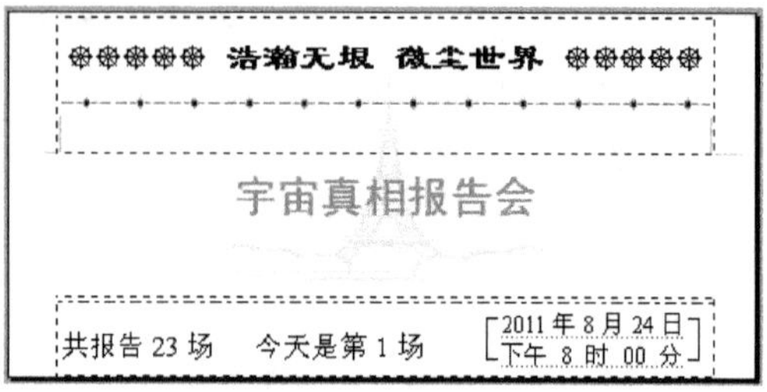

图 4-38　通过创建页眉和页脚制作卡片

任务分析

完成本题的关键在于分辨清楚题样中的对象，哪些在正文中，哪些在页眉中，哪些在页脚中。❶在编辑页眉和页脚状态下，正文中都是灰色的，页眉和页脚中的内容都是黑色的。但是，文档中央的“天线铁塔”是插入在正文区域中的图片，由于设置了水印效果而变成灰色。❷在页眉中有插入的符号“❁”，有文字“浩瀚无垠微尘世界”，还有插入的图片型装饰横线。❸在页脚中有 3 种插入的对象：一种是插入的总页数（20），与文字组成“共报告 20 场”；另一种是插入的当前页的页码（12），与文字组成“今天是第 12 场”；还有一种是插入的当前日期和时间。

上机指导

完成任务一共包括 3 大步骤。

第一步，编排正文区。

（1）设置版心：新建一个文档，利用“页面设置”对话框设置纸张的宽度是 13 厘米，高度是 6 厘米，页边距分别是 1.8 厘米、0.8 厘米、1.5 厘米、1.5 厘米，页眉和页脚距边界都是 0.1 厘米。

（2）设置正文文字：对准正文区域的中心双击鼠标，快速定位光标后，先设置字号为一号，字形为加粗，黑体，然后再输入“宇宙真相报告会”。

（3）插入图片：在正文区域中，利用“插入”菜单打开“插入剪贴画”对话框，选择一幅图片插入到文档中。双击图片，打开对话框，切换到“版式”选项卡，选择“衬于文字下方”。然后，单击“图片”工具栏上的“颜色”按钮，从中选择“冲蚀”。

（4）插入多页：从“插入”菜单打开“分隔符”对话框，单击“分页符”单选框，增添一空页。然后，执行“编辑”菜单的“全选”命令，选中文档中的全部内容，按“Ctrl+C”组合键复制，再把光标置入新建页中，按“Ctrl+V”组合键，粘贴信息。通过复制和粘贴，使该文档具有 20 页，并将光标定位在第 12 页中。

第二步，编排页眉区。

（5）切换到编排状态：单击“视图”菜单，选择“页眉和页脚”选项，进入页眉和页脚的编排状态，同时，显示出“页眉和页脚”工具栏。如果已经建立了页眉和页脚，则双击页眉和页脚区域也可以进入该状态。

（6）建立页眉字符；把光标定位到页眉区，输入文字“浩瀚无垠微尘世界”，设置文字为“隶书”体、三号字。在文字的两侧分别插入多个符号“❁”，设置为三号字。

（7）设置页眉边框：把光标定位到页眉文字的最后面，从“格式”菜单打开“边框和底纹”对话框，单击“横线”按钮，在新对话框的列表框中选择一条图形化的横线作为文字的下边框线。

第三步，编排页脚区。

（8）插入页数和页码：单击“页眉和页脚”工具栏上的“在页眉和页脚间切换”按钮，切换到页脚区，单击“页眉和页脚”工具栏上的“页数”（文档总页数）按钮，并在页数的两侧输入文字，组成“共报告 20 场”。把光标定位到第 12 页中，单击“页码”（当前页号）按钮，并输入文字组成“今天是第 12 场”。

（9）插入日期和时间：执行“插入”菜单“日期和时间”命令，在“语言”列表框中选中“中文（中国）”，在“有效格式”列表框中选中“2011 年 8 月 24 日”。同样，插入时间“下午 4 时 58 分”。最后，利用“双行合一”的方法处理一下。

心灵手巧：可以采取两种方法在页眉和页脚中插入日期，一种方法是利用“日期和时间”对话框，这种方法可以自由选择日期的格式；另一种方法是单击“页眉和页脚”工具栏上的“插入日期”按钮，这种方法只能插入一种默认格式的日期。

（10）设置页脚的边框线：在页脚左侧的页边距区域中单击鼠标，选定全部页脚内容，打开“边框和底纹”对话框，单击“预览”区域中的“上边线”。

实训任务 7：设置艺术型页面边框鲜明衬托文档内容

任务描述

参考如图 4-39 所示的题样，在文档正文区插入 3 幅剪贴画，并在页眉和页脚中输入文字内容，然后，为页面设置艺术型边框，注意适当地处理页面边框与页眉和页脚的关系，使作品更加完美、和谐。完成设置后，页面边框上有一圈大鹏在展翅高飞，与正文中的图画相配合，使作品突出“志向远大，脚踏实地”的教育思想。

任务分析

在完成本例的过程中，将学习到设置页面艺术型边框线的许多知识，并复习设置版心、设置页眉和页脚，插入图片等内容。具体要求如下：❶根据题样的实际尺寸，设置纸张的尺寸为 13 厘米×6 厘米，版心为 10 厘米×3.2 厘米。❷在页眉区输入文字“鹏程万里志在高远”，并设置其字号为小二号。在页脚区输入“千钧一发拔地而起”，并设置为“华文琥珀”体，也是小二号字。❸在正文区插入与主题内容相吻合的剪贴画图片。❹在页面的四周增加艺术型边框线，用来烘托“志向远大，脚踏实地”的主题。

图 4-39　为页面增加的艺术型边框

上机指导

（1）设置版心：新建一个文档，利用“页面设置”对话框设置纸张的宽度是 13 厘米，高度是 6 厘米，页边距分别是 1.5 厘米、1.5 厘米、1.0 厘米、1.0 厘米。然后，切换到“版式”选项卡，设置页眉距边界 0.8 厘米，页脚距边界 0.2 厘米。

（2）插入正文信息：在正文中插入一些剪贴画，或输入一些文字，应该与页眉和页脚的内容有关联。

（3）编辑页眉和页脚：进入页眉和页脚编辑状态。在页眉中输入“鹏程万里志在高远”，并设置“彩云”体、三号字、黑体，字符间距是 3 磅，设置波浪形下边框线。切换到页脚区，输入“千钧一发拔地而起”，并设置“琥珀”体、四号字、缩放 150%。

（4）设置页面边框：从“格式”菜单打开“边框和底纹”对话框，切换到“页面边框”选项卡，在“艺术型”列表框中选择“大鹏”型作为页面的边框，调整线条的宽度为 24 磅，颜色为灰色。

（5）修改边框选项：在“页面边框”选项卡中，单击“选项”按钮，在打开的对话框中，从“度量依据”列表框中选择“文字”，选中“总在前面显示”和“环绕页眉”两个复选框。然后，在边距区的上、下、左、右 4 个框中分别输入 1、1、14、14（磅），用来确定边框距离正文区的边距。

心灵手巧：页边距是页眉和页脚可以占领的最大范围（假设都是 2 厘米），页眉和页脚距离边界的距离（假设都是 1 厘米），指的是页眉上端距离页面上端的距离，以及页脚下端距离页面下端的距离，用图 4-40 来辅助说明。

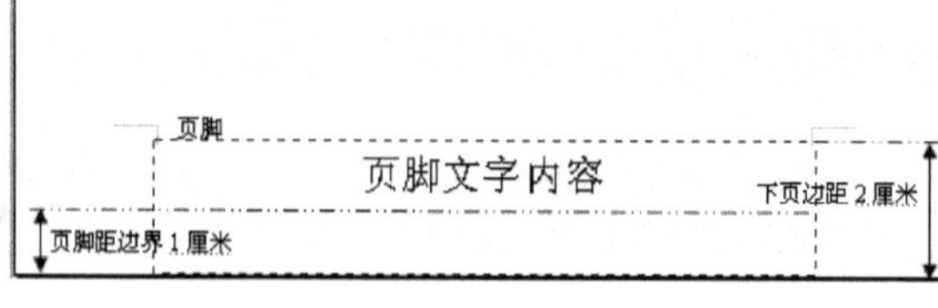

图 4-40　说明页眉和页脚参数的图示

知识梳理

❶在标尺上，为页边距准备了度量的刻度，左页边距的刻度是以标尺零值为起点，向左依次是 1、2、3……（厘米），右页边距的刻度是标尺向右刻度的延续，如果版心宽度是 6 厘米，右页边距的标尺刻度依次是 7、8、9……所以，计算左页边距时，直接读取标尺上的数值就可以了；计算右页边距时，应该用标尺的总长度减去版心的宽度。标尺状态分析图见图 4-41。

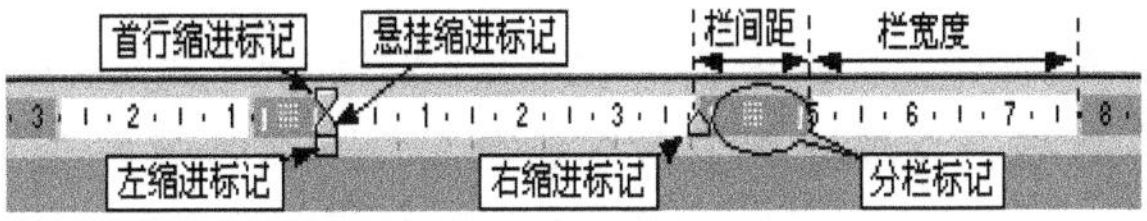

图 4-41　标尺状态分析图

❷关于分节符。分节符是编排复杂页面布局的一个必不可少的元素。利用分节符可以把整个文档划分为若干“节”，这些分节符好像是无形的“墙”，既保护着本节中的格式不受其他节的影响，又防止其他节的格式入侵本节。常用的分节符有 4 种类型：“下一页”分节符表示插入的新节从下一页开始生效。这种分节符既能产生一个新页，又可以维护每页的独立性；“连续”分节符能够保证插入的新节与上一节共存于一页之中；“奇数页/偶数页”分节符表示插入的新节从下一个奇数页（偶数页）开始，如果当前页不是奇数页（偶数页），将自动补充一个空页。

❸版面分栏。如果要将页面划分成多个栏，则应该遵循“分栏先分节”的原则，先在预设各节的首尾各插入一个“连续”型分节符，接下来需要解决的一个关键问题是设置分栏的 3 元素，即栏数、栏宽和栏间距。这 3 个参数与版心之间的关系如下：

- 各栏等宽并且等间距时，版心宽=栏宽×栏数+间距×（栏数−1）；
- 各栏不等宽但等间距时，版心宽=栏宽 1+…+栏宽 N+间距 ×（栏数−1）。

❹页眉和页脚。页眉的高度可以自由设定，如果设置为负值，则可以延伸到正文区域的中间地带，可以产生水印效果。另外，在页眉和页脚中插入的时间、日期和页码等对象，都带有灰色的底纹，这是“域”的标志，随时间或位置的变异而自动更新。

❺在“边框和底纹”对话框中，还有一个“页面边框”选项卡，其操作方法和设置段落的边框很相似。其中，“艺术型”列表框是新鲜部件，里面有许多可以自由选择的琳琅满目的图形化边框线，根据版面的需要可以有针对性地选择，能够在整个页面的四周布置上一圈好看而艺术的边框。

自主学习

1. 简答题

（1）版心是排版的主要区域，如何改变版心的尺寸？如何使版心偏向纸张的右侧？

（2）分栏后各栏相当于一个独立的页面，利用这点能够实现哪些特殊的版面效果？

（3）页面边框和段落边框的外形有什么区别？如何将页眉内容包含在页面边框线内？

2. 选择题

（1）在已经设置了文字竖向格式的文档中，按照表中的要求对字符或段落进行操作，通过实验，在如表 4-3 所示的表格的单元格中选择正确的结果。

表 4-3　字符竖排选择题用表

操　作	设置字符下画线				设置字符倾斜				合并字符		分成两栏	
结　果	下画线在（ ）侧				向（ ）侧倾斜				分为（ ）两部分		分为（ ）两部分	
	上	下	左	右	上	下	左	右	上下	左右	左右	上下

（2）如图 4-42 所示的题样，左图由图形化字符“□”和“▲”组合而成，右图是由“□”和“👪”合成的，观察题样，从给定的答案中选择你认为是正确的做法（多选题）。

左图：缩放　纵横混排　紧缩　字号　下降　提升
右图：缩放　纵横混排　紧缩　字号　下降　提升

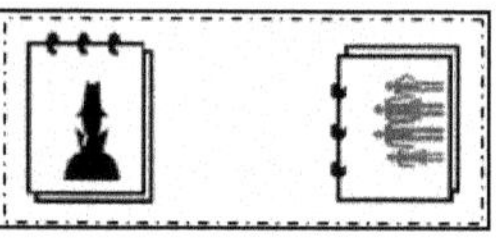

图 4-42　判断字符格式选择题

第4节　样式与模板

实训任务 1：建立文档样式提高重复性文字处理工作的效率

任务描述

新建一个文档，参考如图 4-43 所示的标尺和数据新建一个样式，再对样式进行修改，然后，把该样式应用到新段落中，并按要求录入文本内容。

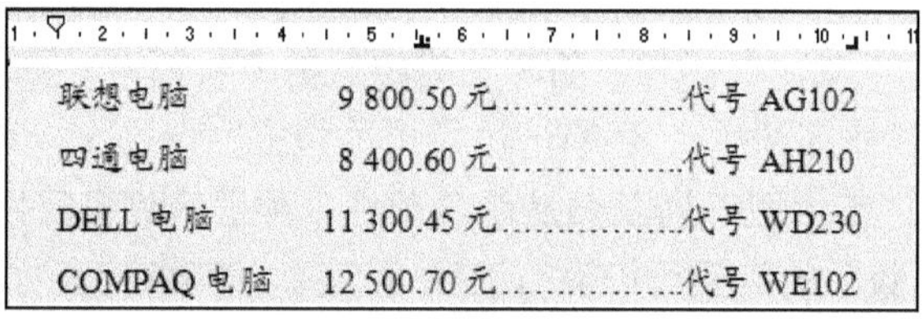

图 4-43　设置和应用样式

任务分析

新建样式有 4 要素，即名称、样式类型、基准样式和后续段落样式。新建样式的格式应该包括 6 项，即段落行间距、制表位、对齐方式、前导字符，剩下的两种格式在新建样式之后，通过修改样式来实现，包括设置中英文字体和字号。

上机指导

（1）确定样式的要素：执行“格式”菜单“样式和格式”命令，在打开的窗格中，单击“新样式”命令按钮，在“新建样式”对话框中，输入样式名称为“报价单”，样式类型为“段落”，样式基于“正文”，后续段落样式也是“报价单”，如图 4-44 所示。

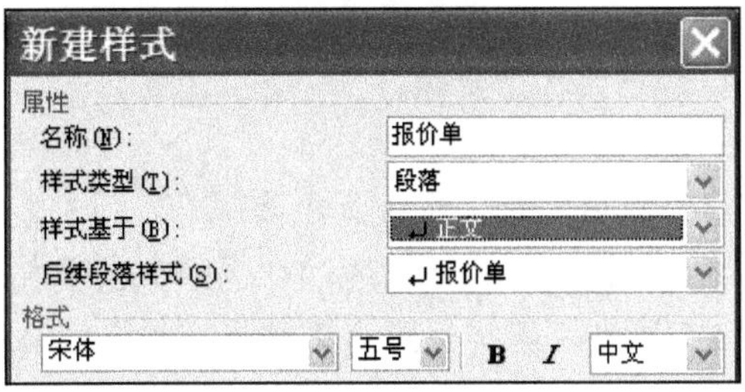

图 4-44 “新建样式”对话框

（2）设置格式：在“新建样式”对话框中单击“格式”按钮，从弹出的菜单中选择“段落”，在“段落”对话框中，设置行间距为最小值 24 磅。在“格式”菜单中，选择“制表位”，在“制表位”对话框中，设置第 1 个制表位的位置为 5.6 厘米，小数点对齐；第 2 个制表位的位置为 10.4 厘米，右对齐，采用虚线型前导字符。

（3）修改样式：在“样式和格式”窗格中，单击“报价单”样式右侧的下拉按钮，选择“修改”。在“修改样式”对话框的“格式”列表框中，选择“字体”选项，设置中文字体为楷体、四号字。选择“边框”选项，设置段落的底纹为 25%的灰色底纹。

（4）应用样式：将光标定位到文档的一个空行中，单击“格式”工具栏左端“样式”列表框的下拉按钮，选择列表框中的“报价单”样式，然后按下面要求输入正文内容。

第 1 段：“联想电脑（按 Tab 键）9 800.50 元（按 Tab 键）代号 AG102”（按 Enter 键）。

第 2 段：“四通电脑（按 Tab 键）8 400.6 元（按 Tab 键）代号 AH210”（按 Enter 键）。

第 3 段：“DELL 电脑（按 Tab 键）11 300.45 元（按 Tab 键）代号 WD230”（按 Enter 键）。

第 4 段：“COMPAQ 电脑（按 Tab 键）12 500.7 元（按 Tab 键）代号 WE102”（按 Enter 键）。

由于“报价单”样式发挥了作用，使各个段落被自动设置了组合式的格式。

实训任务 2：制作通用的贺年卡模板——祝你永远快乐

任务描述

制作一个通用的贺卡模板，保存模板的文件名为“祝你永远快乐.dot”。然后，利用该模板新建两个具有同样格式的文件，输入一些文字内容后，制作成两个有装饰图案的新年贺卡。

任务分析

针对样式，操作并无困难，也无诀窍，需要认真地一步一步实现。但是，有些原则需要清楚。比如，“后续样式”是模板各个样式连接的纽带，换句话说，正确地设置“后续样式”，能够使模板具有自动化效果。然而，为当前的样式设置后续样式时，这个后续样式必须先于当前样式建立，所以，应该倒转顺序，从后向前陆续设置各个样式，才能保证“后续样式”有着落。另外，设定本样式的“基准样式”时，这个基准样式也必须是已经存在的。

上机指导

把完成任务的整个过程划分为 5 个步骤。

第一步，准备工作。

（1）新建文档：新建一个空白文档，纸张大小为 32 开（13 厘米×18.4 厘米）。

（2）版面设置：打开“页面设置”对话框的“页边距”选项卡，选择文档文字的方向为“横向”。调整上页边距为 1.5 厘米，下页边距为 1 厘米，左、右页边距都是 0.8 厘米。

第二步，严格按照下面的次序，设置新建模板的各种样式。

（3）确定第 5 段的样式：

● 样式名称：下装饰条。

● 基准样式：正文。

● 格式：在正文格式的基础上，做如下变动：字体是“华文行楷”，加粗，三号，深绿色；段落左右缩进=3 厘米，段前和段后间距都是 12 磅，居中对齐；边框是带阴影的方框，底纹是 25%灰度，填充色为绿色。

● 后续样式：正文。

（4）确定第 4 段的样式：

● 样式名称：祝贺人。

● 基准样式：正文。

● 格式：字体是中文宋体、加粗、三号、深蓝色、双线下画线；段落右缩进 1 厘米，段落右对齐。

● 后续样式：下装饰条。

（5）确定第 3 段的样式：

● 样式名称：贺词。

● 基准样式：正文。

● 格式：字体是华文彩云、一号、阴影、深红色、缩放 120%；段落左右各缩进 2 厘米，分散对齐；段前和段后间距都是 24 磅。

● 后续样式：祝贺人。

（6）确定第 2 段的样式。

● 样式名称：受贺人。

● 基准样式：祝贺人。

● 格式：在“祝贺人”样式的基础上，作如下改变，即设定字号为小二号；段落左缩进 1.5 厘米，段落两端对齐。

● 后续样式：贺词。

（7）确定第 1 段的样式：

● 样式名称：上装饰条。

● 基准样式：下装饰条。

● 格式：继承“下装饰条”的所有格式，只是将字体更换为“Bernard MT Condensed”。

● 后续样式：受贺人。

第三步，插入背景图片。

（8）从“格式”菜单的“背景”选项中打开“填充效果”对话框，切换到“图片”选项卡，从 C:\Program Files\Microsoft Office\MEDIA\CAGCAT10 文件夹中插入一幅图片作为文档的背景，比如是剪贴画“J0229389.WMF”。

第四步，保存模板。

（9）执行“文件”菜单的“保存”命令，打开对话框。从“保存类型”列表框中选择“文档模板（*.dot）”，在“文件名”框中输入“祝你永远快乐.dot”，确定。

第五步，应用模板“祝你永远快乐.dot”创建一个贺年卡。

（10）选用模板：找到并双击刚保存的模板文件“祝你永远快乐.dot”，以此为基础，新建一个 Word 空白文档。

（11）应用样式：在第一段输入“This is good religion”，并从“样式和格式”窗格中，选择样式“上装饰条”；按 Enter 键后，在第二段输入被祝贺人的名字“辛中国”；按 Enter 键后，在第三段输入贺词“祝你永远年轻，永远快乐！”；按 Enter 键后，在第四段输入祝贺人的名字及日期“解无名 2011-8-27”；按 Enter 键后，在第五段输入“向传播中华文化的使者致敬！”，按 Enter 键。版面效果如图 4-45 所示。

图 4-45　利用模板建立的第一个贺卡

（12）利用模板“祝你永远快乐.dot”再创建一个生日贺卡，如图 4-46 所示。要求如下：先在第一段输入“坚持正确信仰，永离烦恼痛苦”，然后，从“样式和格式”窗格中，选择样式“上装饰条”；按 Enter 键后，在第二段输入被祝贺人的名字“陆石久”；按 Enter 键后，在第三段输入贺词“祝你永远健康，永远快乐！”；按 Enter 键后，在第四段输入祝贺人的名字及日期“解无名 2011-8-27”；按 Enter 键后，在第五段输入“向开拓北大荒的英雄致敬！”，按 Enter 键。

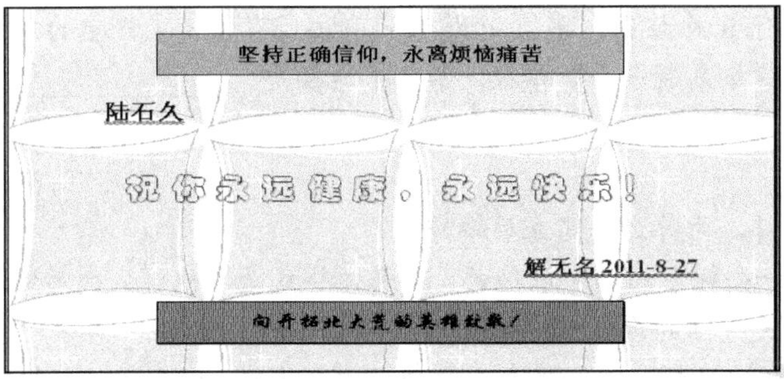

图 4-46　利用模板建立的第二个贺卡

心灵手巧：如果建立模板之后想要修改模板，则应该从“文件”菜单打开这个模板文件。然后利用“样式和格式”窗格修改样式。也可以从文档中间接地修改模板，但需注意的是，必须选中“修改样式”对话框中的“添加到模板”复选框，修改的结果才能从该文档转移到它的模板文件中。

知识梳理

第一，样式的基本概念。样式是格式的集合，与样式打交道需要注意：❶设定段落的后续段落样式时，一般要先建立这种后续段落的样式，然后再修改。❷内置样式可以修改，但不能删除。❸有两条应用样式的途径，一是利用“格式”工具栏“样式”列表框，二是利用“样式和格式”窗格。

第二，模板的概念。利用模板可以“克隆”出多个具有相同格式的新文档，应用模板提供的各种样式，可以快速地自动排版，节约时间，提高效率，避免重复，格式统一。❶创建模板有 3 个途径：利用已有文档创建模板，利用已有模板复制一个新模板，新建模板。❷在默认情况下，模板文件被保存到 C:\ Program Files\ Microsoft Office\ Templates 文件夹中，新建文档文件时，系统将自动到这里来寻找需要的模板文件。

第三，可以这样来描述格式、样式和模板之间的亲密关系：模板是多种样式的集合，样式是多种段落格式的集合，样式针对的对象是段落，而模板针对的对象是整个文档。

自主学习

1. 填空题

（1）新建样式时，确定样式的 4 个要素的步骤是：为新样式命名，确定________，确定“新样式基于哪种已经存在的样式来建立”和确定________。

（2）有两种应用样式的途径：一种是________；另一种途径是先将样式应用到段落之中，然后再输入文档内容。

（3）样式是段落格式和字符格式的集合，模板是________的集合，模板文件的扩展名是________。

（4）创建模板有 3 个途径：第 1 个途径是利用已有文档文件中的样式创建模板；第 2 个途径是利用已有模板复制一个新模板；第 3 个途径是________________。

2. 简答题

（1）建立模板时，为什么要建立后续样式？

（2）如何修改一个样式的制表位格式？如果该样式是其他样式的后续段落样式，则修改样式后，将产生多大范围的影响？

（3）如何保存新建的模板？如果将来要使用这个模板，则应该将新模板文件保存在哪个子目录下？

第5节 打印文档

在本节训练之前，系统必须安装某种打印机的软件驱动程序（尽管计算机并没有安装打印机）。另外，被打印的文档也应该尽量符合实际情况。

实训任务1：打印前预览页面的整体布局

任务描述

在一个新建的文档中随便插入4个文档文件，比如，它们是Print1.doc、Print2.doc、Print3.doc和Print4.doc，然后通过打印预览窗口，观察文档页面的整体布局。

任务分析

本训练的主要目的是熟悉打印前的预览工作，以便在正式打印时尽量避免浪费打印资源。应该针对页面多、内容丰富的文档训练打印，以便模拟训练更真实。

上机指导

（1）准备文档素材：新建一个空文档后，从"插入"菜单插入4个文档文件，各个文件之间用"分页符"分隔开。

（2）预览状态：单击"常用"工具栏"打印预览"按钮，切换到"打印预览"状态。

（3）放大页面：单击"打印预览"工具栏"放大镜"按钮，单击第3页，把该页放大到原来的尺寸，再单击又恢复缩小状态。

（4）显示比例：单击工具栏"显示比例"列表框中"75%"，只显示2页文档内容。

（5）改变显示的页数：单击工具栏上"多页"按钮，拖动鼠标使按钮上显示"2×3页"，松开鼠标键后，"打印预览"窗口中自动排列出缩小为38%比例的6页文档。

（6）增减标尺：单击工具栏上"查看标尺"按钮，在"打印预览"窗口中显示或隐藏水平、垂直两种标尺。

（7）缩小字体：单击工具栏上"缩小字体填充"按钮，文档的字体统一缩小，以便使其他看不见页的内容合并到显示页中来。

实训任务2：设置打印机参数是打印前必要的准备工作

任务描述

以Epson T-1000彩色喷墨打印机为例，首先安装打印机的驱动程序，再按要求设置打印机的主要工作参数，做好打印前的准备工作。

任务分析

设置打印机参数是使用打印机前必备的工作，包括安装驱动程序，设置打印属性和设置打印选项等工作。本训练题最好在安装了打印机的计算机上完成，如果条件不允许，则模拟操作也可以，不过，有些训练可能要取消。

上机指导

（1）安装驱动程序：单击 Windows 的“开始”按钮，选择“打印机和传真”，在打开的对话框中，双击“添加打印机”程序图标，选择“连接到本计算机的本地打印机”单选框，单击“下一步”按钮之后，选择“使用 PLT1 端口”，接着单击“下一步”按钮，从“厂商”列表框中选择“Epson”，从“打印机”列表框中选择“Epson T-1000”，单击“确定”按钮，完成安装。如果已经安装了多台打印机，还需要设定默认打印机，命令在快捷菜单中。

（2）设置打印选项：执行“文件”菜单的“打印”命令，在对话框中单击“选项”按钮，打开“打印”选项卡，设定“草稿输出”、“更新域”、“后台打印”和“图形对象”，如图 4-47 所示。

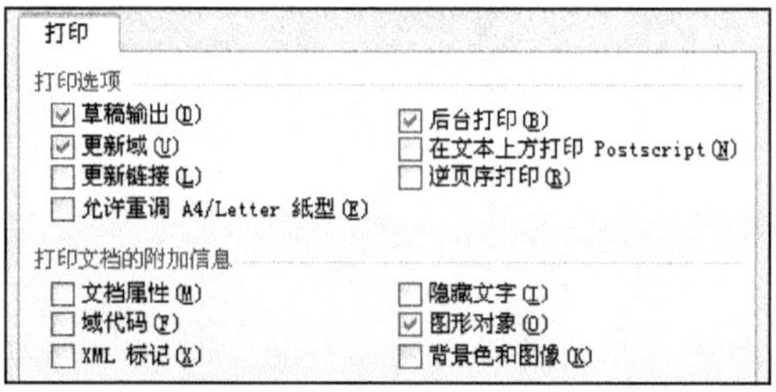

图 4-47　设置打印选项

（3）设置打印布局：执行“文件”菜单的“打印”命令，单击对话框中的“属性”按钮，打开“Epson T-1000 文档属性”对话框。切换到“布局”选项卡，设定打印方向为“横向”，设定打印页序为“从后向前”。

实训任务 3：从多页文档中挑选几页文档进行打印

任务描述

打开一个文档文件，要求该文档包含 40 页以上的内容（可以用空白文档充数），挑选几页打印。按照“任务操作”中的具体要求打印指定的文档内容，并完成打印前一些必要的打印参数设置。

任务分析

本训练的主要目的是熟悉“打印”主对话框的操作，包括打印份数、打印范围等参数的设置，都是打印中经常接触到的工作。

上机指导

（1）打开“打印”对话框：执行“文件”菜单“打印”命令，打开“打印”对话框。

（2）打印范围：在“打印”对话框中的“页码范围”文本框中输入 3-7,2,33，挑选打印第 3~7 页、第 2 页和第 33 页。

（3）打印份数：在“副本”设置区的“份数”框中输入“5”，设定打印 5 份文稿。

（4）打印顺序：选中“逐份打印”复选项，即每一份文稿全部页打印完后，再打印下一份文稿。如果取消“逐份打印”，则先把第 1 页都打印完，再把第 2 页都打印完。

（5）每页版数：在“打印”对话框　“缩放”选择框“每页的版数”列表框中选择 2。

（6）缩放比例：在“按纸张大小缩放”列表框中选择“大 32 开”。完成上述操作后，“打印”对话框的状态如图 4-48 所示。

图 4-48　“打印”窗口的设置状态

> **心灵手巧：** 如果选择每页 2 版，则在一张纸上将横向并列打印两页文档。如果选择“无缩放”，则应该保证打印机上的纸张能够装得下这两页；如果原来设定的纸张是 A4，而在“按纸型缩放”列表框中选择了“A5”，则将产生缩小效果，反之将放大。

（7）打印保存：选中“打印到文件”复选框，在打印文档的同时，将其保存到文件。

实训任务 4：井井有条地管理打印作业

任务描述

分别打开 4 个文档文件，假设它们的文件名是“年度工作计划.doc”、“年度工作进度.doc”、“年度工作总结.doc”和“年度先进表彰.doc”。分别打印这些文档，以便在打印作业管理窗口中形成一个打印队列。然后，按照“上机指导”中的具体要求，对打印队列中的作业进行管理。

任务分析

本题的主要目的是训练管理打印作业，观察打印队列在管理窗口中运作的情况，因此，需要两个条件：第一个条件是必须已经安装了打印机驱动程序；第二个条件是多准备几个 Word 文档文件，在打印管理窗口中才会出现一个打印队列，以便实行管理。

上机指导

（1）打开打印作业管理窗口：单击 Windows“开始”菜单，打开“打印机和传真”对话框，双击“Epson T-1000”打印机图标，打开打印作业管理窗口。

（2）添加打印作业：打开“年度工作计划.doc”文件，单击“常用”工具栏上的“打印”按钮，“年度工作计划.doc”被添加到打印作业管理窗口中。

（3）暂停打印作业：对准窗口中的“年度工作计划.doc”打印作业单击鼠标右键，在快捷菜单中选择“暂停打印”选项，暂时停止该项打印作业。

（4）继续添加：依据同样方法，按照“年度工作进度.doc”、“年度工作总结.doc”和“年度先进表彰.doc”的顺序添加其他 3 个打印作业。

（5）暂停所有打印作业：执行打印作业管理窗口“打印机”菜单“暂停打印”命令，暂停所有将要进行或正在进行的打印作业，如图 4-49 所示。

（6）开始打印：再次单击“打印机”菜单“暂停打印”选项，结束暂停，按着打印作业的先后顺序启动每一个打印作业。

（7）清除打印作业：执行“打印机”菜单“清除打印文档”命令，取消打印队列中所有的打印作业。

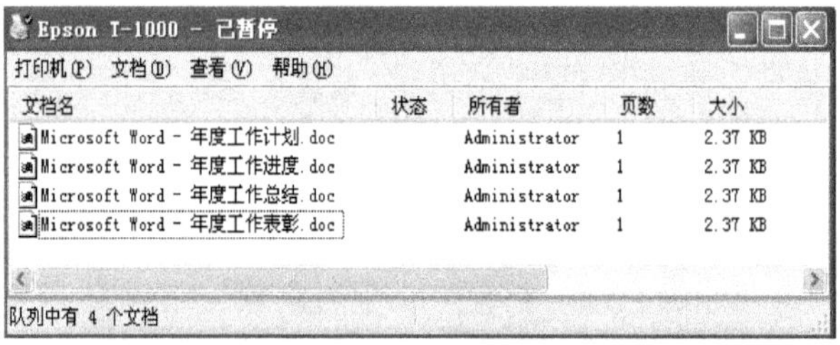

图 4-49　打印作业的排序及状态

心灵手巧：当执行“打印”命令后，系统开始在后台组织打印数据，这段时间称为“正在进行后台打印”，此时，还有两种方法可以取消打印作业：第一，再次执行“文件”菜单“打印”命令，这时打开的并不是“打印”对话框，而是询问“是否停止打印”；第二，双击 Word 窗口状态条右侧的“后台打印”图标，也可以取消当前正在进行的打印作业。

知识梳理

第一，打印预览。在打印之前，利用打印预览窗口，可以发现版面布局等问题，及时更正。打印预览视图模式的特点是模拟逼真，纵观全局，范围可调，尺寸可变。

第二，设置打印选项。打印选项用来设定打印的方式和效果，打印选项是一般打印机在打印时应该共同遵守的规则。表 4-4 中的“含义和作用”是对“打印参数”的解释。

表 4-4　常规打印参数的含义和作用

打印参数	含义和作用
草稿输出	不打印文档的各种格式
逆页序打印	按页码从大到小的顺序打印

续表

打 印 参 数	含义和作用
更新域	打印文档时更新页码、题注等域
更新链接	打印之前，更新有关的链接
后台打印	后台打印，前台做其他工作
域代码	打印文档中的各种域的源代码
隐藏文字	打印文档中的隐藏内容，如书签等
图形对象	打印文档中的图形对象
使用打印机设置	由打印机的设置来决定进纸的渠道
手动进纸	人工手动送入纸张

第三，正式打印。在正式打印时，还可以在“打印”对话框中设定打印内容，包括：打印内容、打印范围、打印奇数页或偶数页、打印份数和缩放参数等。

第四，打印管理。需要注意的是，如果发生打印故障，由于没有正确地结束打印操作，在打印作业管理窗口中可能残留着一些打印作业，在恢复正常打印后，新作业将排在这些老作业的后面，开始打印出来的是老作业的内容。如果想要避免这种现象发生，则应该在启动新的打印作业之前，先删除老的打印作业，然后再开始打印新添加的文档。

自主学习

1. 填空题

（1）逆页序打印时，按照页码从________到________的顺序打印。

（2）要想在打印文档时使页码、标题编号等自动更新，就应该选择“打印”选项卡中的________复选框。

2. 简答题

（1）如何设置打印文档中不连续的两页？如何只打印第 3 页中的一幅图形？

（2）有几种启动打印文档的方法？

（3）在打印作业管理窗口中，可以显示哪些打印状态和信息？

第6节　综合训练

实训任务 1：通过设置字符间距来创作繁体的“傘”字

任务描述

本题以设置字符“字符间距”格式为中心，将选定字符、字符替换和设置字符字体等内容融合在一起，设计成一道品德和技能教育的综合训练题。

任务描述

题目给定的素材只有一个“人”字和一个“十”字。采取各种必要的编辑和格式化手段，尤其是启用“查找”方法来准确地选定字符，或者利用“替换”功能来设置字符格式，组合一个五彩缤纷的繁体的“傘”字，同时体现“人间真情，犹如彩虹”。

任务分析

在前面的训练题中，曾经领略到制作简体“伞”字的难处，难点出现在选定已经设置了字符紧缩间距的字符上面。那时面对的是 3 个“人”字，现在又增加了 2 个“人”，操作难度肯定要增加。如何采取巧妙的方法走出“选定字符”的困境？如何在选定字符后能够方便灵活地设置字符的格式？Word 的“查找和替换”功能能够解燃眉之急，令人豁然开朗。利用“查找”功能可以快速准确地选定任何有明显特征的字符，无论字符之间是多么拥挤，也无论字符是位于多么隐蔽的地方，“查找”功能都能够一览无余，迅速定位。但是，如果是相同的字符，必须用其他格式将它们区别开来。

上机指导

整个制作过程分为 4 大步骤。

第一步，制作繁体的“傘”字，效果图和格式参数如图 4-50 所示。

字符 格式	伞顶	十字	第 1 人	第 2 人	第 3 人	第 4 人
颜色			红色	绿色	浅黄色	蓝色
字号	二号	150 磅	二号	二号	二号	二号
缩放	600%	75%				
紧缩	60 磅	45 磅	20 磅		20 磅	
降低		120 磅	55 磅	35 磅	55 磅	35 磅

图 4-50　制作繁体的“傘”字

第二步，利用“查找”功能定位并选定需要改变颜色的“人”字，通过设置参数，让 4 个“人”字平行排列在“十”字的横线上，效果图和格式参数如图 4-51 所示。

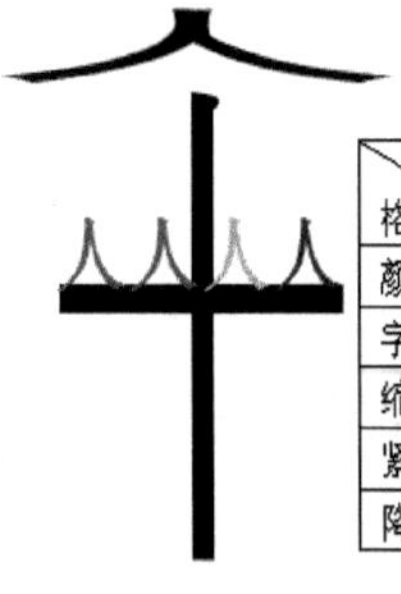

字符 格式	伞顶	十字	第1人	第2人	第3人	第4人
颜色			红色	绿色	浅黄色	蓝色
字号	二号	150磅	二号	二号	二号	二号
缩放	600%	75%				
紧缩	60磅	50磅				
降低		120磅	55磅	55磅	55磅	55磅

图 4-51　一行排列 4 个“人”字

第三步，利用“替换”功能，分别把不同的“人”替换为不同的图形化字符“🕴”，并重新设置字符的格式，设置的参数及效果如图 4-52 所示。

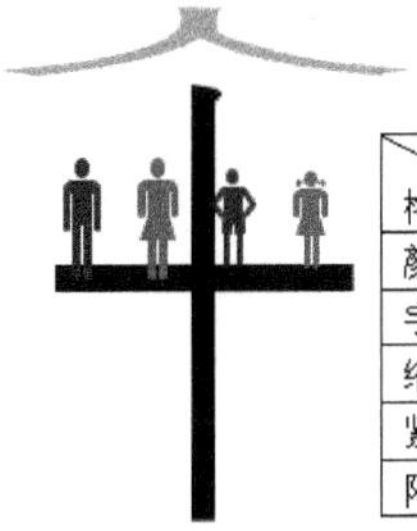

字符 格式	伞顶	十字	第1人	第2人	第3人	第4人
颜色	天蓝色		蓝色	红色	蓝色	红色
字号	二号	150磅	初号	初号	初号	初号
缩放	600%	75%				
紧缩	60磅	80磅	20磅	20磅	20磅	
降低		120磅	55磅	55磅	55磅	55磅

图 4-52 替换字符及设置字符格式

第四步，用字符“○”和“●”组合成雨后夕阳，设置的参数及效果如图 4-53 所示。

字符 格式	伞顶	十字	第1人	第2人	第3人	第4人	太阳	光芒
颜色	天蓝色		蓝色	红色	蓝色	红色	红色	金黄色
字号	二号	150磅	初号	初号	初号	初号	一号	100磅
缩放	600%	75%						
紧缩	60磅	80磅	20磅	20磅	20磅			64.0磅
降低		120磅	55磅	55磅	55磅	55磅		32.5磅

图 4-53 组合“雨后夕阳”的效果

实训任务 2：拼音指南的进一步应用及其域代码的修改

任务描述

本训练题要求采用不同的方法在汉字的上方标注拼音，包括两个小任务：第一，按照图 4-54 第 1 行中的拼音，利用“拼音指南”为 6 个生字“祇、给、伽、楯、鞞、幢”标注汉语拼音，如果在“拼音指南”对话框中显示的与要求不符，则应该以题样为准进行修改；第二，参考图中第 2 行的拼音，利用“拼音指南”为“光、明、达、空、无、极”标注繁体的汉语拼音。两个小任务最后完成的正确结果如图 4-55 所示。

祇(qí) 给(jǐ) 伽(qié) 楯(shǔn) 鞞(pí) 幢(chuáng)

光(ㄍㄨㄤ)明(ㄇㄧㄥˊ)达(ㄉㄚˊ)空(ㄎㄨㄥ)无(ㄨˊ)极(ㄐㄧˊ)

图 4-54 指定被编辑的汉字及汉语拼音

“拼音指南”已经成为在文档中标注汉语拼音的唯一工具，但是，对于多音字，或者由于古典文献的特定要求，有些汉字用“拼音指南”拼音的结果，与实际要求不一致，有时还需要手工修改。下面，分两个部分进行分析和操作。

图 4-55 准确标注汉语拼音后的效果

任务分析一

首先，利用“偏旁法”或利用汉语拼音，在文档中输入生字“祇、给、伽、楯、鞞、幢”。然后，利用“拼音指南”为这 6 个生字标注汉语拼音，目的是让拼音标注在汉字的上方。接着，按照题样指定的拼音，在文档中输入正确的拼音，并修改音调。最后，经过多次往返，分别把文档中每个文字的拼音粘贴到“拼音指南”对话框中对应的“拼音文字”框中，实现修改汉字拼音的目的。

上机指导一

（1）输入生字：新建一个空白文档，先参照图 4-54，利用拼音输入法输入“给、伽、楯、幢”几个汉字。由于用拼音法不能输入“祇”和“鞞”，所以，采用“偏旁法”输入。在文档中先输入“祇”字的偏旁“礻”（发“示”音）。然后，选定“礻”，从“插入”菜单打开“符号”对话框，切换到“符号”选项卡，并在“字体”列表框中选择“普通文本”（这些可能是默认），当时就会显示以“礻”为偏旁的文字群。通过滚动条找到“祇”字，并插入到文档中。采用相同做法，通过先输入偏旁“革”来插入生字“鞞”。

心灵手巧：“插入”菜单的“符号”对话框为输入生字开辟了新的途径，主要是依据偏旁来查找生字。这里的关键问题是，如何在文档中快速输入这个偏旁呢？采用拼音输入法输入时，一般情况下，要根据偏旁的名字来确定偏旁的发音。如“衤”叫“衣部”，输入汉语拼音“yi”就能找到这个偏旁；“礻”叫“示字旁”，输入汉语拼音“shi”就能找到这个偏旁；“氵”叫“三点水”，输入汉语拼音“shui”就能找到这个偏旁；“艹”叫“草字头”，输入汉语拼音“cao”就能找到这个偏旁。所以，利用字符代码输入生字，语文知识是基础。另外，还要多练习，熟能生巧。

（2）标注拼音：选定“祇、给、伽、楯、鞞、幢”，从“格式”菜单打开“中文版式”中的“拼音指南”，单击“确定”按钮，返回文档（大部分拼音都不符合图 4-54 的要求）。

（3）修改拼音：首先，利用键盘在文档中输入 6 个汉字的拼音“qi、ji、qie、shun、pi、chuang”。然后，按照图 4-54 中的拼音，为每个拼音标注音调。以“祇”字的拼音“qi”为例，先选定“qi”中的“i”，从“插入”菜单打开“特殊字符”对话框，切换到“拼音”选项卡，选择“i”的“第二声”，确定。采取相同做法为其他拼音标注音调。

心灵手巧：还有一种获取音调的方法，用智能 ABC 输入法，然后输入“v8”，就会出现带有不同音调的元音字母，选择需要的就可以了。

（4）复制拼音：先复制“祇”字的拼音“qí”，再选定“祇”字，然后打开“拼音指南”对话框，在“祇”字的“拼音文本”框中按“Ctrl+V”组合键，粘贴拼音“qí”，用“qí”替换原来的“zhi”。采取相同做法，分别把其余几个字的拼音复制到对应的“拼音文本”框中。最后，单击“拼音指南”对话框的“确定”按钮，准确的拼音就标注在每个汉字的上方了。结果如图 4-55 的第 1 行所示。

任务分析二

要求为繁体的“光、明、达、空、无、极”标注汉语拼音，所以，应该先将简体字转换成繁体字，然后再利用“拼音指南”为其标注拼音。这一组拼音没有错误，但是，要求在汉字的下方标注拼音，“拼音指南”就无能为力了。有一种途径，那就是修改“域代码”。“拼音指南”的结果属于“域”的范畴，将其切换到“域代码”状态之后，就可以进入“域代码”的字符组合群中，恰当地修改代码命令或参数，然后还原到文档中时，“拼音指南”的结果就会发生特殊的改变。“域代码”是一种语言，虽然确实有“虎穴”的感觉，但是，掌握之后可是其乐无穷，有兴趣的同学可以参考关于“域”的专门资料。

上机指导二

（1）转换繁体：先利用拼音输入法在文档中输入“光、明、达、空、无、极”，选定这 5 个字符以后，从“工具”菜单打开“语言”中的“中文简繁转换”对话框，选中“简体中文转换为繁体中文”单选框，确定。

心灵手巧： 繁体汉字是每个文字处理人员必须重视的问题。在中国台湾地区和东南亚，乃至西方各国，凡是应用汉字的，大部分是用繁体形式。繁体不仅是笔画比简体繁多，其本质是采用了不同的字体。一旦汉字被设置为繁体之后，在“字体”列表框中就自动增加了一种名为“PMingLiU”的新字体。繁体汉字的每一个笔画都是互相交叉的，意味着可以采取特殊的方法把所有的笔画拆分开。当设置成空心字时，这种性质就会明朗化。

（2）标注拼音：选定繁体汉字“光、明、達、空、無、極”，打开“拼音指南”对话框，在“对齐方式”列表框中，选择“右侧竖直”（默认），如图 4-56 所示，单击“确定”按钮。

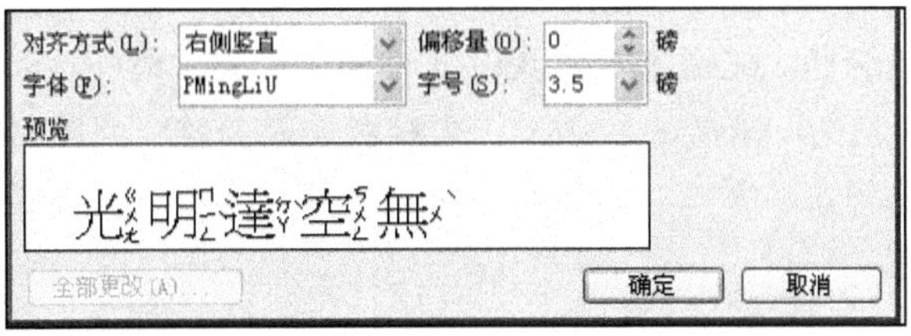

图 4-56　针对繁体汉字的“拼音指南”对话框

（3）修改拼音位置：选定已经标注汉语拼音的汉字“光、明、達、空、無、極”后，按“Shift+F9”组合键，其域代码显现。把负责“明”字拼音字母所在方位的命令“up”修改为“do”，再一次按组合键“Shift+F9”（此为两挡键），拼音就被移到“明”字的下方了。

采用同样的做法，将其他几个汉字的拼音都移到其下方。结果如图 4-55 的第 2 行所示。

（4）紧缩间距：重新进入“域代码”状态，减小拼音字母左侧的数字（专门负责拼音字母与汉字之间的间距），比如，将原来的 41（当汉字是“初号”时）减小为 21，如图 4-57 所示，按组合键“Shift+F9”后，汉字之间的间距缩小，恰到好处。

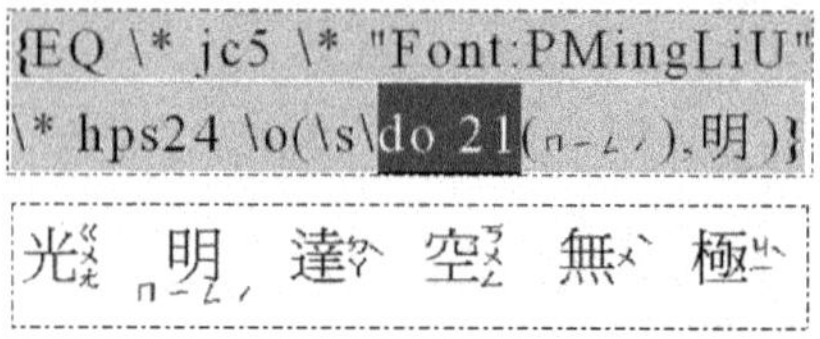

图 4-57　处理繁体拼音的步骤与效果

实训任务 3：综合运用字符和段落格式为竖排文字标注汉语拼音

任务描述

以素材文件“儒家《诗经》（六）.doc”为素材，参照题样，针对诗文设置必要的字符格式和段落格式，最后实现竖排，并标注汉语拼音，如图 4-58 所示。

图 4-58　为竖排文字标注汉语拼音

任务分析

现在的文章格式大部分都是横排，一般都是在中文的上方标注英文或汉语拼音。如果要求在竖排文章中对汉字标注拼音，可能会出现困难。本训练任务就是为解决这个问题而设计的。通过对题样图示的分析，完成本题需要做 3 方面的工作：第一，汉字的拼音问题可以利用 Word 提供的“拼音指南”来解决；第二，文档版面是竖排，此时拼音则会发生移位，可以利用“纵横混排”来解决；第三，为了辅助诗文竖排，需要完成字符格式、段落格式，乃至版面尺寸的重新设置。

上机指导

（1）打开素材文档：打开电子资料包“排版”文件夹中的“儒家《诗经》（六）.doc”。

（2）增加空行：在诗文每一行的上方再增加一个空行，准备存放汉语拼音。

（3）为标题标注拼音：在标题中的文字“母”的右侧，插入括弧和拼音“(mu)”，在“念”

的右侧插入“(nian)”。

（4）为诗文标注拼音：选定诗文第 1 行“二子乘舟泛泛其景”后，选择“格式”菜单“中文版式”中的“拼音指南”选项。在打开的对话框中单击“组合”按钮。剪切“拼音文字”框中的拼音字母，然后，按对话框的“取消”键，返回到文档中。通过粘贴操作，把组合后的拼音字母复制到第 1 行上方的空行中。采取同样的方法，为其他 3 行诗句标注汉语拼音。完成拼音字母标注之后的诗文如图 4-59 所示。

图 4-59 从汉字中提取拼音的情况

心灵手巧：“拼音指南”一次最多能够为 30 个汉字标注拼音，如果为单个汉字注音，然后再把它们逐个剪切过来就很麻烦。所以，利用“组合”按钮每次得到 8 个汉字的拼音字母，把这些拼音剪切到普通的文档中，再进行各种处理就是比较容易的事情了。

（5）实现拼音字母“纵横混排”：首先，选定诗文第 1 行上方的“二”字的拼音字母“er”，然后，从“格式”菜单“中文版式”中选择“纵横混排”选项，并打开“纵横混排”对话框，不需要其他操作，直接单击“确定”按钮，就可以使拼音字母转向 90°。采取相同方法，为诗文中其他汉字的拼音字母设置“纵横混排”格式。

心灵手巧：如果多次用到“纵横混排”命令，就应该在某工具栏上创建该命令的按钮，方法如下。首先打开“工具”菜单中的“自定义”对话框，在“类别”栏中选择“格式”，在右边的列表框中找到“纵横混排”，把这个命令直接拖曳到“常用”或“格式”工具栏上即可。图 4-60 所示是为诗文的最后一个文字“害”的汉语拼音“hai”设置“纵横混排”格式时的操作情况。上面一条是“常用”工具栏，在其右端添加了一个“纵横混排”按钮，在连续为多个字符设置格式时提供方便。另外，诗文中有些句子是重复的，可以通过复制操作节约时间。

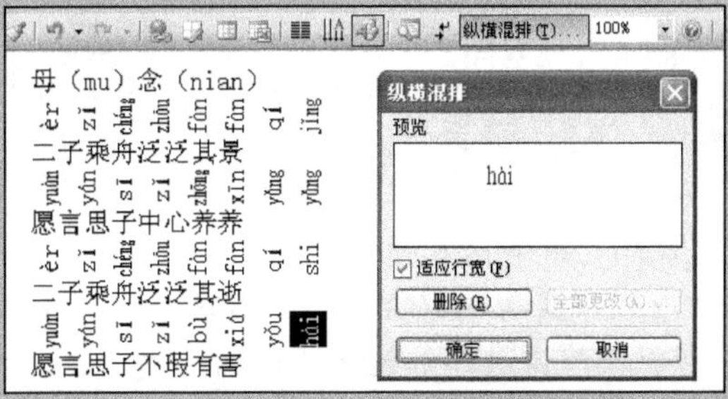

图 4-60 为拼音字母设置“纵横混排”格式

（6）文章竖排：打开“格式”菜单“文字方向”对话框，单击中间竖向的按钮“文字abc”，全文就会竖向排列，原来的第 1 行排列在右侧第 1 列。

心灵手巧：文档竖排后，用鼠标选中字符感觉别扭，似乎有“转向”的感觉。用 Shift 键配合移动光标键选定字符比较顺当。原来，按“←→”键光标在字符间水平移动，竖排之后，横行变成竖列了，光标将在竖列之间移动。只有按“↑↓”键，光标才能在字符之间移动。所以，要想在竖排文档中灵巧地操作字符，必须使心中的“行”、“列”分明，才能把在常规排列方式下学到的操作方法熟练地应用到竖向排列方式的文档中。

（7）为标题的拼音字母设置“纵横混排”格式：选定“母”字的拼音“mu”，打开“纵横混排”对话框，单击“确定”按钮，使“mu”旋转 90°。采取相同做法，为“念”字的拼音“nian”设置“纵横混排”格式，结果如图 4-61 所示

图 4-61　汉字与拼音竖向排版的结果

心灵手巧：在输入汉字或拼音过程中，因为 Word 有检查“拼音和语法错误”的本能，所以在许多汉字或拼音下面画上了有色彩的波浪线。如果对此反感，就在“选项”对话框的“拼写和语法”标签中选中“隐藏文档中的拼写错误”和“隐藏文档中的语法错误”，问题就解决了。

（8）设置行间距：光标放在“标题”中，在“段落”对话框中，设置“段前间距”为 36 磅，“段后间距”为 18 磅。设置每一个汉字诗句的“段后间距”为 12 磅，目的是增加每两个诗句之间的间距。

（9）设置段落对齐方式：从“编辑”菜单选择“全选”，单击“格式”工具栏上的“分散对齐”按钮，设置全文段落为“分散对齐”，以便使版面中每一列字符长短一致。

心灵手巧：“分散对齐”具有自动调节字符间距的能力，否则，需要手动完成所有拼音与所对应的汉字对齐，是一件很麻烦的事。

（10）改变版心尺寸：打开“页面设置”对话框，在“纸张”选项卡中，改变纸张的宽度为 16 厘米，高度为 11.5 厘米，页边距数值不变。这样做，从高度上考虑，使诗句的字符不至于太稀疏；从宽度上考虑，使诗歌能够位于版面的中央。

（11）修饰标题：选定标题，设置字号为“二号”，字体为“华文隶书”。设置段落左右各缩进 0.5 厘米。最后的版面效果如图 4-58 所示。

实训任务 4：综合设置段落格式制作教材订购单

任务描述

新建一个文档，参考如图 4-62 所示的题样，通过综合运用段落格式，包括段落缩进和间距、对齐方式、制表位和项目符号等，制作学生教材订购单。

《Word 2003、Excel 2003、PowerPoint 2003上机指导与练习》

订　　购　　单

订购单位：太原钢都职业教育中心

书名	单价（元）	册数	金额（元）	财务公章
《上机指导》	20.60	12，000	247，200.00	职教中心财务章
《实用教程》	25.80	12，000	309，600.00	

□□□□□□

寄：

__________（省市）

__________（门牌号）

__________ 收

电子工业出版社
邮编：100036

图 4-62　制作教材订购单

任务分析

下面，按照从上至下的顺序提示：第 1 部分是普通段落格式，标题部分采取简单的居中对齐方式，“订购单” 3 个字采用分散对齐格式，并且与下一段落之间设置了 6 磅的段间距。“订购单位”行设置的是单边框线格式。另外，位于末尾的“电子工业出版社”及其邮编设置为右对齐方式，并且借助于为“电子工业出版社”设置段落上边框线的机会，产生一条双线，将发行单位的信息与正文分割开来。第 2 部分是阴影区，主要采取的是制表位格式。其中，文字是“居中对齐”，数字是“小数点分对齐”，数字之间的间隔是“竖线对齐”。第 3 部分采用项目符号格式。有关“收信人”地址的 3 个段落巧妙地采用图形化的“横线”符号作为项目的符号，产生下画线效果，并分别设置了不同的缩进量，产生错位效果。另外，“邮政编码”的方框是插入并放大的符号。在编排中，要求尽量不要使用空格和空行。

上机指导

整个任务分两步实现。

第一步，设置基本段落格式。

（1）居中对齐：输入书名，单击“格式”工具栏“居中”按钮，使段落居中对齐。

（2）分散对齐：输入“订购单” 3 个字后，首先，通过设置段落左右缩进，来减小该段落的宽度；然后，再单击“格式”工具栏“分散对齐”按钮，3 个字在自己的宽度之内等间距分散开。

（3）下画线：输入文字“订购单位：太原钢都职业教育中心”，然后，在文字的末尾输入一个空格，选定这些文字（除空格之外），设置一种下画线。接着，打开“字体”对话框，切换到“字符间距”选项卡，设置字符的位置“提升”6 磅。

心灵手巧：当字符设置下画线之后，企图通过提升字符来增加字符与下画线的间距是徒劳的，因为下画线属于字符的附件，将随同字符升降，无法摆脱。但是，如果在下画线所负责的一行字符中，有的提升，有的不提升，下画线就不会跟着提升的字符移动了，利用这个性质，就可以增加字符与下画线的间距了。

第二步，设置制表位格式。

（4）建立制表位：先输入栏目标题文字“书名、单价、册数、金额、财务公章”，然后，打开“制表位”对话框，参考表 4-5 中的参数来设置每个“栏目标题”的制表位。“书名”不需要设置制表位，自动保持左侧对齐。

表 4-5　各个制表位的位置和对齐方式

栏目标题	数据内容	单价	册数	金额	财务公章
	制表位位置	3 厘米	6 厘米	9 厘米	11.5 厘米
	制表位对齐	左对齐	左对齐	左对齐	左对齐
第一类书	数据内容	20.60	12，000	247，200.00	职教中心财务章
	制表位位置	3 厘米	6 厘米	9 厘米	11.5 厘米
	制表位对齐	小数点对齐	左对齐	小数点对齐	左对齐
第二类书	数据内容	25.80	12，000	309，600.00	
	制表位位置	3 厘米	6 厘米	9 厘米	11.5 厘米
	制表位对齐	小数点对齐	左对齐	小数点对齐	左对齐

（5）竖线制表位：除了要建立上述 4 个制表位之外，还要在“栏目标题”行中建立 4 个“竖线”型制表位，其位置分别是 2.5 厘米、5.0 厘米、8.0 厘米、11.0 厘米。

（6）应用制表位：把光标移到“单价”的左侧，按一下 Tab 键，“单价”将自动移到第一个制表位的位置（3 厘米），并保持左对齐。采取相同方法，分别使“册数”、“金额”和“财务公章”移到相应的制表位处。

（7）继承制表位：完成“栏目标题”的设置之后，按一下回车键，在新的段落中自动继承了上面段落的所有格式，当然包括制表位格式。然后，参考表中的参数，在这一行中输入书名“上机指导”及其数据，包括“20.60”、“12，000”、“247，200.00”和“职教中心财务章”。然后，再通过按 Tab 键使各个数据对号入座。

（8）继续继承制表位：完成“上机指导”的设置之后，按一下回车键，在新的段落中自动继承了上面段落的所有格式，包括制表位格式。然后，在其中继续输入“实用教程”的一些数据，并即时按 Tab 键，使数据定位到相应的制表位位置。

第 5 章

处理图形对象

训练目标

- 绘制与编辑图形；
- 处理图片；
- 应用文本框；
- 建立公式；
- 插入与编辑艺术字；
- 建立组织结构图。

Word 2003 的“绘图”工具栏虽然简单，但确实是一个比较实用的绘图工具，在 Office 环境下承担起绘制简单图形、处理图形和图片的全部工作。掌握这个工具，对于学习专业级的图形和图像软件会起到基石般的作用。

第1节 绘制与编辑图形

由于剪贴画是由多个简单图形组合而成的，具有简单图形的基本性质，所以，本节将剪贴画问题也容纳进来一起讨论。另外，还将学习设置图形的“阴影”和“三维效果”。

实训任务 1：用拆散“我”字的笔画重新编辑“空”字

任务描述

繁体汉字经过图形转换之后，整体汉字可以被肢解为许多基本笔画。根据这一性质，将“我”字拆分为 7 个基本笔画，然后，再用这些笔画组合成“空”字，当然，这期间要经过比较细致的图形编辑工作。最后的效果如图 5-1 所示。

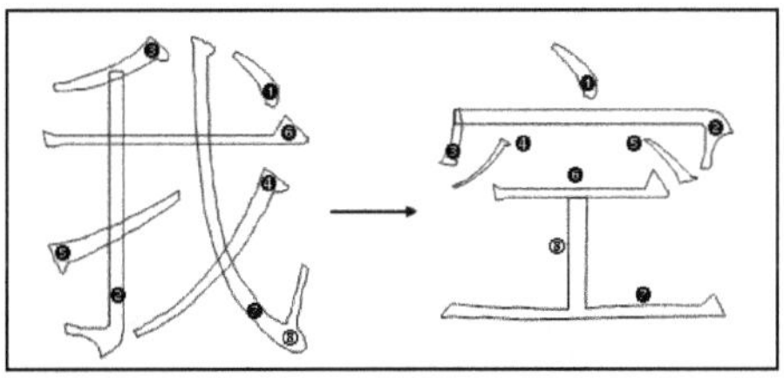

图 5-1　由“我”字组合而成的“空”字

任务分析

可以分步完成任务：一是拆分汉字，二是编辑笔画，三是重组汉字。下面，仅就拆分汉字的具体过程进一步分析。首先，要输入一个汉字，接着，将其转换成繁体，还有一个环节，就是要设置为空心字；然后，利用剪切和选择性粘贴，将文本字符转换成图形；最后，利用“绘图”工具栏中的“分解图片”工具，将这个汉字图形拆分为 7 个基本笔画。

上机指导

把整个操作过程划分为 3 个步骤。

第一步，分解汉字，分解过程如图 5-2 所示。

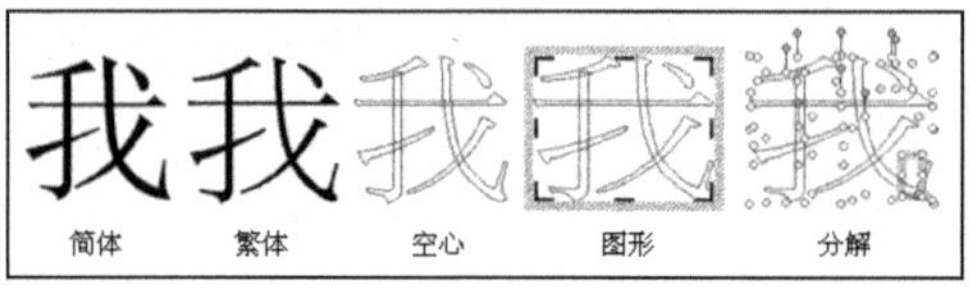

图 5-2　分解汉字的过程

（1）简体转繁：输入汉字“我”，选定汉字，从“工具”菜单“语言”中打开“中文简繁转换”对话框，选中“简体中文转换为繁体中文”单选框，确定。

（2）设置空心：选定繁体的“我”，打开“字体”对话框，在“字体”选项卡中，选定“效果”区的“空心”复选框。

（3）字图转换：剪切（或复制）繁体的空心字“我”，然后，从“编辑”菜单打开“选择性粘贴”对话框，在粘贴的“形式”列表框中选择“图片（Windows 图元文件）”。

心灵手巧：其实，汉字或其他字符虽然都有自己的字符代码，但是，如果显示在屏幕上，系统就可以把它看做“位图”，换句话说，汉字也是图形。这样，经过选择性粘贴，就可以把字符转换成基本图形。知道这个道理，可以掌握许多特殊操作方法。

（4）增添工具：从“工具”菜单打开“自定义”对话框，切换到“命令”选项卡，从左侧的列表框中选择“绘图”，从右侧的列表框中找到“分解图形”，并拖曳其图标到文档窗口中的“绘图”工具栏上，在该工具栏上添加一个命令按钮。

（5）分解图形：在选定“图片（Windows 图元文件）”情况下，单击“绘图”工具栏“分解图形”按钮，整体的汉子图形被分解为许多笔画。为后续指导性叙述的方便，将各笔画编号如图 5-3 所示。

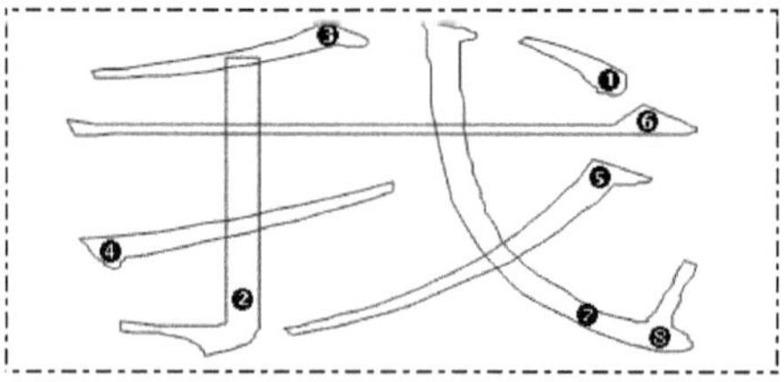

图 5-3　为分解出来的笔画编号

第二步，编辑汉字的笔画。编辑工作通常包括对图形的移动、旋转、改变尺寸、编辑顶点、组合、对其余分布和叠放层次等操作。

（6）移动笔画：选定“我”字的1号笔画，利用光标键或拖曳鼠标将其移到空白区域。

（7）向左旋转：选定2号笔画，从“绘图”工具栏的“绘图”菜单中选择“旋转或翻转”中的“向左旋转90°”，使笔画平放。采取相同方法，使笔画5也向左旋转90°。

（8）垂直翻转：选定3号笔画，从“绘图”菜单中选择“旋转或翻转”中的“垂直翻转”，使笔画尖部向上。

（9）自由旋转：选定3号笔画，拖曳绿色的旋转控点顺时针旋转，使其直立起来。

（10）改变尺寸：向内拖曳3号笔画的尺寸控点，缩小笔画的尺寸。采取相同方法，缩小4号笔画的尺寸，同时，适当缩小其他笔画的尺寸，各笔画的状态及形状如图5-4所示。

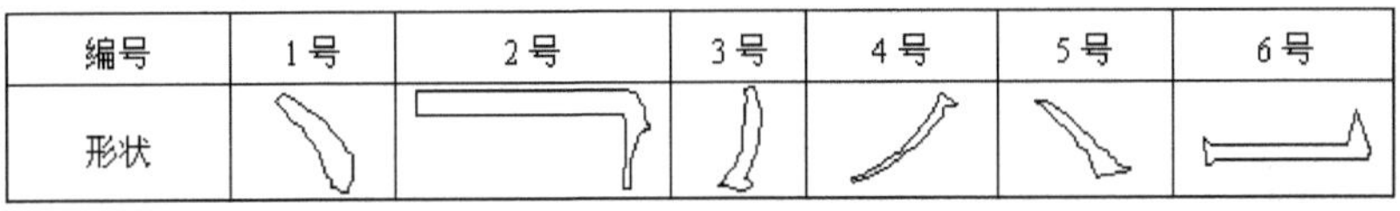

图5-4　经过编辑后的几个笔画

（11）编辑顶点：选定7号（8号）笔画，首先，向左旋转90°，然后，从“绘图”菜单选择“编辑顶点”，开始对笔画进行细微的变形操作。操作时，拖曳“编辑点”（小方块），可以改变图形的现状；按住Ctrl键单击没有“编辑点”的线段可以添加“编辑点”；按住Ctrl键单击已有的“编辑点”可以删除“编辑点”。采取这些手段，先通过删除“编辑点”去掉右端的“钩”，并使横线变直，再通过添加“编辑点”在笔画的中间产生“一竖”，为组合“空”字做准备。操作的效果如图5-5所示。

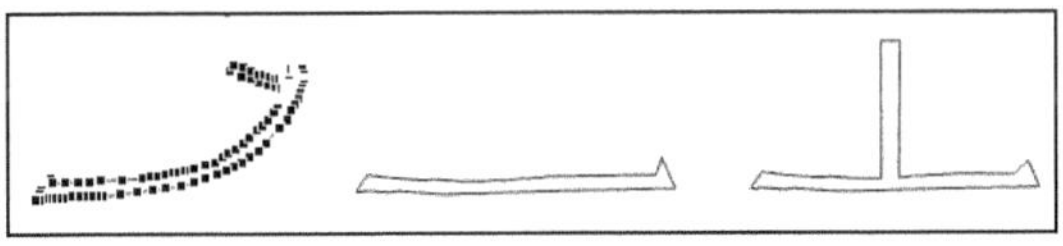

图5-5　编辑7号笔画的效果

第三步，组合图形。

（12）组合笔画：通过移动图形，用1号~7号（包括8号）笔画组合成一个“空”字，然后，全部选定，利用“绘图”菜单的“组合”命令，将其组合为一体，如图5-1所示。

实训任务2：通过对齐和旋转图形变换出一些数字图形

任务描述

先用画线条的工具绘制一个“L”形图形，然后再复制3个，并将每个图形设置成不同的颜色或条纹，以便辨认。然后，利用这4个图形组成一个“卐”字符。准备完后，通过对组成“卐”的图形采取不同方式的分布和旋转（或翻转），使原来的图形变换出“2”、“0”和“5”三种图形，如图5-6所示。如果感兴趣，通过对个别图形的编辑操作，还能够变换出10个自然数当中的其他7个数字来。

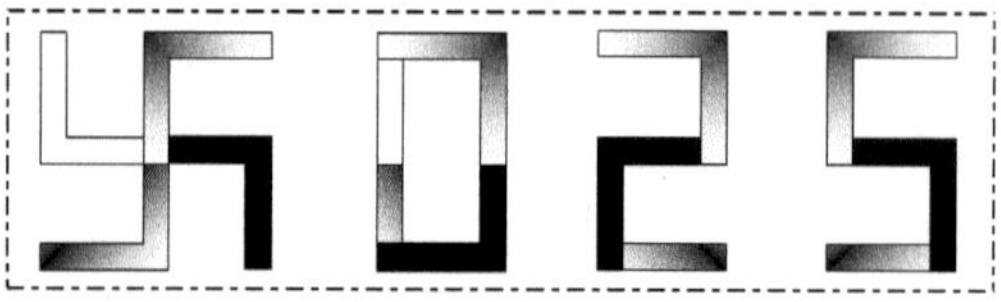

图 5-6　最后的处理效果

任务分析

在“自选图形”的“线条”工具中，有一种绘制“任意多边形”的工具，绘制有棱有角的图形比较拿手。为方便绘制，可以放大显示比例，同时让文档显示网格，先绘制比较大的图形，然后再缩小。另外，为了辨认方位变化后的笔画，可以为每个“L”图形设置不同的填充色或纹理。

上机指导

分为 3 大步骤完成任务。

第一步，设置环境。

（1）显示比例：新建一个文件，从“常用”工具栏“显示比例”列表框中选择“200%”。

（2）设置网格：从“文件”菜单打开“页面设置”对话框，切换到“文档网格”选项卡，选中“指定行和字符网格”单选框，并改变网格在纵横方向的跨度都是“15 磅”。单击“绘图网格”按钮，在新打开的对话框中，设置“垂直间隔”和“水平间隔”都是“2”。这样，文档中将显示正方形的网格。（提示：不用网格时一定要恢复原来的“无网格”。）

第二步，绘制及修饰图形。

（3）从“绘图”菜单“线条”中选择“任意多边形”工具，单击文档中的一点作为图形的起点，然后，沿着网格移动“笔尖”，在每个拐点处单击一下鼠标，回到起点后，双击鼠标，放下画笔，绘制了一个“L”形的图形。

（4）缩小图形：先按住 Shift 键，再向内拖曳图形边线上的“尺寸控点”，使原来的图形减小尺寸。选定这个图形，再复制 3 个。

（5）修饰图形：选定一个图形，打开“填充效果”对话框，切换到“渐变”选项卡，为其设置一种“渐变”效果，同时，选中“随图形旋转”复选框。采取相同方法，为另一个图形设置一种不同的“渐变”效果。其余两个一黑一白。制作的图形素材如图 5-7 所示。

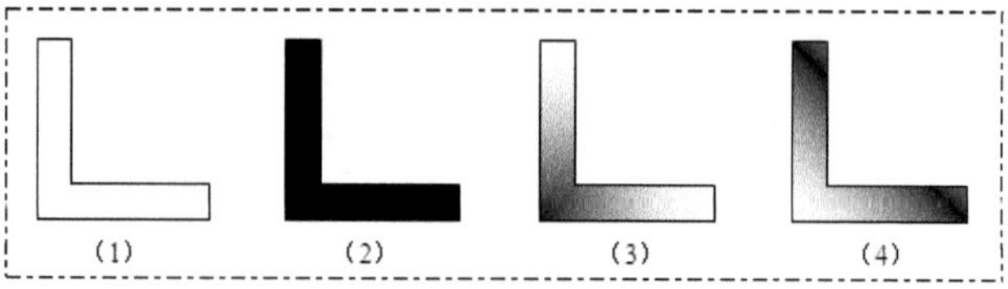

图 5-7　制作的图形素材

心灵手巧：如果不选中“随图形旋转”复选框，当图形旋转时，渐变色不会随着转动，还保持原来的方向，起不到标示自己特征的作用，3 号和 4 号就容易混淆。

第三步，分布与旋转图形。

（6）拼接“卐”字：将2号图形向右旋转90°，将3号图形向右旋转180°，将4号图形向左旋转90°，如图5-8所示。最后，通过移动图形将4个图形对接，组合成“卐”字，再复制出3个“卐”字，以备下面使用。

图5-8 旋转后的图形状态

（7）产生“0”字：选定一组“卐”图，先从“绘图”菜单中选择“左对齐”，再令其“向右旋转90°”，变换出“0”字。

（8）产生“2”字：选定一组“卐”图，先从“绘图”菜单中选择“左对齐”，再令其“水平翻转180°”，变换出“2”字。

（9）产生“5”字：选定一组“卐”图，从“绘图”菜单中选择“左对齐”，直接变换出“5”字。效果图如图5-6所示。

实训任务3：以图片作为图形的填充色可以巧妙制作剪纸画

任务描述

利用Word 2003修饰图形的“填充图形颜色”手段，快速将图5-9中给定的原材料图片（左侧）剪裁成指定的3种形状，并设置一些必要的格式。

图5-9 剪裁图片的技巧训练题

任务分析

原图是自己制作的图片文件，方法是把插入的自选图形的填充色设置为“实心菱形”，再复制到“画图”软件中生成长条形图片的文件。接下来的主要任务是把这幅图片填充到各种图形之中，其效果等同于图片被剪裁成各种形状。

上机指导

（1）制作“布料”：首先用“矩形”工具在文档中画一个长条形，然后打开“设置自选图形格式”对话框，再打开“填充效果”对话框，并切换到“图案”选项卡，从中选择“实心菱形”作为填充的图案。返回文档后，剪切制作的原料，打开“画图”软件，将原料粘贴过来。最后，保存图片文件，假设文件名为“布料.jpg”。

（2）填充五角星：从自选图形的“星与旗帜”类别中插入一个“五角星”，在“填充效果”对话框中切换到“图片”选项卡，单击“选择图片”按钮，在打开的对话框中，插入图片文件“布料.jpg”，接着选定“锁定图片纵横比”复选框，确定。

（3）获取连衣裙：从“插入”菜单打开“剪贴画”对话框，插入“女商人”剪贴画。打开“设置图片格式”对话框，改变其版式为“浮于文字上方”。接着，可以利用“绘图”菜单命令取消图片的“组合”，就可以把“连衣裙”从剪贴画中分离出来了。

（4）填充连衣裙：选定“连衣裙”，打开“填充效果”对话框，切换到“图片”选项卡，单击“选择图片”按钮，在打开的对话框中，选择图片文件“布料.jpg”，接着，还需要选定“锁定图片纵横比”复选框。

（5）制作“中”字：用“矩形”工具画3个形状不同的矩形，叠加在一起成为“中”字，并将它们组合为一体。

（6）填充“中”字：选定“中”字，在“填充效果”对话框的“图片”选项卡中，选择图片文件“布料.jpg”后，直接结束对话，不选定“锁定图片纵横比”复选框。

心灵手巧：如果选中“锁定图片纵横比”，所填充的图片就会根据被填充图形的尺寸来放大或缩小自己的尺寸。如果“布料”本身的形状发生变化，也会影响到填充效果。关于这方面的内容，可以自己动手实验一下，就会理解“锁定图片纵横比”的含义。另外，也可以实验一下，当图形旋转时，选中或不选中“随图形旋转填充效果”复选框的差别。

实训任务4：被设置了不同阴影和三维效果的“中”字形态各异

任务描述

新建一个文档，先利用“艺术字”工具栏制作一个“中”字，简单修饰艺术字后，再复制4个。最后，参考如图5-10所示的题样，利用“阴影设置”工具和“三维设置”工具，以及利用“绘图”工具栏，设置“中”字的特殊阴影和三维效果。

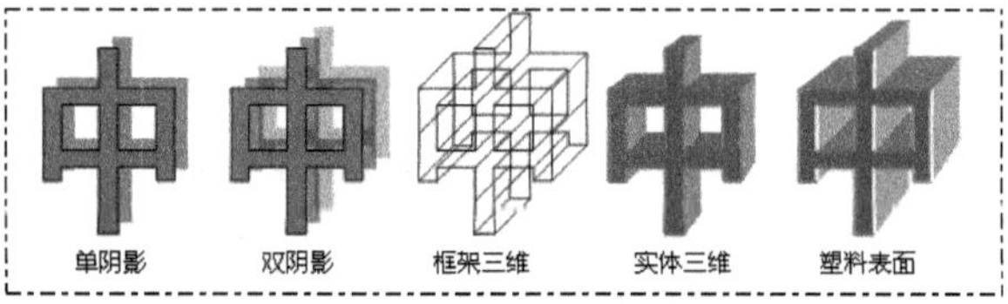

图5-10 利用阴影和三维工具修饰“中”字

任务分析

根据题样中的5个“中”字的不同效果，分析出如下不同的要求：❶第1个字被设置了单层阴影；❷第 2 个字被设置了双层阴影，还需要调整阴影的方向和深度；❸第 3 个字被设置了框架三维效果；❹第 4 个字被设置了实体三维效果，并利用“三维设置”工具栏调整仰角和朝向；❺第 5 个字的表面被设置了塑料效果，并改变三维颜色。

上机指导

（1）插入艺术字：在新建文档中单击“插入艺术字”按钮，确定一种样式之后，在“编辑艺术字文字”对话框中输入“中”字，并设置为“黑体”、“54 磅”和“加粗”。

（2）修饰艺术字：选定艺术字之后，单击“艺术字”工具栏上的“设置艺术字格式”按钮，在打开的对话框中，设置其填充色为“浅蓝”。切换到“版式”选项卡，设置艺术字“浮于文字上方”。最后，再复制 4 个艺术字。

（3）设置单层阴影：选定一个艺术字，单击“绘图”工具栏上的“阴影样式”按钮，选择“阴影样式 2”。然后，再次单击“阴影样式”按钮，并单击列表下方的“阴影设置”按钮，利用“阴影设置”工具栏设置阴影的颜色为“灰度-80%”。

（4）设置双层阴影：再选定一个艺术字，单击“绘图”工具栏上的“阴影样式”按钮，选择“阴影样式 13”。然后，利用“阴影设置”工具栏调整阴影方向为右上方。

（5）设置框架三维效果：再选定一个艺术字，单击“绘图”工具栏上的“三维效果样式”按钮，选择“三维样式 4”。

（6）设置实体三维效果：再选定一个艺术字，单击“绘图”工具栏上的“三维效果样式”按钮，选择“三维样式 11”。然后，再次单击“三维效果样式”按钮，并单击列表下方的“三维设置”按钮，利用“三维设置”工具栏设置三维颜色为“灰度-40%”。最后，单击“三维设置”工具栏的“深度”按钮，选择“36 磅”。

（7）设置塑料表面效果：再选定一个艺术字，单击“三维设置”工具栏的“表面效果”按钮，选择“塑料效果”，并设置其颜色为“淡紫”。

知识梳理

本节涉及的知识比较多，从操作角度出发，按工具分类可以划分为 3 大类。

❶“绘图”工具栏：“绘图”工具栏主要负责绘制图形和修饰图形。常用的绘图工具有“自选图形”、“矩形”、“椭圆”和“插入剪贴画”等按钮；常用的修饰图形工具有“填充颜色”、“字体颜色”和“箭头样式”等按钮。

❷“绘图”菜单：位于“绘图”工具栏左侧的“绘图”菜单，其主要功能是编辑图形，如图形的组合、旋转与翻转、对齐与分布、改变层次和编辑顶点等。其中，通过编辑顶点，既可以明显改变图形的外观，还可以精细修改图形的形状，比如，只添加一个顶点，就能够把三角形变成四边形。另外，“绘图网格”的设置将影响到许多操作的精度，如移动图形的步距，缩放图形的尺寸，甚至影响到拖曳标尺部件的操作精度，应该引起注意。

❸ 阴影和三维效果工具：即使是相当简单的图形，乃至一条直线，也可以被设置“阴影”和“三维效果”，产生立体感觉。位于“阴影”列表框下方有一个“阴影设置”按钮，利用它可以改变阴影的高度、角度及颜色等参数。与“阴影设置”工具栏类似，“三维设置”工具栏的功能也比较强，适合设置图形的立体效果。

自主学习

1. 读图题

（1）读图 5-11，通过与原图做比较，说出后 3 个图形顶点的编辑情况，比如，顶点是增加了、删除了，还是移动了。

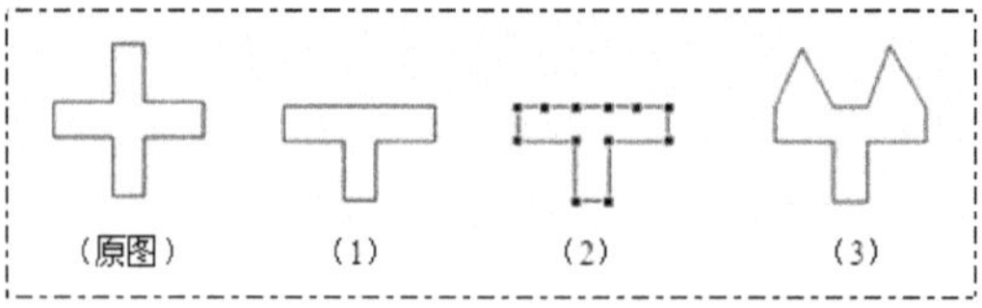

图 5-11　编辑图形顶点的读图题

（2）读图 5-12，并动手试验，然后在括弧中填写本图采取了哪种旋转方式，如左转、右转、水平翻转、垂直翻转和自由旋转等。

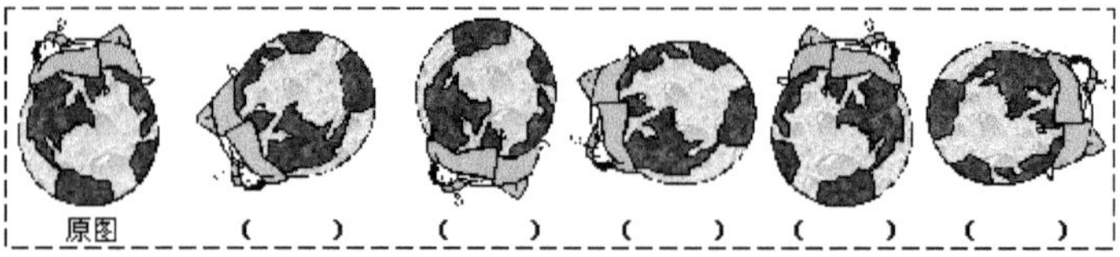

图 5-12　判断图形旋转方式的训练题

（3）读图 5-13，并动手试验，然后在括弧中填写各图中的阴影分别采取了哪种操作，如上移、下移、左移、右移及改变阴影颜色等。

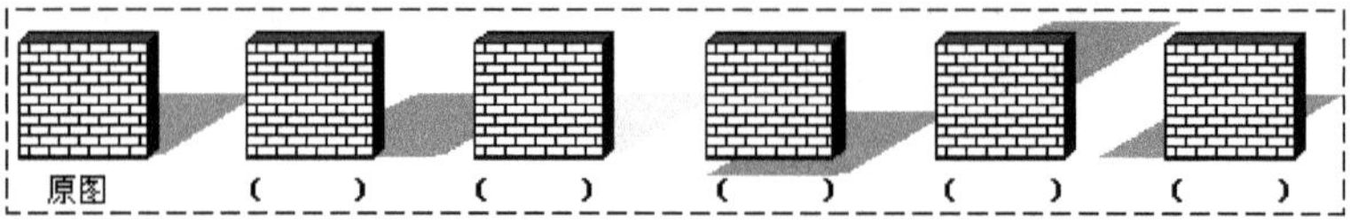

图 5-13　判断图形阴影效果的训练题

2. 操作题

参考图 5-14，对给定的 4 个等边三角形采取不同的编辑操作，分别形成实心菱形、大三角形和六角星 3 种图形。只能采取“旋转或翻转”或“对齐与分布”的编辑方法。

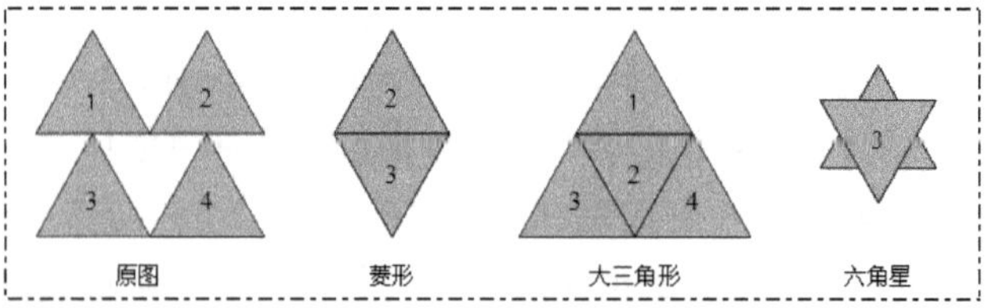

图 5-14　拼图的操作题

第2节　插入与处理图片

实训任务1：利用“图片”工具栏的各种工具处理图片的不同效果

任务描述

针对插入到文档中的素材图片以及复制的多幅图片，利用“图片”工具栏及采取其他辅助手段，分别对每幅图片采取不同效果的处理操作。

任务分析

根据原图，首先要改变插入的原始图片的宽和高尺寸，复制多幅之后，还需要利用“对齐或分布”命令使6幅图片均匀排列。具体加工的内容都写在题样中每幅图片的下方，所使用的工具基本是按照“图片”工具栏上从左至右的顺序来设计的，操作时可以结合自己的想法灵活运用。

上机指导

（1）插入图片：从“插入”菜单打开“插入图片”对话框，选择电子资料包“图形图像”文件夹中的图片文件“宝塔.jpg”插入到空白文档中来。

（2）排列图片：改变插入的图片尺寸之后，再复制5幅图片，并利用“对齐或分布”命令使其均匀排列，如图5-15所示。

图5-15　未加工之前的图片

（3）设置黑白颜色：选定一幅图片，单击“图片”工具栏“颜色”按钮，从下拉菜单中选择“黑白”，彩色图像就变成黑白两种颜色了。

（4）设置“冲蚀”效果：选定一幅图片，单击“图片”工具栏“颜色”按钮，从下拉菜单中选择“冲蚀”，这种图片适合作为文档的背景图片。

心灵手巧：在“图片”工具栏的左侧，有一个改变图片颜色的按钮，利用它可以改变图像的颜色，其实是改变了图片的类型，如自动、灰度、黑白和冲蚀等。其中的“自动”是恢复图片原来的颜色；灰度图片虽然没有色彩，但具有许多层次的灰度，仍然具有立体感；如果设置成“黑白”，图片只剩下黑白两种颜色，就变成木刻画了；“冲蚀”是一种特殊的颜色类型，一般适用于将图片作为背景使用。

（5）增加对比度：选定一幅图片，连续单击“图片”工具栏上的“增加对比度”按钮，直到图片明暗色差比较明显时为止。

（6）降低亮度：选定一幅图片，连续单击“降低亮度”按钮，直到图片很暗但没有变成全黑时为止。

心灵手巧：连续单击“增加对比度”按钮时，图片的黑白反差度越来越大，当对比度变成最大时，按钮转入无效状态（变成灰色）；如果不断单击“降低亮度”按钮，最终图片将变成一片黑暗，如果不断单击“增加亮度”按钮，最终图片将变成一片空白。

（7）裁剪图片：选定一幅图片，单击“图片”工具栏上的“裁剪”按钮，鼠标指针对准图片右侧的“剪裁控点”，向内部拖曳鼠标，松开手时，一半的图像被剪裁掉。然后，放下剪刀，再向外拖曳图片右边线上的“尺寸控点”，使图片的宽度增加到原来的尺寸，这时，图片中的“塔”已经剩下一半了。

心灵手巧：如果想恢复图片中被剪裁下去的部分图像，可以选定图片，再单击“裁剪”按钮，向外拖曳图片被剪裁的边线上的“剪裁控点”，原来被裁剪掉的图像又将显示出来。但是，如果经过图片压缩，图片将真实地被剪掉了，无法恢复，操作时要慎重。

（8）设置透明色：选定一幅图片，单击“设置透明色”按钮，再单击图片中的“白云”，使原来是白色的图片背景大面积脱落，这部分就变成了透明色。

（9）填充图案：接着，单击“图片”工具栏上的“设置图片格式”按钮，切换到“颜色和线条”选项卡，单击填充“颜色”列表框，从中选择“填充效果”，在新对话框中切换到“图案”选项卡，选择“大棋盘”样式，颜色为黑白，最终效果如图 5-16 所示。

图 5-16 加工后的图片效果

实训任务 2：综合利用“图片”工具栏的功能加工画册的封面

任务描述

以如图 5-17 所示的图片为加工素材。利用“图片”工具栏将其加工成如图 5-18 所示的样子。要求在椭圆形中缩略显示被剪裁掉的“群塔”图片，并要求将图片中的云彩更换成曙光初照的景色。

图 5-17　未加工前的图片素材

图 5-18　加工处理后的图片效果

任务分析

经过对比原图片和加工后的图片可知，处理这幅图片需要用到“图片”工具栏的许多工具进行一系列操作，包括改变图片颜色、改变对比度和亮度、剪裁图片、压缩图片、设置文字环绕方式、设置透明色等。除此之外，还需要运用针对图形图片的许多常规操作，如放大尺寸、设置填充色、改变层次等。

上机指导

（1）插入图片：从“插入”菜单打开“插入图片”对话框，选择电子资料包“图形图像”文件夹中的“千年古刹.jpg”图片文件。

（2）剪裁图片：选定图片，单击“图片”工具栏上的“剪裁”按钮，单击图片左边线的中点，看见鼠标指针变成“┫”形时，向内拖曳鼠标（图形随着变窄），剪裁掉图片左边的“群塔”附图。然后，再对准图片右边线上的“尺寸控点”，当鼠标指针变成“↔”形时，向外拖曳鼠标，加宽剩余图片的宽度。

心灵手巧：在这项操作中，不但提倡心灵手巧，还要心明眼亮，时刻注意观察鼠标指针的形状。单击“剪裁”按钮后，当鼠标指针对准图片 4 个边的中点时，鼠标指针将显示“┻、┳、┫、┣”形状，示意可以向“上、下、左、右”4 个方向剪裁图片。

（3）压缩图片：选定图片，单击“图片”工具栏上的“压缩图片”按钮，在对话框中，选择“压缩图片”和“删除图片的剪裁区域”两个复选框，单击“确定”按钮，图片尺寸明显减小，同时，被剪裁下去的图片将不能被恢复。

（4）制作局部缩影：先在图片上画一个椭圆，然后选定椭圆并打开“设置自选图形格式”对话框，切换到填充“图片”选项卡，选择“千年古刹.jpg”图片作为椭圆的填充色，同时，需要选择“锁定图片纵横比”复选框。

（5）改变图片颜色：选定椭圆，单击“图片”工具栏上的“颜色”按钮，在下拉菜单中选择“灰色”。最后，改变椭圆的形状和尺寸，使椭圆正好包括附图中的各个佛塔。

（6）调整亮度和对比度：选定图片，单击“图片”工具栏上的“减小亮度”按钮，使亮度降低。再单击“增加对比度”按钮，使对比度增加，以便凸显早晨的景色特点。

（7）镂空云彩（增加天空的透明度）：单击“图片”工具栏上的“设置透明色”按钮，对准云彩中颜色比较恰当的点，单击鼠标，使与单击点相近的颜色区域都被设置为透明色。

心灵手巧：在设置透明色时，如果连续设置，不但不能扩展透明区域，反而有“顾此失彼”的后果。所以，单击的位置很重要，要先观察什么颜色占主流，同时又不是要求保留的颜色，以便使镂空的面积最大，而且又不破坏主图的效果。

（8）制作背景：先画一个与图片大小一样的矩形，然后选定矩形并打开“填充效果”对话框，切换到“渐变”选项卡，选择“双色”（浅蓝色和白色）和“中心辐射”。最后，在矩形中输入文字“千年古刹浴晨光”，并适当修饰文字。

（9）调整图片和图形的层次：利用“图片”工具栏“文字环绕”中的“浮于文字上方”和“浮于文字下方”命令，以及利用“绘图”菜单“叠放次序”中的选项，使背景沉到最下层，椭圆图片在中间，主图在最上层，实现题样的效果。

心灵手巧：当多幅图形或图片叠加在一起时，只能对最上面的进行操作。如果想要选定下面其他层的对象，可以按 Tab 键，每按一次，将有一个对象被选定。被选定的先后顺序由什么决定？准确地说，谁最后被编辑，尽管只是移动一下，它都将被排在队伍的最后。明白这一点，针对叠加在一起的多个图形操作时，就会做到心中有数，手上有准。

知识梳理

基本概念：图有图形和图像两种表现方式，由简单的点、线、圆、方框等基本元素组成的图叫做图形（Graphics），它是真实物体的模型化、抽象化、线条化的表现方式；利用照相机、摄像机等设备将实际景物摄制下来形成的图，或利用专用的绘图软件绘制的色彩鲜艳、层次丰富，接近于实际景物的图叫做图像（Image）。自选图形是纯粹的图形，在磁盘中没有具体位置，不能称做图片，也不能叫做文件。由于剪贴画有具体的文件属性，其扩展名是wmf，所以可以看做图片。但是，一旦剪贴画被插入到文档中，就应该把它当做普通的图形来对待，因为剪贴画实在是由许多简单图形组合而成的。

“图片”工具栏的“裁剪”工具也比较独特，在学习 Windows 的“画图”工具时，也曾接触过裁剪图片的工具，但二者有差别：“画图”的裁剪工具是真正的剪刀，剪掉的图像与原图片彻底脱离了；而使用“图片”工具栏的裁剪工具时，看似裁剪，其实是隐藏，如果需要，还可以恢复被裁剪下去的图像。

自主学习

1. 读图题

图 5-19 中的 4 幅图片的色彩各不相同，分别用“图片”工具栏的“颜色”工具设置了不同的属性。通过读图，完成下面的练习。

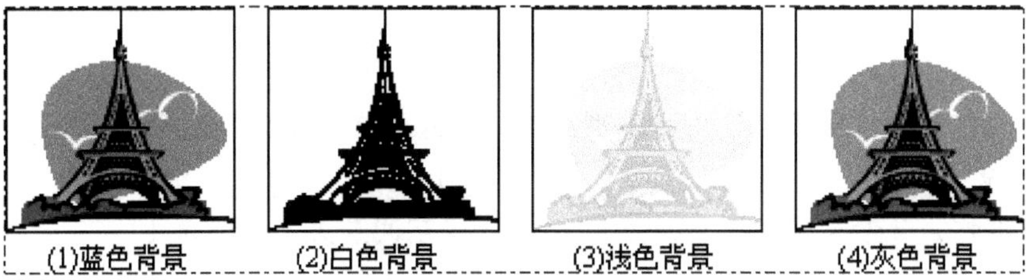

图 5-19　处理图片的读图题

（1）选择：第 1 幅图片的颜色（属性）是________，第 2 幅图片的颜色是________，第 3 幅图片的颜色是________；第 4 幅图片的颜色是________。

A. 黑白　　B. 冲蚀　　C. 自动　　D. 灰度

（2）回答：黑白图像有几种颜色？它与灰度图像的根本区别是什么？

（3）判断：第 1 幅图片的色彩最鲜艳（□正确，□错误）；黑白属性的图片适合于充当文章的背景图（□正确，□错误）。

2. 选择题

观察图 5-20，完成下面的单项选择题，在括弧中填写 A、B、C 或 D。

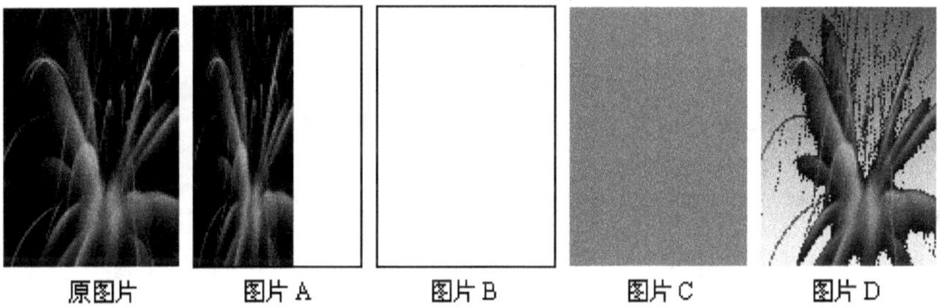

图 5-20　处理图片效果的选择题

（1）把图片的对比度降低到最小时，效果如图片（　　）所示。

（2）把图片的亮度增加到最大时，效果如图片（　　）所示。

（3）经过剪裁处理过的图片是（　　）。

（4）被设置了透明色的图片是（　　）。

3. 填空题

图 5-21 所示是把 4 个艺术字“人”、“山”、“人”、“海”以各种不同的环绕方式放置于普通文字之中，通过读图，判断文字对于图片的环绕方式，回答下面的问题。

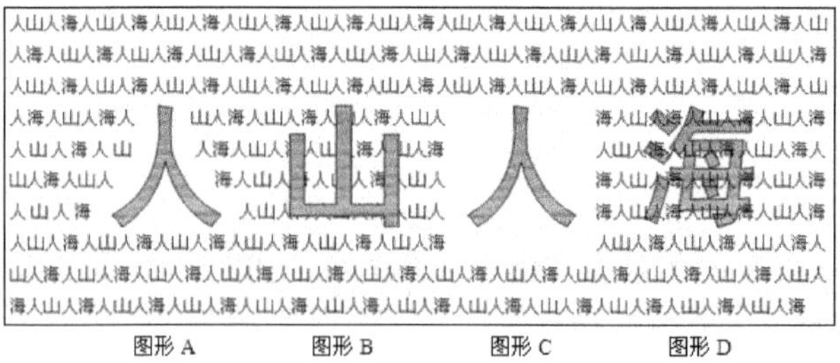

图 5-21　判断图形环绕方式的题样

（1）分析图形分别被设置了哪种类型的环绕方式，在下面的下画线处填写正确的答案。

图形 A 是________，图形 B 是________，图形 C 是________，图形 D 是________。

（2）能够作为背景使用的图形是（　　），占据空间最大的图形是（　　）。要求在括弧中填写 A、B、C 或 D。

第3节　文本框的应用

本节主要训练如何利用文本框制作图文混排的 Word 文档，由于训练题反映的内容比较丰富，完成这些题目需要有其他相关知识的配合。

实训任务 1：用文本框束缚住“私心杂念”

任务描述

在文字区域中插入几个文本框，分别在框中输入一些文字，并设置不同的格式。要求：无论字符如何变化，都不能摆脱文本框的束缚。主要是体现文本框的“随字符而改变尺寸”的性质。至于输入什么文字，设置什么格式，由操作者自己决定。

任务分析

先设置文本框的“适应文字”的特性，然后，分别在 3 个文本框中输入“我”字，并放大字号；输入“心”字，并“分散对齐”；输入“贪”字，并复制出多个“贪”字。结果，无论文字如何变化，都不能摆脱文本框的束缚，结果如图 5-22 所示。

图 5-22　文本框的独立性和束缚作用

上机指导

（1）建立一个新文档，输入“清净心”并复制多行，形成一个矩形的文字区域。

（2）插入文本框：单击“绘图”工具栏上的“文本框”，拖曳鼠标画出一个矩形区域，松开鼠标键时，在文字区域中插入了一个文本框。采取相同方法再插入两个文本框。

（3）设置环绕方式：选定3个文本框，打开“设置文本框格式”对话框，切换到“版式”选项卡，选中“紧密型”，以便使文字能够紧密地环绕在文本框的四周。

心灵手巧：如果插入文本框时不想出现画布，可以打开“选项”对话框的“常规”选项卡，取消“插入‘自选图形’时自动创建绘图画布”选项就可以了。

（4）放大文本框中的文字：在一个文本框中输入“我”字，然后放大“我”字，放大后的“我”字得到了什么样的后果？将观察的结果填写在括弧中（　　）。

（5）分散文本框中的文字：在一个文本框中输入几个“心”字，然后，设置“分散”对齐方式，“心”字能分散到文本框外面吗？将观察的结果填写在括弧中（　　）。

（6）自动调整文本框尺寸：选定一个文本框，打开“文本框”选项卡，选中“重新调整自选图形以适应文本”复选框。在文本框中输入一个“贪”字，并复制多个“贪”字，文本框将怎样变化？将观察的结果填写在括弧中（　　）。

心灵手巧：在“文本框”选项卡中，有两个复选框“Word 在自选图形中自动换行”和“重新调整自选图形以适应文本”，表5-1提示了在3种选择情况下，文本框中字符将发生的不同变化，供操作时参考。

表5-1　文本框随字符变化与选项的关系

选项 / 结果 / 操作	只选“自动换行”	只选“适应文本”	两项都选
放大字符	字符被削掉一部分	文本框随字符变化	字符横向被削掉
分散对齐	横向均匀分散	横向均匀分散	横向均匀分散
增加字符	隐藏多出来的字符	隐藏多出来的字符	纵向扩大文本框

实训任务2：应用文本框编排“版块拼接”型的散文内容

任务描述

从素材库打开“在朝阳大地上用心灵耕耘.doc”文件，将散文的内容分配在版面的上下两部分，在中间横向放置散文的标题“在朝阳大地上用心灵耕耘”，标题的底层有彩色的条纹作为衬托。在版面的左右两侧各安排一长条型的版块，适当设置其背景。参考题样如图5-23所示。

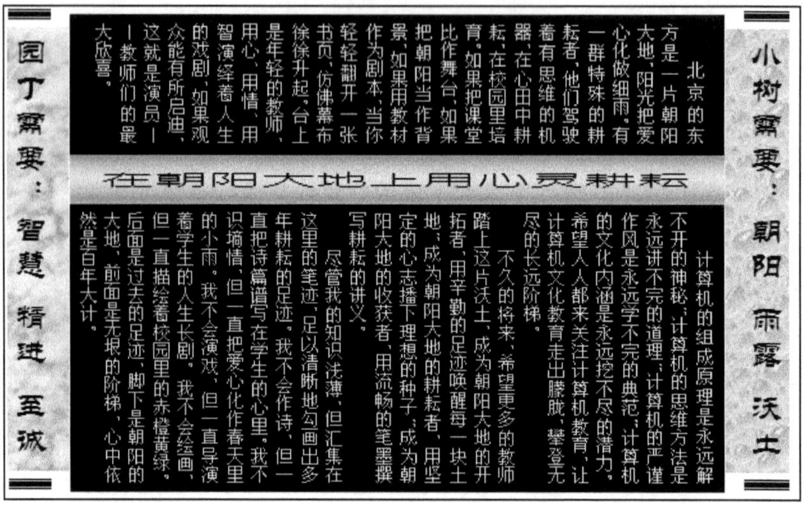

图 5-23 “版块拼接”型的排版格式

任务分析

整个文档包括上部分、下部分、中间条、左长条和右长条。下面通过分析题样来得到做题的思路。上、下两部分是竖排格式，中间插入一条带有彩条的文字。很明显，彩条及文字是用文本框实现的，所以，需要两个文本框将文字分为上下两部分，因为嵌套的文本框无法设置“四周型”或“紧密型”版式。下面看版式，虽然文本框可以设置成“四周型”等“排斥性”的版式，但是，将所有的版块都设置成“浮于文字上方”更适合这种版块拼接型的排版方式。另外，从文字在板块中的位置可以看出，还需要适当设置文本框与文字的间距。

上机指导

（1）布置文本框：在空白文档中插入 5 个文本框，除了中间一个是横向之外，其他 4 个都是竖排文本框。然后，同时选定 5 个文本框，从“格式”菜单打开“设置文本框格式”对话框，切换到“版式”选项卡，设置文本框“浮于文字上方”，框架如图 5-24 所示。

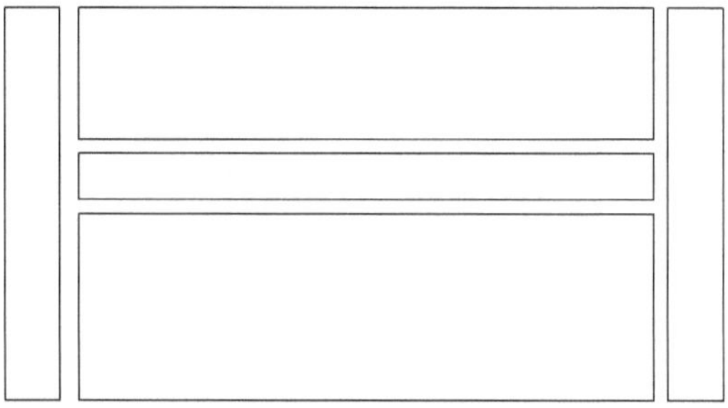

图 5-24 版面的结构框架

（2）插入文字：从电子资料包“图形图像”文件夹中打开“在朝阳大地上用心灵耕耘.doc”文档文件，参考题样，把散文的内容分成两部分，分别复制到上、下两个文本框中。然后，参考题样，分别在另外 3 个文本框中输入文字。

（3）设置字体和段落格式：设置正文文字的字号为“小五号”，颜色为白色。设置左、右两部分文字的字号为“三号”，字体为“华文隶书”。设置中间一条中的标题文字字体为“幼圆”，字号为“六号”，字符缩放“350%”。最后，设置每个文本框的段落间距都是“最小值”0磅（便于调整文本框中文字的位置）。

（4）调整尺寸及改变位置：通过拖曳文本框的“尺寸控点”改变其尺寸，使其能够容纳其中的文字又不至于太大。然后，选定文本框，利用光标键移动其位置（必要时可按住 Ctrl 键来配合微量移动），使各个文本框之间实现无缝拼接。

（5）设置填充色：选定中间的标题文本框，打开“设置文本框格式”对话框中的“颜色与线条”选项卡，继续打开“填充效果”对话框中的“渐变”选项卡，选中“预设”单选框，并从“预设颜色”列表框中选择“心如止水”。采取类似的方法，设置左、右两个长条文本框的填充色为“白色大理石”和“水滴”。最后，设置上、下文本框的填充色为“黑色”，刚才设置的白色文字便能够清晰地显示出来了。

（6）设置内部边距：选定下面的文本框，打开“设置文本框格式”对话框中的“文本框”选项卡，设置 4 个“内部边距”都是“0.1 厘米”。然后，采取相同做法，改变左文本框的“内部边距”，右边距为“0.3 厘米”，其他都为“0”；改变右文本框的“内部边距”，左边距为“0.3 厘米”，其他都为“0”。最后，改变中间文本框的“内部边距”，上边距为“0.4 厘米”，其他都为“0”。随着文本框大小的改变，这些数据可以适当调整。

（7）设置边框线：同时选定左、右两个文本框和中间的文本框，打开“设置文本框格式”对话框，选择“无线条颜色”。然后，选定左边文本框中的所有文字，从“格式”菜单打开“边框和底纹”对话框，选择一种“线型”后，通过单击“预览区”中的图示，取消上下两边的边框线，只保留左右两边的边框线，如图 5-25 所示。

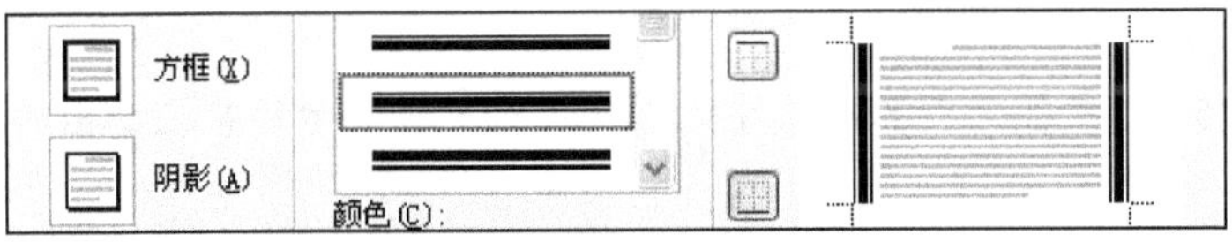

图 5-25　设置特殊边框的图示

心灵手巧：题目要求只在文本框的上下两端设置边线，不能利用“设置文本框格式”对话框来设置，可以利用设置段落的“边框和底纹”对话框实现这个要求。另外，因为文字是竖向排列的，在“预览区”中所显示的效果与实际的不符，这一点要心中有数。

（8）组合文本框：单击“绘图”工具栏上的“选定”按钮后，用鼠标在文档中画一个虚线的方框，并使其包围所有的文本框。选定所有的文本框之后，从“绘图”菜单中选择“组合”，使它们组合为一体，防止失散或分离。最后的效果如图 5-23 所示。

知识梳理

给文字增加文本框有两种方法，一种是先插入文本框，然后输入文字；另一种是先选定文字，再套上文本框。利用“文本框”可以束缚被它圈起来的文本，以便把文本框拖动到页面的任何地方，包括页边距区。文本框的内部相当于一个小页面，可以将内部的文字独立设置各种段落格式。通过设置文本框的叠放层次，多个文本框能够相互叠加。

文本框的许多性质与自选图形相同，完全可以作为矩形插入到文档中使用。同时，一旦在矩形中输入文字，矩形也会具有文本框的基本功能，二者可以相互配合使用。在设置段落格式时，首字下沉其实就是文本框应用的一个实际例子。首字可以下沉 1~10 行，如果还要设置首字的边框和底纹格式，完全可以像对待普通文本框一样来操作。

自主学习

1. 判断题

（1）文本框可以在文档窗口中移动，判断下面的说法正确与否。

文本框可以放置在左页边距中（□正确，□错误）；

文本框可以放置在标尺上（□正确，□错误）；

文本框可以放置在页眉中（□正确，□错误）。

（2）文本框可以被设置多种文字环绕方式，通过操作试验，判断下面说法正确与否。

文本框浮于文字上方时肯定遮挡下方的文字（□正确，□错误）；

四周型环绕方式可以使文本框嵌入文字之中（□正确，□错误）；

上下型环绕方式的文本框两侧可以有文字（□正确，□错误）；

紧密型环绕方式不可以代替四周型环绕方式（□正确，□错误）。

2. 读图题

文本框当前的状态及可以采取的操作与外观有关，读图，观察文本框的外观，完成下面的练习。

（1）观察图 5-26 中各个文本框的外观，判断图中所标示的对文本框的操作描述是否正确，在括弧中画“√”或画“×”。

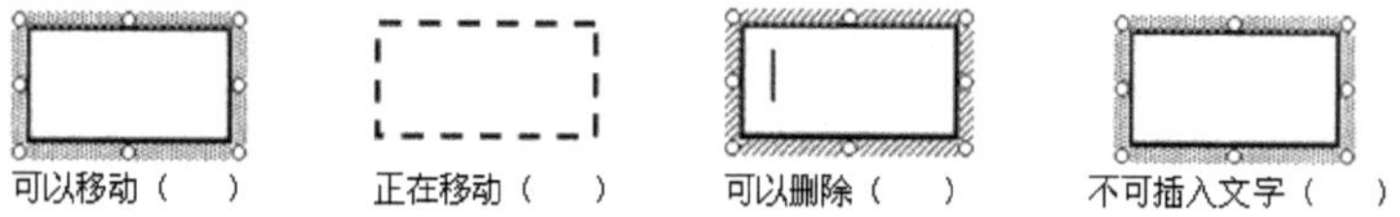

图 5-26 判断可以对文本框进行的操作

（2）观察图 5-27 中各个文本框的外观，说明正在对各个文本框采取哪种操作，比如改变文本框的尺寸或移动文本框，把答案填写在括弧中。

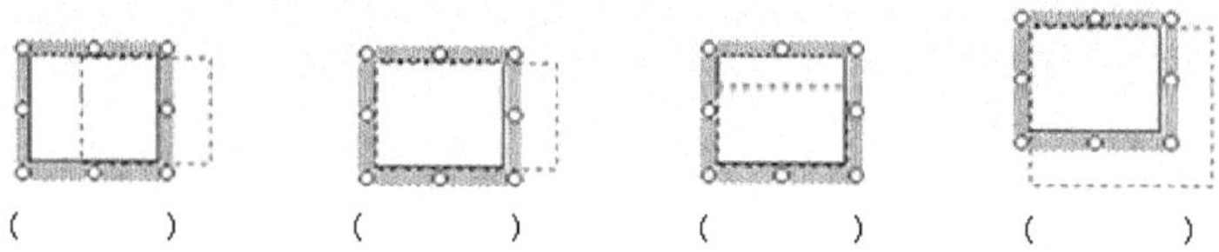

图 5-27 判断当前正在对文本框进行哪种操作

第4节 输入公式

在编写公式的过程中，需要清楚插槽和插入点的概念，并掌握将插入点定位到插槽中的操作技巧，才能得心应手。对数学公式所进行的修饰操作方法，与修饰图形基本相同。

实训任务1：编辑数学公式中的积分算式

任务描述

新建一个空白文档，参考如图5-28所示的题样，利用“公式模板”在文档中创建一个积分算式。

$$S_n = \frac{n}{m}\int_0^d \frac{dx}{1-x}$$

图5-28 在文档中编辑的积分算式

任务分析

在数学领域中，这个公式是比较简单的，手工书写也比较容易。但是，在Word中编辑这样的公式，要运用许多知识和操作技术，包括上下标、分式、积分式、根式等。具体操作时，只要随时关注和确定插槽及插入点，就会少走弯路。

上机指导

（1）进入编辑公式的环境：执行“插入”菜单“对象”命令，在插入“对象”对话框中，选择“Microsoft 公式3.0”选项，单击“确定”按钮。

（2）编辑带有下标的求和值单元：单击“公式模板”工具条“上标和下标”按钮，选择图5-29中“下标模板”所示的子模板，首先在字符框中输入大写的“*S*”，再单击下标框，在其中输入小写的字母“*n*”。

心灵手巧：“公式”工具栏分为两层，上层是符号工具条，下层是公式模板工具条。由于公式模板的名称比较繁多，不便用语言描述。最好的办法是把鼠标指针对准某公式模板时，略为停顿，系统将自动显示该模板的名称。单击这个模板按钮，就会在下拉菜单中显示若干个子模板，可以针对需要灵活选用。

（3）编辑分式：先输入一个“=”号，再单击“数学公式”工具栏“分式和根式模板”按钮，从下拉菜单中选择图5-29中“分式模板”所示的子模板，先在分子框中输入“*n*”，然后按Tab键将光标移到分母中，在分母框中输入“*m*”。

（4）编辑积分式子：单击“公式模板”工具条“积分模板”按钮，选择图5-29中“积分式模板”所示的子模板，在上限框中输入“*d*”，移动光标，在下限框中输入“0”。

（5）编辑积分项中的分式：单击“公式模板”工具条“分式和根式模板”按钮，选择图 5-29 中“分式模板”所示的子模板，在分子框中输入“*dx*”，在分母框中输入“1−*x*”。

（6）返回文档编辑状态：单击数学公式工具栏以外的任何部位，结束数学公式的编辑过程，返回到 Word 文档编辑状态。图 5-29 所示是制作数学公式的 4 个主要步骤。

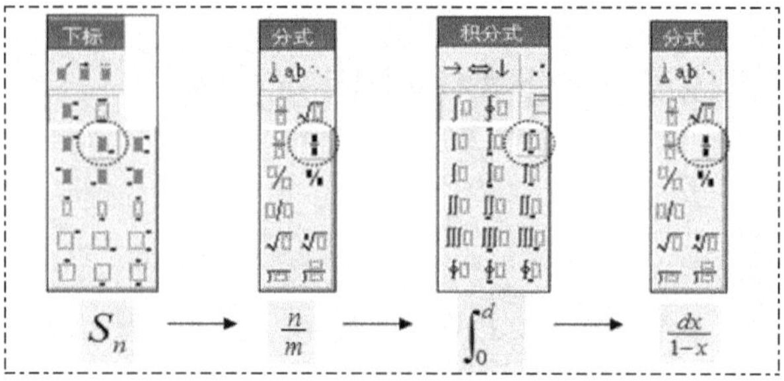

图 5-29　编排公式的步骤和使用的按钮

（7）修饰数学公式的外观：选定数学公式，从“格式”菜单打开“编辑对象格式”对话框，首先改变其版式为“浮于文字上方”，再适当调整其尺寸，必要时还可以设置填充色等格式，操作方法与处理“自选图形”基本相同。

心灵手巧：要想在公式中输入或修改文本内容，应该首先对准“插入点”单击鼠标，以便把光标置入指定的位置。例如，当选定公式中的分式“$\frac{n}{m}$”时，如果单击分式的右边，“┘”形光标将包括分子和分母，此时，按退格键将删除整个分式；如果使鼠标指针对准分子中“*n*”的左边单击鼠标，“└”形光标将从左侧包括字符“*n*”，此时，按 Delete 键可以将其删除。鼠标单击的位置与所产生的插入点的关系如图 5-30 所示。

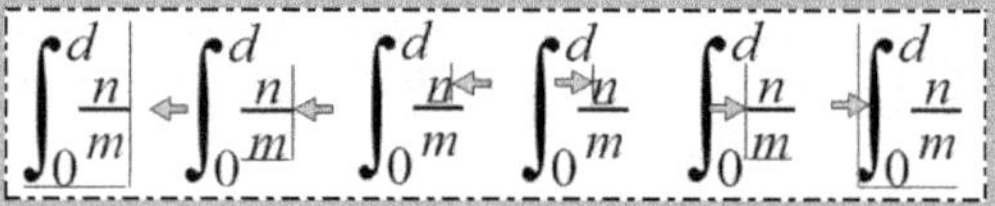

图 5-30　鼠标单击点与所产生的插入点的关系

实训任务 2：参考题样插入一个复杂的矩阵型数学公式

任务描述

在文件中插入如图 5-31 所示的矩阵型数学公式，注意公式整体布局的匀称性，并适当设置公式元素的字体和尺寸。

任务分析

观察题样，做题的关键是：在开始输入具体的公式以前，应该先输入花括号“{”，再输入矩阵符号“⋮”，以便先构造一个框架，在“花括号”后面能够输入 3 行公式。要注意公式中哪些是数学符号，再确定插入的方法。比如，插入“±”符号的方法是，单击“符号”工具条左数第 4 个按钮，选择“±”选项，其他符号的插入可仿照这种思路。“操作指导”的重点放在“插入矩阵元素 a（1,1）”上面。

$$\text{半角公式：}\begin{cases}\sin\frac{A}{2}=\pm\sqrt{\frac{(s-b)(s-c)}{bc}}\\ \sin\frac{B}{2}=\pm\sqrt{\frac{(s-c)(s-a)}{ca}}\\ \sin\frac{C}{2}=\pm\sqrt{\frac{(s-a)(s-b)}{ab}}\end{cases}$$

图 5-31　半角公式

上机指导

（1）插入围栏模板：从“插入”菜单打开“对象”对话框，从“新建”选项卡中选择“Microsoft 公式 3.0”，确定后，在文档中显示“公式”工具栏。单击“公式模板”工具条“围栏模板”按钮，从列表中选择如表 5-2“步骤（1）”所示的子模板，在文档中插入一个 1 列 3 行的矩阵模板（暂且命名该矩阵的 3 个元素是 a（1,1）、a（1,2）、a（1,3））。

（2）插入矩阵模板：单击“公式模板”工具条“矩阵模板”按钮，从列表中选择如表 5-2“步骤（2）”所示的子模板，将其插入到“花括号”的右侧。

（3）插入分式模板：在 a（1,1）位置中，先从键盘输入正旋函数“sin”，然后单击“公式模板”工具条“分式和根式模板”按钮，从下拉菜单中选择如表 5-2“步骤（3）”所示的分式子模板。接着，在分子插槽中输入“A”，在分母插槽中输入“2”。

（4）插入数学符号：在分式右侧输入一个“等号”，然后单击“公式”工具栏“符号”工具条上的“运算符号”按钮，从列表中选择符号“±”。

（5）插入根式模板：单击“公式模板”工具条“分式和根式模板”按钮，从下拉菜单中选择如表 5-2“步骤（5）”所示的根式子模板，在“加减号”的右侧插入“平方根号”。

（6）插入分式模板并输入分子和分母内容：在根号内部，单击“公式模板”工具条“分式和根式模板”按钮，从下拉菜单中选择分式子模板。接着，在分子插槽中输入“$(s-b)(s-c)$”，在分子插槽中输入“bc”。插入矩阵元素 a（1,1）的全部过程如表 5-2 所示。

表 5-2　插入矩阵型数学公式的步骤

插入的步骤	（1）	（2）	（3）	（4）	（5）
插入的内容	围栏模板	矩阵模板	分式模板	数学符号	根式模板
所用的工具	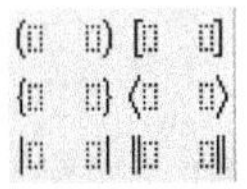	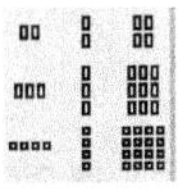	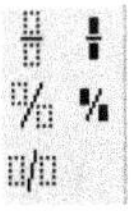	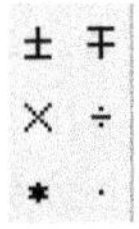	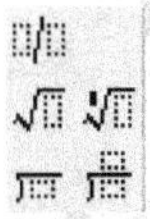
结果		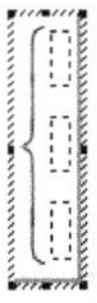	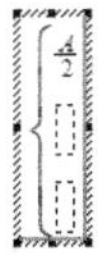	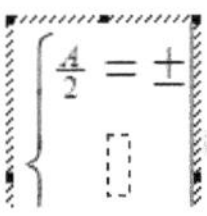	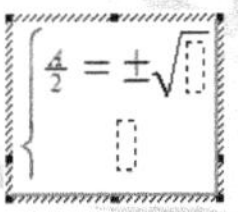

（7）复制数学公式：单击分式“$\sqrt{\frac{(s-b)(s-c)}{bc}}$”的右侧，让“┘”形光标包括 *a*（1,1）的全部，然后选定 *a*（1,1）的全部内容，并实行“复制”操作。接着，单击 *a*（1,2）的插槽，将光标移到该处，实行“粘贴”操作。采用相同做法，在 *a*（1,3）的插槽中粘贴公式。

心灵手巧：同样是单击分式的右侧，由于单击点稍微的偏差，可以产生不同的结果，或者光标包括了整个矩阵式数学公式，或者光标包括了矩阵的第一个元素 *a*（1,1），或者光标只包括分式。所以，如果编辑复杂的公式，不但要明白道理，手上也要有一定的功夫。

（8）修改公式：将光标置入 *a*（1,2）的插槽中，参照题样修改公式的内容。将光标置入 *a*（1,3）中，修改公式的内容，最后实现题样的样子。

知识梳理

在编辑公式环境中，公式工具栏是 Microsoft 公式 3.0 的核心，该工具栏包括“符号工具条”和“公式模板工具条”上下两部分。符号工具条位于公式工具栏的上方，它为用户提供了 150 多种数学符号。模板工具条有百余种基本数学表达式的结构框架，为书写数学公式提供方便。模板工具条包含 9 个按钮，每个按钮都是同一类数学表达式结构的集合。

自主学习

1. 读图题

读图 5-32，完成下面的练习。

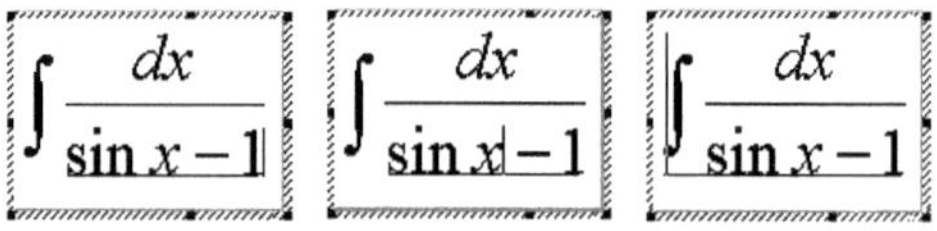

图 5-32　删除公式内容的读图题

（1）简答：在题样所示的 3 组公式中，插入点各处于什么位置？分别是怎样将插入点移到这些地方的？

（2）填空：在左图中，按________次 Backspace（退格）键能够删除________；在中图中，按 Del 键能够删除________；在右图中，按 Delete 键能够删除________。

2. 连线题

（1）观察图 5-33 上方的符号，再单击“公式”工具栏上的按钮，确定这些符号的类别，通过连线确定该符号所属的工具板。

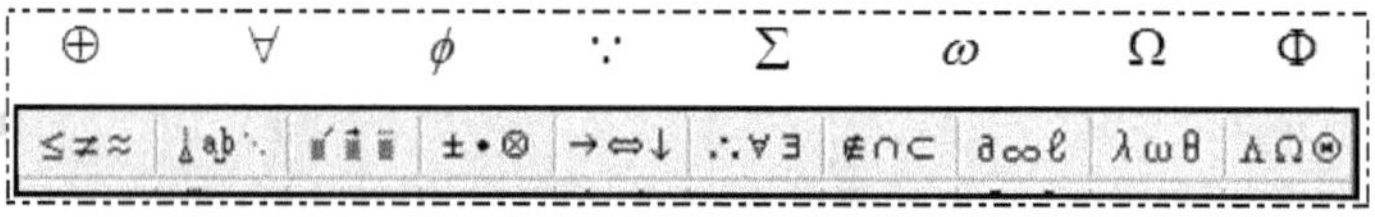

图 5-33　确定符号工具板的连线题

（2）在图 5-34 所示的 4 组图中，左侧是在公式中插入的模板样子，右侧是工具栏上子模板的集合，请在已插入的数学表达式和工具栏上对应的子模板之间建立正确的连线。

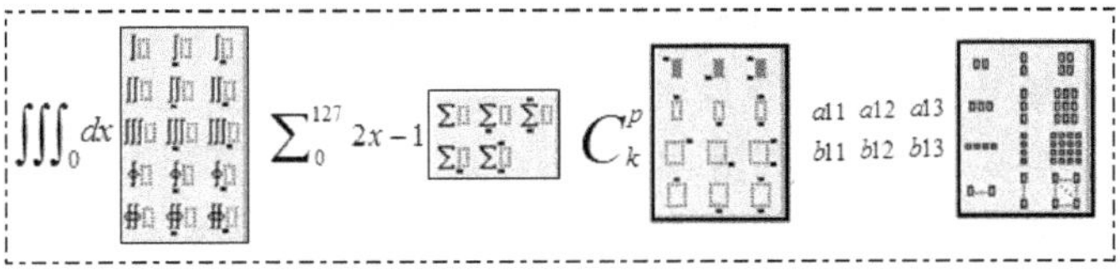

图 5-34　挑选公式模板的连线题

第5节　插入与编辑艺术字

在 Word 文档中插入的艺术字也是以图片方式表现的，所以，其修饰方法与普通图片相同。组成艺术字的素材可以是从键盘输入的字符，也可以是“符号”对话框中的符号。

实训任务 1：创作“唯有大地载乾坤”艺术字作品

任务描述

新建一个文档，参考如图 5-35 所示的题样，制作以“唯有大地载乾坤”为主题的艺术字，并设置艺术字的形状和格式。

图 5-35　创作“唯有大地载乾坤”艺术字

任务分析

从题样中可以看出，作品由 3 组艺术字组合而成，包括地面上的“唯有大地载乾坤”、岸边的“春风如杨柳”和远处流过来的“江河似流云”。在插入艺术字之后，利用“艺术字”工具栏和“绘图”工具栏来编辑和修饰艺术字。

上机指导

（1）插入“春风如杨柳”艺术字：单击“艺术字”工具栏上的“插入艺术字”按钮，打开“艺术字库”对话框，选择右侧竖向排列的绿色的“W”式样，单击“确定”按钮，在“编辑艺术字文字”对话框中输入“春风如杨柳”5 个字，确定。

（2）插入“唯有大地载乾坤”：打开“编辑艺术字文字”对话框，输入“唯有大地载乾坤”7个字，设置字号为48磅、琥珀体。

（3）修饰艺术字：选定“唯有大地载乾坤”艺术字，打开“设置艺术字格式”对话框，为艺术字设置蓝色的填充色和浅蓝色的线条。然后，单击“绘图”工具栏上的“阴影”按钮，从列表中选择“阴影样式14”，并利用“阴影设置”工具设置阴影为“深红色”。

（4）插入“江河似流云”艺术字：打开“艺术字库”对话框，随意选择一种样式后，打开“编辑艺术字文字”对话框。输入“江河似流云”5个字，设置字号为36磅、黑体。

（5）改变艺术字形状并修饰：选定“江河似流云”艺术字，单击“艺术字”工具栏“艺术字形状”按钮，从列表中选择“左牛角形”。向右拖曳艺术字的“旋转控点”，使其倾斜度增加一些。在“设置艺术字格式”对话框中为艺术字设置“浅色横线”图案。

（6）改变艺术字的叠放层次：适当移动艺术字的位置，然后，设置“春风如杨柳”艺术字“置于顶层”，“唯有大地载乾坤”在中层，“江河似流云”艺术字“置于底层”。

（7）组合艺术字作品：同时选定3组艺术字，利用“绘图”菜单的“组合”命令，将多个艺术字组合为一体。

实训任务2：利用“圆形”艺术字框架巧妙制作运动会奖牌

任务描述

通过反复实验，确定组成艺术字的素材字符，并插入到“编辑艺术字文本”对话框中。然后，恰当地选择一种艺术字形状，并采取多种编辑艺术字的方法，制作出与手表形状相似的运动会奖牌，最终实现的效果如图5-36所示。

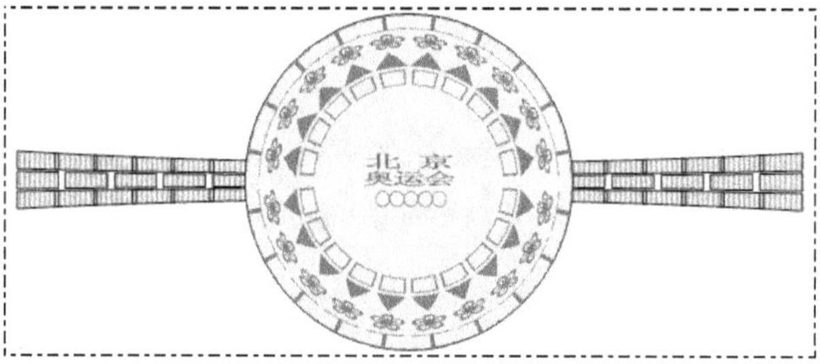

图5-36　用艺术字制作运动会奖牌的题样

任务分析

图案由“奖章”和“佩带”组成，从3方面分析。第一，“奖章”图案突出国富民安。最外圈由“工”字组成，代表工业发达；第2圈由花朵组成，象征万物昌盛；第3圈由三角形组成，与第4圈的四边形组成粮仓，表示丰衣足食。中心的文字突出奥运精神，由中文字符和5个圆圈字符组成。第二，观察“奖章”的整体结构呈现“⊖”形，正好与“艺术字形状”库中的“粗旋钮形”样式吻合。“佩带”呈现中间细两头宽的带状，与“朝鲜鼓”样式吻合。第三，“艺术字”颜色。一般情况，一组艺术字的颜色是相同的，但“奖章”的中部是红色，外部是绿色，通过设置“渐变色”来实现。

下面，结合图 5-37，分析在“编辑艺术字文本”对话框中插入的每行字符的作用。其中，首行和末行组成“奖章”最外圈的图案；第 2 行和第 14 行组成“奖章”的第 2 圈；向内，以此类推，第 4 行和第 12 行组成“奖章”的第 4 圈。分布在中间的 7 行组成“北京奥运会”及其“五环”图标，其中的 4 个空行起到“减小中文字符高度”的辅助作用，诸多空格起到“减小中文字符宽度”的作用。还要注意一点，从第 12 行开始，显示的字符都是倒过来的，其他字符无所谓，但三角形必须是倒三角形，否则“奖章”就有瑕疵了。

工工工工工工工工工工（第 1 行是 10 个“工”字）
❀❀❀❀❀❀❀❀❀❀（第 2 行是插入的符号）
▲▲▲▲▲▲▲▲▲▲（第 3 行插入正三角形）
□□□□□□□□□□（第 4 行插入四边形）
¶（第 5 行是一个空行）
¶（第 6 行是一个空行）
␣北␣京␣（第 7 行，“␣”是空格）
␣奥运会␣（第 8 行，“␣”是空格）
␣␣␣␣○○○○○␣␣␣␣（第 9 行，“␣”是空格）
¶（第 10 行是一个空行）
¶（第 11 行是一个空行）
□□□□□□□□□□（第 12 行插入四边形）
▼▼▼▼▼▼▼▼▼▼（第 13 行插入倒三角形）
❀❀❀❀❀❀❀❀❀❀（第 14 行插入图形符号）
工工工工工工工工工工（第 15 行是 10 个“工”字）

图 5-37　在文字编辑区中插入的字符

上机指导

操作分为 3 步：制作“奖章”、制作“佩带”和二者的组合。

第一步，制作“奖章”，操作过程及效果如图 5-38 所示。

（1）输入组成艺术字的字符：在空白文档中，单击“绘图”工具栏“插入艺术字”按钮，跨过“艺术字库”，直接打开“编辑艺术字文字”对话框。首先，选择“宋体”和“加粗”，默认字号，然后，参考图 5-37，在文字编辑区准确地插入字符、文字或空格。单击“确定”按钮后，在文档中显示所插入的“嵌入型”艺术字，如图 5-38（a）所示。

心灵手巧：在艺术字编辑区中，无法利用“符号”对话框插入符号，解决的办法是，先把符号插入到文档中，再复制到编辑区。又产生一个新矛盾，在编辑区中，所有的字符只能设置成一种字体，因此，必须互相兼顾，恰当地选取组成艺术字的文字和符号。

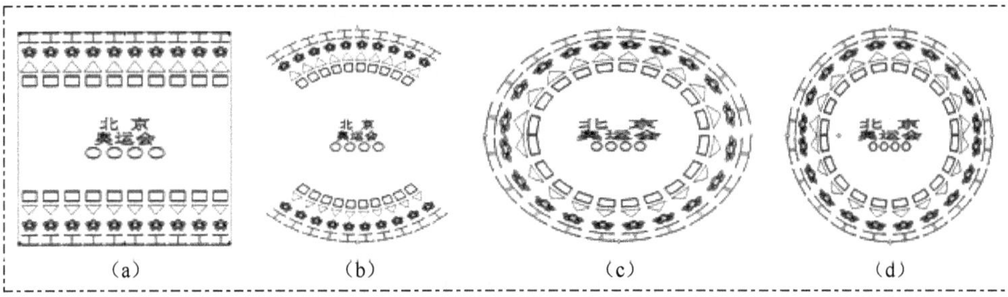

图 5-38　插入的“嵌入型”艺术字及其编辑后的几个图示

（2）改变艺术字的版式：选定艺术字后，单击“艺术字”工具栏“设置艺术字格式”按钮，在打开的对话框中，切换到“版式”选项卡，选择“环绕方式”为“浮于文字上方”。

（3）改变艺术字形状：选定艺术字，单击“艺术字”工具栏“艺术字形状”按钮，在下拉列表中选择“粗旋钮形”，效果如图 5-38（b）所示。

（4）改变艺术字为椭圆形状：选定艺术字，单击“艺术字”工具栏“艺术字对齐方式”按钮，在下拉列表中选择“延伸调整”，效果如图 5-38（c）所示。

（5）将椭圆调整为正圆：选定艺术字，单击“艺术字”工具栏“设置艺术字格式”按钮，在打开的对话框中切换到“大小”选项卡，首先取消“锁定纵横比”复选框，再改变高和宽的尺寸，使二者相等，效果如图 5-38（d）所示。

（6）微调艺术字的形状：按住 Alt 键之后，向上或向下拖曳位于圆形艺术字左侧的“黄色菱形”控点，使上下两部分圆环会合处的缺口减小，既不重合，间距又不过大。然后，再向外或向内拖曳控点，使中间文字与外围图案的大小比例适中。

心灵手巧：向下拖曳“黄色菱形”控点，可以使缺口减小，向上拖曳使缺口增大，向外拖曳，外围图案的厚度减小，向内拖曳，中间区域面积较小。根据自己的意愿，适当改变艺术字内外区域的面积。

（7）使每圈内的字符间距减小：选定艺术字，单击“艺术字”工具栏“艺术字字符间距”按钮，在下拉列表中选择“紧密”，使圈内的字符紧密（横向紧密）。

（8）使各圈之间的间距减小：选定艺术字，单击“艺术字”工具栏“艺术字字母高度相同”按钮，由于各个字母高度的增加，使得各圈间距减小（纵向紧密）。

心灵手巧：利用“艺术字字符间距”按钮能够加宽或缩紧艺术字之间的间距，可以在“自定义”框中输入 0~500 之间的数字作为字符间距，如果自定义了最小间距 0%，能够产生字符重叠的奇妙现象，或许还能够组合成难写的文字，亲手实验能够感受其中的神奇。

（9）设置艺术字颜色和线条：选定艺术字，单击“艺术字”工具栏“设置艺术字格式”按钮，打开“设置艺术字格式”对话框。设置“无线条颜色”，设置“填充色”为红色和绿色之间的“渐变”，样式为中心辐射。

第二步，制作奖牌的“佩带”，操作过程及效果如图 5-39 所示。

（10）插入组成艺术字的字符：在“编辑艺术字文字”对话框中，分 3 段输入减号“-”，在第 1 段和第 3 段中各输入 20 个，在第 2 段中输入 16 个，插入的艺术字效果如图 5-39 序号 1 所示。接着，设置艺术字的版式为“四周型”。

（11）设置艺术字的形状：选定艺术字，单击“艺术字”工具栏“艺术字形状”按钮，从菜单中选择“朝鲜鼓”形状，艺术字效果如图 5-39 序号 2 所示。

（12）增加每个字符的高度：选定艺术字，单击“艺术字”工具栏“艺术字字母高度相同”按钮，每个字符“-”都变成了小矩形“□”，艺术字效果如图 5-39 序号 3 所示。

（13）设置组成艺术字字符的对齐方式：选定艺术字，单击“艺术字”工具栏“艺术字对齐方式”按钮，从菜单中选择“字母调整”，艺术字效果如图 5-39 序号 4 所示。

（14）设置艺术字的填充色：选定艺术字，单击“艺术字”工具栏“设置艺术字格式”按钮，在“填充效果”对话框中切换到“图案”选项卡，设置艺术字的图案为“深色竖线”型，颜色由“玫瑰红”和“浅青绿”组成，艺术字效果如图 5-39 序号 5 所示。

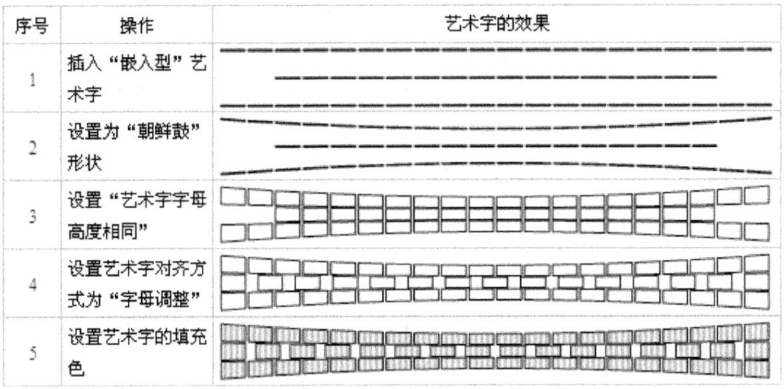

序号	操作	艺术字的效果
1	插入“嵌入型”艺术字	
2	设置为“朝鲜鼓”形状	
3	设置“艺术字字母高度相同”	
4	设置艺术字对齐方式为“字母调整”	
5	设置艺术字的填充色	

图 5-39 制作“佩带”的操作及效果

第三步，组合“奖章”和“佩带”。

（15）制作“遮挡圆片”：先用“椭圆”工具画一个圆形，选定“圆片”后打开“艺术字格式”对话框“大小”选项卡，按照“奖章”设置“圆片”的尺寸，使高度和宽度相同，成为正圆。最后，设置“圆片”为“浅黄色”。

（16）图片叠加：移动“佩带”和“遮挡圆片”到“奖章”处，使得“佩带”、“奖章”和“遮挡圆片”叠加在一起。

（17）改变叠放层次：先选定“佩带”，按鼠标右键，从快捷菜单中选择“叠放次序”中的“置于底层”。再选定“遮挡圆片”，按鼠标右键，从快捷菜单中选择“叠放次序”中“下移一层”。

心灵手巧：为什么要用遮挡圆片呢？在艺术字中，除了已经被设置了填充色的字符之外，其他空白的地方都是透明的，如果直接把“佩带”放在“奖章”的下方，效果是不符合实际情况的。所以，用一个不透明的圆片夹在“奖章”和“佩带”之间，就解决了矛盾。

（18）图形对齐：同时选定“奖章”和“遮挡圆片”，从“绘图”菜单的“对齐或分布”中选择“水平居中”，再选择“垂直居中”，二者将准确地重叠在一起。最后，微移“佩带”到“奖章”的中部，再将三者组合为一体。

心灵手巧：在“艺术字”工具栏上，有一个“艺术字对齐方式”按钮，可以提供 6 种对齐方式。专门为艺术字准备的方式是“单词调整”、“字母调整”和“延伸调整”。这些对齐方式所产生的效果，随着艺术字的形状变化而略显不同，即便是左、中、右对齐，也脱离了想象中的样子，一反常态。在图 5-40 中，仅列举了 4 种对齐方式对不同形状的艺术字所产生的作用，适当参考，可以在应用中做到心中有数，有的放矢。

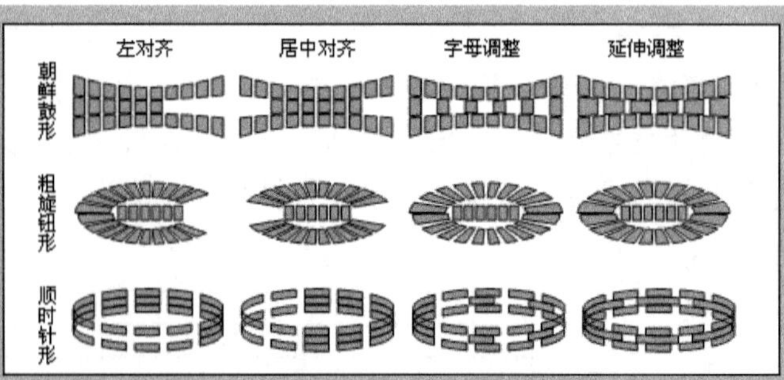

图 5-40　对齐方式与艺术字形状的关系

知识梳理

从外形来看，艺术字好像是普通文字，其实，艺术字是利用绘图工具模仿普通文字画出来的图形，因而具备图形对象的基本性质。“艺术字”工具能力非凡，仅作两个比喻：“艺术字库”好比是模具仓库，利用模具可以冲压规范的部件；“艺术字形状”列表框好比是锻造车间，令死板的文字婀娜多姿。工具如此神奇，编辑手法成为关键的问题。下面，以比较有代表性的“粗旋钮型”艺术字为例，总结编辑艺术字的 4 个环节。

第一，产生圆环形：❶向上方或下方拖曳黄色的“调整控点”（小菱形），圆环的开口将扩大或减小，减小时，艺术字可以由 3 条横线变成一个圆环；❷设置“艺术字对齐方式”为“单词调整”、“字母调整”和“延伸调整”，可以辅助形成圆环。

第二，改变圆环内每层圆圈的高度：通过设置“艺术字字母高度相同”，可以增加每圈字符的高度，因而，各圈之间的间距（纵向间距）也将减小。

第三，改变各圈内部字符之间的间距：通过设置“艺术字字符间距”，使字符之间的距离（横向间距）从“很紧”逐级改变，直到“很松”，乃至重叠（自定义）。

第四，改变中心区字符的高度或宽度：所谓“中心区”是指“粗旋钮型”（⊖）艺术字中间的横线。在中心区字符块的上下增加空行，能够减小字符的高度，反之增加；在字符串的左右增加空格能够减小字符的宽度，反之增加。

自主学习

1. 读图题

图 5-41 中的 3 组图形都是艺术字作品，通过读图回答下面的问题。

（1）组成第 1 组艺术字的字符是________，第 2 组是________，第 3 组是________。

（2）第 1 组艺术字的形状是________，第 2 组是________，第 3 组是________。

图 5-41　看图判断艺术字的组成成分和形状

2. 填空题

用“日”字和加号“+”制作一个艺术字，设置艺术字的形状为“纯文本”（一字形），如图 5-42 所示。然后，分别采取下面指定的两种操作来处理艺术字，“日”字和加号“+”将组成哪种文字？在“样子”空白单元格中写出这两个文字。

操作	用“日”和“+”制作艺术字	设置艺术字字符间距为 25%	设置艺术字字符间距为“很紧”，并设置艺术字竖排文字效果
样子	日+		

图 5-42 艺术字绘图题

3. 连线题

经过实验，在下面的选项中选择一种正确的答案，要求通过连线来回答这个问题。

双击的图形	打开的对话框
双击绘制的矩形“□”	打开“设置对象格式”对话框
双击组合后的图形“□”和“○”	打开“设置自选图形格式”对话框
双击插入的剪贴画	打开“设置图片格式”对话框
双击取消组合的剪贴画	打开“设置艺术字格式”对话框
双击插入的艺术字	

4. 填空题

（1）单击“艺术字”工具栏上的“艺术字形状”按钮，列出________种形状的样式，其中，“朝鲜鼓”形状位于第________行第________列，这种形状的特点是两头粗、中间细。

（2）选择“艺术字库”中第 1 行第 6 列的艺术字式样，在对话框中输入“森林”二字，“森林”艺术字的排列方向是________向。选定艺术字后单击“艺术字”工具栏上的“艺术字竖排文字”按钮，“森林”二字的排列方向变成________向。

（3）观察图 5-43 中被设置为“细环形”或“粗环形”的艺术字，并动手实验，清楚各个图形是由什么字符组成的，将结果填写在下面的下画线处。

图（a）中的艺术字由________字符组成；图（b）中的艺术字由________字符组成；图（c）中的艺术字由________字符组成；图（d）中的艺术字由________字符组成；图（e）中的艺术字由________字符组成；图（f）中的艺术字由________字符组成；图（g）中的艺术字由________字符组成；图（h）中的艺术字由________字符组成。

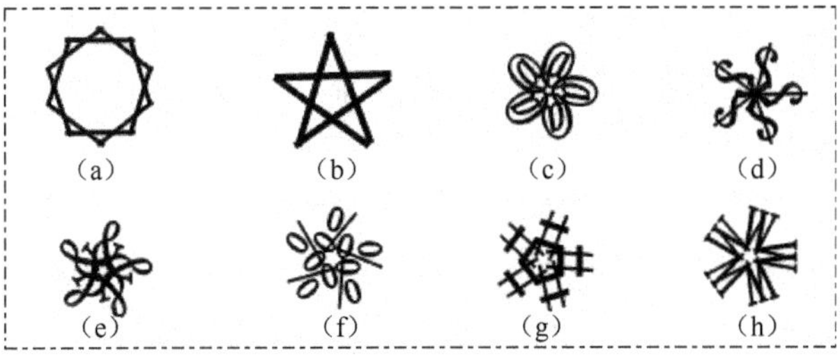

图 5-43 环形艺术字读图题

第6节 建立组织机构图

实训任务 1：建立公司的组织机构图并设置格式

任务描述

新建一个文档，在文档中插入公司的组织机构图。公司的主要领导结构分为 3 个层次：总经理 1 人，副总经理 3 人，各负责 2 个职能部门。要求文字的字体体现级别的不同，同时，机构图整体分布要匀称，结构清晰。参考题样如图 5-44 所示。

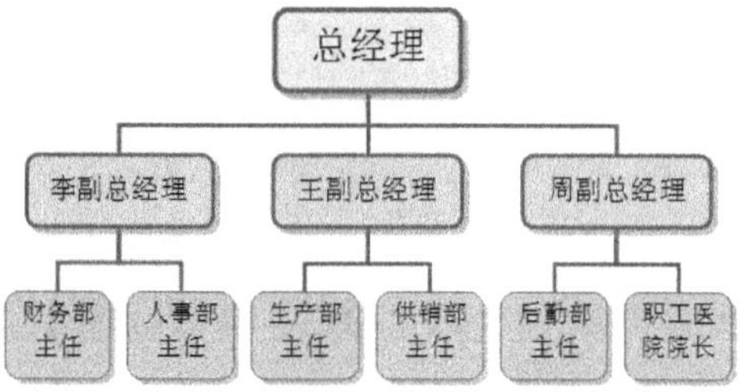

图 5-44 公司内部的组织机构图

任务分析

根据“任务描述”的要求，组织机构图分为 3 个级别，可以采取“标准”型版式。为了体现权力的差异，“总经理”文字的字号最大；“副总经理”文字的字号次之；“部门主任”文字的字号最小。另外，对于从上到下的文本框，可以采用“逐渐变暗”的格式，以便体现级别的差异。

上机指导

（1）插入组织机构图框架：新建一个文档，单击“绘图”工具栏上的“插入组织机构图及其他图示”按钮，在打开的“图示库”对话框中，选择“组织机构图”。初步建立的结构图如图 5-45（a）所示。

（2）建立多层结构框架：选定第 2 行左侧的文本框，单击“组织机构图”工具栏“插入形状”按钮右侧的下拉按钮，从列表中选择“下属”。然后，直接单击“插入形状”按钮，又增加一个下属。采取相同方法，分别为第 2 行中间和右侧的两个文本框增加 2 个“下属”，建立的框架如图 5-45（b）所示。

（3）输入文字：选定最上层的文本框，在框中输入“总经理”。采取相同步骤，分别在第 2 层的各个文本框中输入“李副总经理”等，在第 3 层文本框中输入各部门主任。

（4）设置字号：首先，选定“总经理”框，单击“格式”工具栏“字号”按钮，选择“二号”。再选定一个“副总经理”框，接着单击“组织机构图”工具栏“选择”按钮，从列表中选择“级别”（同级别的），同时选定相同级别的 3 个文本框，设置字号为“小三号”。采取相同方法，设置“部门主任”的文字是“小四号”。

（5）调整第 1 级文本框的尺寸：选定“总经理”文本框后，首先单击“组织机构图”工具栏“版式”按钮，取消“自动版式”选项，然后，再打开“自选图形格式”对话框，改变文本框的尺寸，使文字恰当排列。

心灵手巧：在“版式”列表中，有“标准”等 4 种版式，分别表现组织部门的不同机构及相互之间的关系。还有一个“自动版式”，由系统自动调整版式，以及纠正操作中出现的缺陷问题。另外，“自动版式”还具有“锁定”的作用，使许多操作无法进行，使结构图保持固定的格式及版式。因此，有些操作环节必须首先取消“自动版式”才能进行。

（6）调整其他文本框的尺寸：先选定“李副总经理”文本框，再利用“选择”按钮选择“级别”。取消“自动版式”后，从“格式”菜单打开“自选图形格式”对话框，切换到“大小”选项卡，调整文本框的长宽尺寸，使第 2 级文本框内的文字在一行内排列。采取相同方法，使第 3 级文本框内的文字分上下两行居中排列，如图 5-45（c）所示。

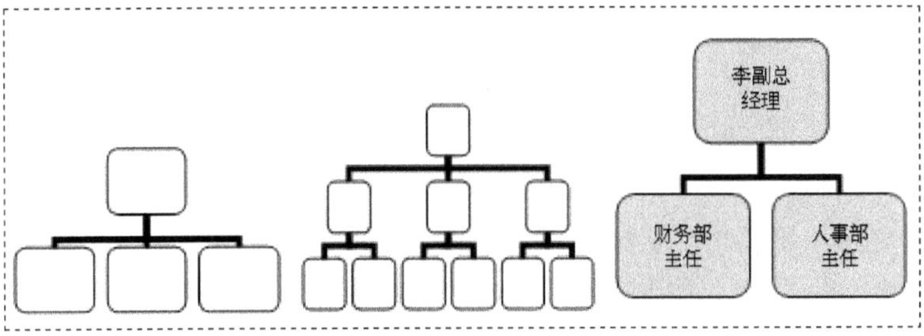

图 5-45　建立组织机构图框架及输入文字

（7）调整连接线的位置：首先，单击“选择”按钮，从列表中选择“所有连接线”。接着，取消“自动版式”，此时，连接线上显示许多调整控点，向上或向下拖曳黄色的调整控点（菱形），使横向的连接线位于中间部位。

（8）修补操作中产生的缺陷：在编辑“组织机构图”的过程中，如果产生不如意的问题，如许多连接线与文本框分离等，只要选中“自动版式”，问题就会迎刃而解。

实训任务 2：建立层次多而成员又很复杂的组织机构图

任务描述

在新建文档中建立如图 5-46 所示的组织机构图，要求同级别的成员尽量处在同一水平线上，同时，针对不同级别的成员，设置不同的底色或不同形状的文本框。

任务分析

建立这样的组织机构图应做两种选择：一是从“插入形状”列表中选择“下属”、“同事”或“助手”；二是从“版式”列表中选择“标准”、“两边悬挂”、“左悬挂”或“右悬挂”。任务中要求“处于同一水平线”的问题，需要通过移动个别成员的位置来解决。“设置不同的底色”主要针对不同级别的文本框而言，比如，把A的文本框设置为双边框线的“矩形”，底色为“黑色”。把各个级别的助手的文本框都设置为“圆弧矩形”，底色为“白色”等。最后还需要提示，具体操作时，先按照A、B、C、D和助手的顺序建立机构图，然后再补充其他成员，最后再改变版式。这样做不容易混乱。

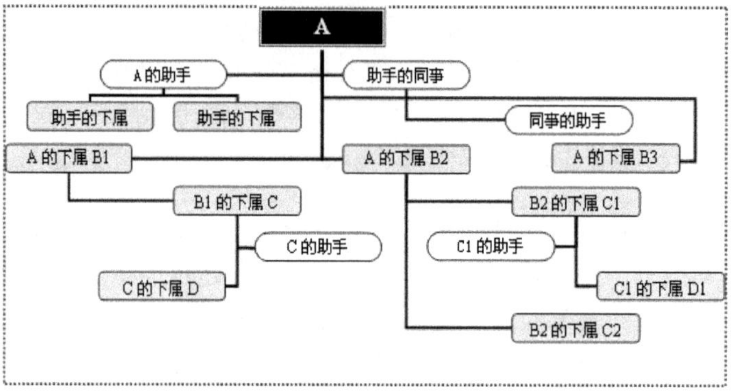

图5-46　层次多而成员又很复杂的组织机构图

上机指导

（1）初步建立组织机构图：新建文档，单击“绘图”工具栏“插入组织机构图及其他图示”按钮，确定后，默认插入的是两层的组织机构图。为了方便后续操作，认定第1层的文本框为成员“A”，认定第2层的文本框为成员“B1”、“B2”和“B3”。

（2）改变组织机构图的版式：选定成员A，单击“组织机构图”工具栏“版式”按钮，从列表中选择“两边悬挂”，结构如图5-47（a）所示。

（3）添加第3级成员：选定成员B1，从“选择形状”列表中选择“下属”。然后，从“版式”列表中选择“右悬挂”。采取相同的方法，为成员B2添加两个“右悬挂”的“下属”，结构如图5-47（b）所示。

（4）添加第4级成员：选定成员C，从“选择形状”列表中选择“下属”。然后，从“版式”列表中选择“左悬挂”。采取相同的方法，为成员C1添加一个“右悬挂”的“下属”，结构如图5-47（c）所示。

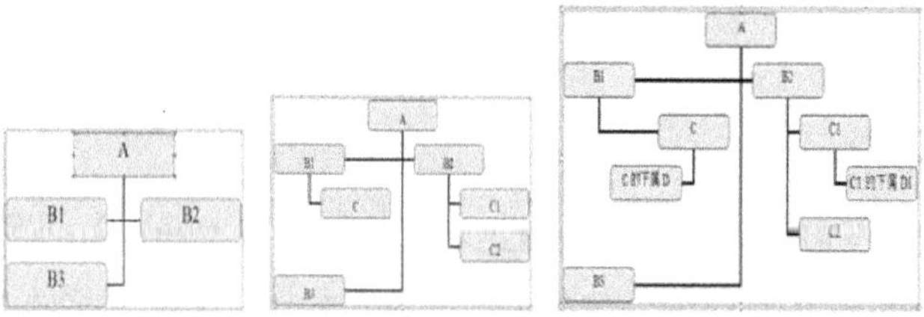

（a）　（b）　（c）

图5-47　插入三级成员的机构图

（5）添加助手及助手的同事：选定成员A，从“插入形状”列表中选择“助手”。选定“A的助手”，插入“同事”，版式为“两边悬挂”。采取相同方法，为成员C和成员C1各添加一个“左悬挂”的助手。结构如图 5-48（a）所示（黑色文本框表示变化）。

（6）添加最低级别成员：选定“A 的助手”，添加两个“两边悬挂”版式的“下属”。选定“助手的同事”，添加一个“标准”版式的“助手”。结构如图 5-48（b）所示。

（7）移动文本框及连接线：选定成员 B3，拖曳它到空闲的地方，与 B1 和 B2 处于一个水平线上，连接线将自动随着移动。接着，拖曳 B3 连接线上的黄色小菱形（线段控点），使连接线最短，拖曳 B3 连接线上的红色小圆形（线端控点），移动连接线的端点，采取相同做法，移动“C 的助手”。结构如图 5-48（c）所示。

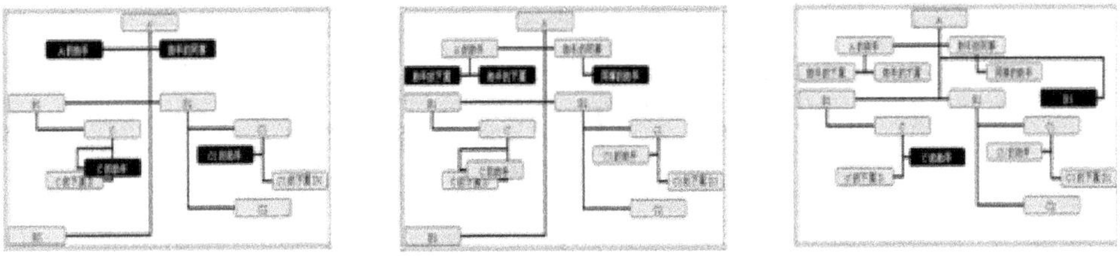

（a）　（b）　（c）

图 5-48　插入其他成员的机构图

（8）改变文本框的底色：先选定成员 A，从“格式”菜单打开“设置自选图形格式”对话框，设置填充色为“黑色”，双线边框线。然后，再选定所有的“助手”及其同事，设置填充色为“白色”。

（9）改变文本框的形状：选定成员 A，向外拖曳其文本框上的黄色“调整控点”，使原来的“圆角矩形”改变成“矩形”。然后，再选定所有的“助手”及其同事，向内拖曳其中某一个文本框上的黄色“调整控点”，使原来的“圆角矩形”改变成“圆弧矩形”。最后的效果参见题样。

（10）设置连接线的粗细：单击“组织机构图”上的“选择”按钮，从中选择“所有连接线”，然后，在“设置自选图形格式”对话框中，改变线条的粗细为“1.5 磅”。

知识梳理

插入及编辑和修饰组织机构图，是处理“自选图形”工作的延续和实际应用，因此，许多概念和操作方法都是从图形处理中引用过来的。下面，仅就连接线问题做一归纳。

“组织机构图”的连接线由肘形线段、调整控点（黄色菱形）和连接符（绿色或红色的端点）组成。已锁定的连接符显示为红色圆点，未锁定的连接符显示为绿色圆点。如果拖动黄色的调整控点，将更改连接线的形状，但并不拆散连接线和被连接的成员对象。如果重新排列使用连接线连接的对象时，连接符将与对象一起移动，乃至产生必要的变形。但是，如果移动连接线的任一端点，则该端点将解除锁定而脱离对象，并显示为绿色。这时，可以将其锁定到同一对象的其他连接位置上，也可以锁定到其他对象上。操作的要点是，拖曳连接符，当鼠标指针滑过对象时，可以连接的位置将显示为蓝色圆点，此时，松开鼠标键，连接符被吸附到蓝色圆点上，连接符也自然由游离状态的绿色改变为锁定状态的红色。如果需要，还可以删除连接线，然后，从“绘图”工具栏“自选图形”的“连接符”中，选择新的肘形连接符，并重新将其连接于两个对象之间。

自主学习

1. 读图题

（1）读图 5-49，观察图中成员 A、B1、B2 和 B3 的下属的排列规律，说明它们设置的各是什么版式。

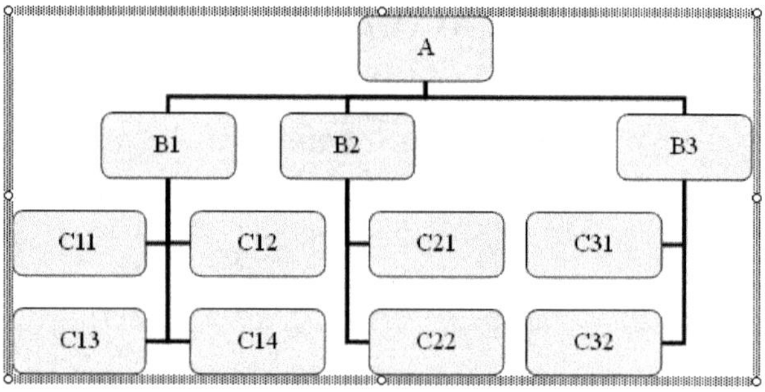

图 5-49 读图判断版式

（2）读图 5-50 后回答，已知成员 A 只有两个下属 B1 和 B2，那么，X1、X2 和 X3 的上一级成员各是谁？它们与其上一级成员各是什么关系？

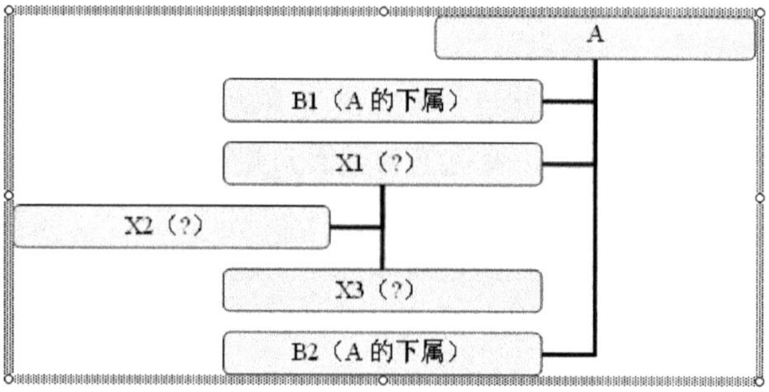

图 5-50 读图判断关系

2. 判断题

（1）如果采取多种方法调整，能否使“组织机构图”中的方形文本框改变成正圆形？（能□，否□）

（2）能否通过移动文本框，使组织机构图中的经理和副经理调换位置？（能□，否□）能否调换角色？（能□，否□）

（3）通过移动文本框，同时改变连接线的连接点，能否使组织机构图中的经理和副经理调换角色？（能□，否□）

（4）如果组织机构图处于“自动版式”状态，能否移动其中的某一条连接线？（能□，否□）如果能移动连接线，那么，连接线所连接的文本框能否随同移动？（能□，否□）

第7节 综合训练

实训任务1：运用图形和图像的处理技术使“凌云宝塔像”放大光明

本题集合了图形、图片处理的大部分知识和技能，包括：裁剪图片、设置透明色、调整自选图形、图形翻转、图形分布、绘制曲线图形、编辑顶点、组合图形、设置填充色、制作艺术字、文字环绕等。各项技能自然和谐地互相配合，具有实用价值。

任务描述

用教材电子资料包所提供的图像素材和文字素材，配合插入自选图形和绘制曲线图形，再插入艺术字，然后对这些图形对象进行编辑和修饰，最终制作成“凌云宝塔像放大光明”图像，并令文字紧密环绕其周围。

任务分析

通过对比如图5-51所示的原图像和放光的图像，发现原图像后面的浅蓝色背景取消了，可用“图片”工具栏加工；图像头部增加了放射形的黄色光线，可以用自选图形加工而成；宝塔后的宝盖的形状是宝瓶形，边缘由花纹组成。因为没有现成的“宝瓶”图形，只有用曲线工具手绘而成。另外，还需要在图像两旁插入立体彩色的艺术字“凌云宝塔”和“放大光明”，最后，设置环绕方式，令文字紧密环绕在图像的周围。

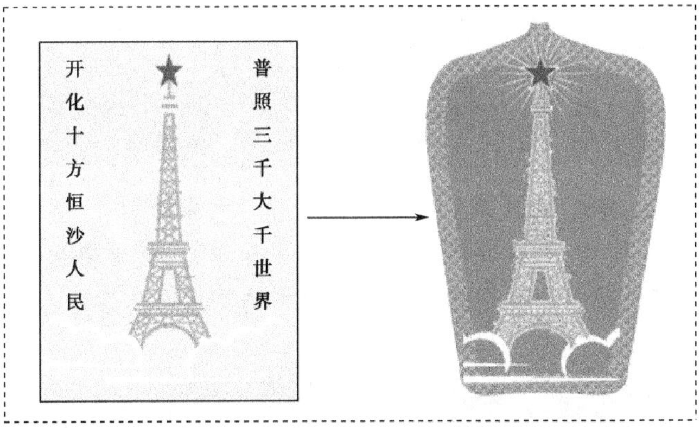

图5-51 原图像与放光的图像

上机指导

完成任务分为以下几个步骤。

第一步，处理图像。

（1）裁剪图片边缘：打开电子资料包中“图形处理”文件夹中的“凌云宝塔放大光明.doc”文件，选中图像图片，“图片”工具栏紧随出现。单击“裁剪”按钮后，用“剪刀”形光标对准图像右边线的中心点，当光标变成“┣”形时，向内拖曳鼠标，松手时图片将被裁剪下一条。采用同样方法裁剪图片的左边缘。表 5-3 提供了鼠标形状与所指对象的关系。

表 5-3　鼠标指针变形的含义

鼠标指针形状与所指对象的对应关系					
指针对准	指针形状	指针对准	指针形状	指针对准	指针形状
图形之外	╬	边线中点	┣	图形之内	✥

心灵手巧：实际操作时可能感觉鼠标裁剪的“步距”太大，如果想小距离移动鼠标，以便精细地裁剪图片，就应该先按住 Alt 键，再拖曳鼠标。这是 Alt 键的“精细”属性在发挥作用。不但如此，凡是需要精细移动鼠标的时候，都不要忘记 Alt 键。

（2）去除原图的背景色：选中剪裁后的图片，用工具栏上的“设置透明色”工具单击图片的浅蓝色背景区域，颜色相同的浅蓝色马上全部被去除，背景变成透明。

第二步，制作“光芒”，操作过程如图 5-52 所示。

（3）处理“太阳形”：从“自选图形”的“基本图形”中插入“太阳形”图形，向内部拖曳黄色的“调整控点”，使放射光线变细。然后，按住 Shift 键，同时向外拖曳图形的“尺寸控点”，使图形长宽等比放大。之后，在打开的“设置自选图形格式”对话框中，取消边框线，同时，设置图形的填充色为“过渡型”的“双色”（金色和浅黄）和“中心辐射”样式。最后，再复制两个“太阳形”图形，按住 Shift 键后拖曳其中一图形的绿色“旋转控点”，使其旋转 15°；用同样方法，使另外一图形旋转 30°。

心灵手巧：在这一步骤中，两次用到 Shift 键。一次是放大图形时，该键起到“等比”作用，使“太阳形”成正圆放大；另一次是“定向”作用，每次使图形旋转 15°。另外，按住 Shift 键再单击其他图形，可以同时选定多个图形，体现其“增加”的作用。

（4）合成放射光线：按住 Shift 键后分别单击 3 个“太阳形”，使它们同时被选中。然后，展开“绘图”菜单，选择“对齐或分布”中的“水平居中”，接着再选择“垂直对齐”，3 个图形就会按中心点对齐。最后，利用“绘图”菜单中的“组合”命令，将 3 个“太阳形”图形组合为一体。

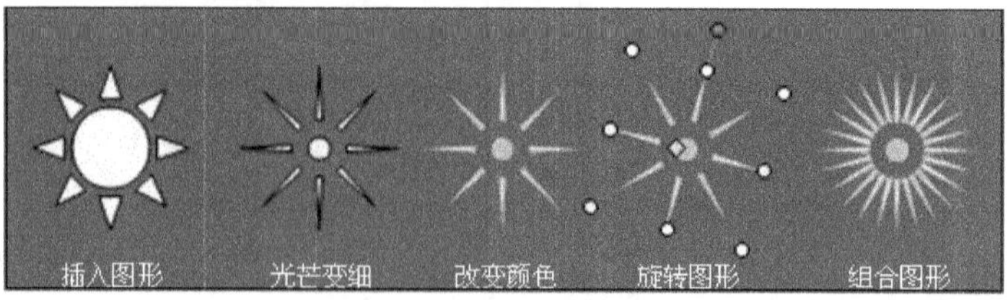

图 5-52　产生放射光的过程

第三步，绘制“宝盖”图形，操作过程如图 5-53 所示。

（5）绘制曲线图形：选择“自选图形”中“线条”中的“曲线”工具，用“十字形”的光标单击页面空白处，“钉下”图形的起点，然后在每个拐点单击一下鼠标，在终点处双击鼠标，卸下“曲线”画笔，图形同时封闭起来。

（6）修改图形的形状：选中绘制的曲线图形，利用“绘图”菜单中的“编辑顶点”命令修改曲线的拐点。操作方法是，拖曳拐点可以改变图形形状；按住 Ctrl 键单击拐点可以删除拐点，单击无拐点的线段可以增补拐点。

（7）设置图形的颜色和线条：选定“宝盖”图形，打开“设置自选图形格式”对话框，设置图形的填充色为天蓝色，设置线条的图案为“球体”，由红、白两色组成。

（8）制作整个图形：利用制作的半面图形，再复制一个图形，并将其“水平翻转”，然后，将二者拼接在一起，形成完整的“宝盖”图形。

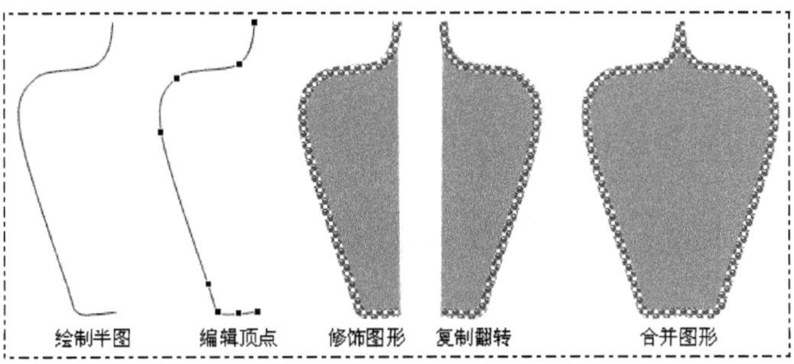

图 5-53　绘制“宝盖”图形的过程

第四步，合成两部分图形。

（9）图形图像合成：移动组合后的“放射光线”到图像上部，设置“叠放次序”为“置于底层”；移动“宝盖”图形到图像上部，也设置为“置于底层”；最后将 3 部分组合为一体，以免在移动时图形分散。

第五步，制作艺术字。

（10）插入艺术字：选择“插入”菜单“图片”中的“艺术字”，跨过“艺术字库”对话框，在打开的对话框中输入“凌云宝塔　放大光明”（中间插入几个空格），选择“黑体”，单击“确定”按钮，完成艺术字的插入。

（11）修饰艺术字：选定“艺术字”，单击“艺术字”工具栏上的“艺术字形状”按钮，从列表中选择“一”字形。最后，利用“绘图”工具栏上的“三维效果”按钮，修饰插入的艺术字。

（12）将艺术字与图像组合：按住 Shift 键，同时选定艺术字和图像，再单击“绘图”菜单，选择“组合”，使图形和图像合为一体，以便文字环绕。

第六步，产生文字环绕效果。

（13）设置文字环绕方式：在打开的“凌云宝塔放大光明.doc”素材文件中，有一个文字段落，是专门为设置“文字环绕”图像准备的文字材料（如果使用不了，可以自由删减）。先选定组合后的图形图像，再从“格式”菜单打开“对象”对话框，在“版式”选项卡中选择“紧密型”环绕方式。然后，把合成后的图形图像拖曳到文字区域中，令文字紧密环绕图形图像，再移动图像，直到效果满意为止。形成如图 5-54 所示的最终效果。

心灵手巧：由于参与组合的图形类型不一，既有图片，又有图形，还有艺术字，所以组合后的图形属于“对象”范畴。如果不能正确地选中对象，将没办法设置“版式”。只有单击组合图像的最外侧的“尺寸控制点”来选中，才能选中整个组合图形。

图 5-54　完成任务后的最终效果

实训任务 2：通过处理图形对象创作“千江清水千江月”图画

任务描述

要求在空白文档中绘制一些竹子，再插入一些“小兔子”剪贴画，并令小兔子均匀排列，还要求在画面上，用艺术字写这幅画的主题“千江清水千江月”。上述操作完成之后，制作水中倒影的效果。题样如图 5-55 所示。

图 5-55　通过编辑与修饰图形制作的图画

任务分析

分析具体的要求：❶在竹子中，除了空心半圆弧可以插入之外，竹节和竹叶都需要手工绘制，编辑图形顶点，并复制多个；❷月亮可以利用“椭圆”工具画一个正圆；❸在剪贴画库中有“小兔子”，但需要拆分后删除一些线条，并把眼睛染成红色；❹编辑和修饰艺术字，如设置字符间距、填充颜色、字符阴影等；❺倒影可以通过翻转图形获得，但需要设置透明度；❻比较窄的水波纹是线条设置了带图案的条纹所产生的效果。

上机指导

分为5大步骤完成任务。

第一步，绘制竹子，操作过程如图5-56和图5-57所示。

（1）编辑竹节：新建文档，单击“自选图形”菜单，选择“线条”中的“任意多边形”工具。先单击鼠标确定画笔的起点，然后，在另外3个顶点处单击鼠标，画一个直立的矩形。选定矩形，从“绘图”菜单中选择“编辑顶点”，在原来4个顶点的基础之上，按住Ctrl键，在线段上单击鼠标，再增加8个编辑点。分别拖曳各个顶点，形成凹凸的形状。

（2）插入圆弧：从“自选图形”菜单的“基本形状”中插入一个“空心弧”，并适当改变其尺寸；然后，从“绘图”菜单中选择“垂直翻转”，令凹面向上。

（3）组合竹节：把空心弧移到绘制的竹竿顶端（按住Ctrl键拖曳鼠标可微移图形），然后，按住Shift键后，同时选定两个图形，从“绘图”菜单中选择“组合”命令。采取相同方法，把多个竹节组合在一起，形成竹竿。操作过程如图5-56所示。

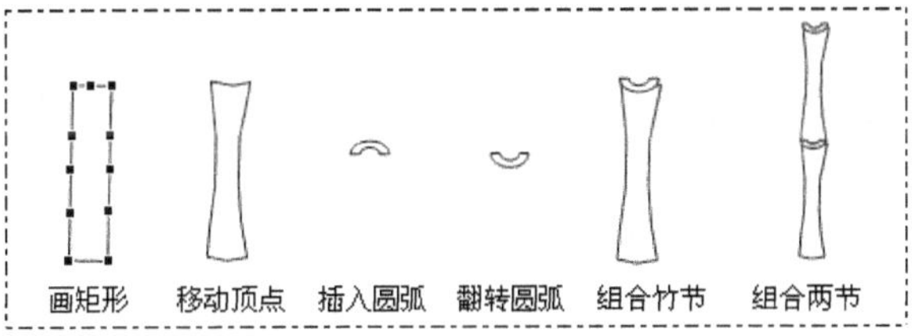

图5-56 绘制竹节的操作步骤

（4）绘制竹叶：采取与绘制和编辑竹竿相同的方法，先画一个倒三角形，然后，添加一些顶点，并改变顶点的位置，形成“叶子”形状。

（5）编辑竹叶：复制两个竹叶，组合为一体，并缩小尺寸为原来的60%。

（6）竹竿和竹叶组合：把前面绘制的竹竿复制一个，把竹竿和竹叶移到一起。如果竹叶在竹竿的下层，则利用“绘图”菜单的“叠放层次”命令，使竹竿“置于底层”。操作步骤如图5-57所示。

第二步，插入及处理“小兔子”剪贴画。

（7）插入剪贴画：从“插入”菜单选择“图片”中的“剪贴画”，在打开的“剪贴画”窗格中，单击“搜索范围”列表框，选择“所有收藏集”，然后，单击“搜索”按钮，将显示所有剪贴画的图标。从中找到“小兔子”，并插入到文档中。

（8）处理剪贴画：选定剪贴画，改变其“版式”为“浮于文字上方”。在“取消组合”时，系统将询问，选择“是”，图片被分解为许多基本图形。选定分解图形中的“领结”和

“食物”，并按 Delete 键删除。然后，选定“小兔子”的眼珠，改变其填充色为红色。最后，将分解后的小兔子再组合为一个图形。操作步骤如图 5-58 所示。

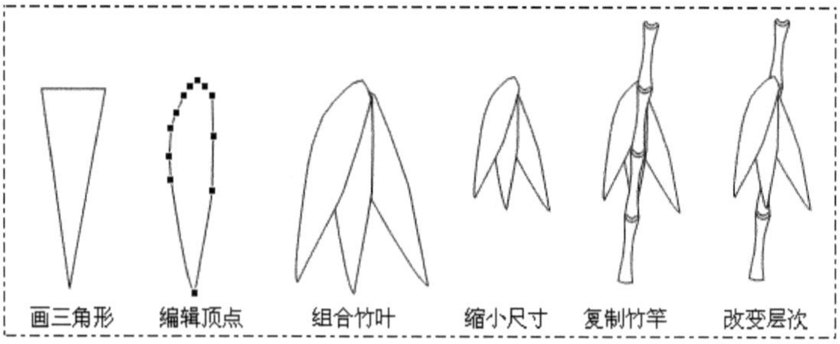

图 5-57　绘制竹叶及与竹竿组合

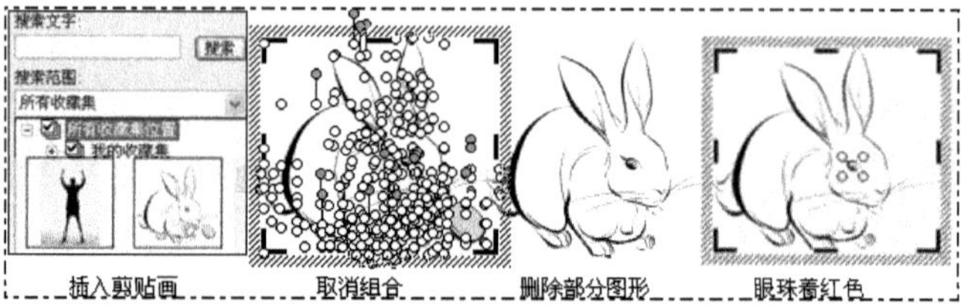

图 5-58　插入及编辑剪贴画

心灵手巧：插入的剪贴画一般都是“嵌入型”，不能直接被拆分，必须将“嵌入型”版式改变为“浮于文字上方”等，剪贴画才具有可拆分性和可组合性。

（9）缩小剪贴画：单击“绘图画布”工具栏上的“缩放绘图”按钮后，向内拖曳“尺寸控点”，适当缩小图形尺寸。

（10）组合剪贴画：单击“绘图画布”工具栏上的“扩大”按钮，令画布扩大；然后，单击“绘图”工具栏上的“选择对象”按钮，用鼠标指针画一个矩形，把组成“小兔子”的所有线条都圈起来；接着，用“组合”工具将其组合成一体；最后，把图形剪切下来，在画布之外粘贴，摆脱画布，如图 5-59 所示。

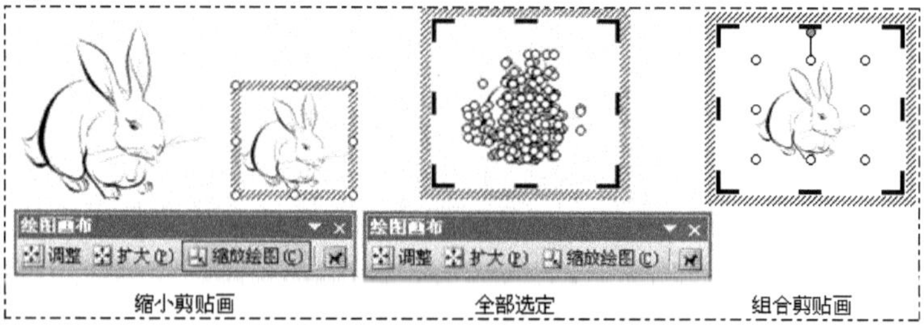

图 5-59　缩小及组合剪贴画

（11）分布剪贴画：复制 6 个组合的“小兔子”剪贴画，把最后一个移到左下方的一个位置，然后，同时选定这 7 个“小兔子”，从“绘图”菜单“对齐或分布”中选择“横向分布”，使 7 个图形从左上到右下均匀分布。

第三步，插入及修饰艺术字分 4 步进行，所使用的工具栏如图 5-60 所示。

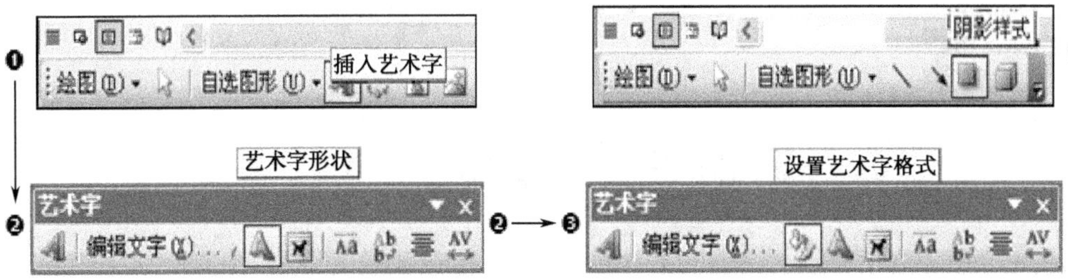

图 5-60 插入及修饰艺术字的 4 个步骤

（12）插入艺术字：单击“绘图”工具栏上的“插入艺术字”按钮，在对话框中选择一种简单的样式。确定后，在“编辑艺术字文字”对话框中输入“千江清水千江月”，并设定“黑体”字体，加粗。

（13）设置形状：选定艺术字，单击“绘图”工具栏上的“艺术字形状”按钮，在列表中，选择“一”字型。单击“绘图”工具栏上的“艺术字字符间距”按钮，选择“稀疏”。

（14）设置颜色：选定艺术字，单击“绘图”工具栏上的“设置艺术字格式”按钮，在打开的窗口中取消线条颜色，并设置双色、水平的填充色，颜色为深绿色和浅绿色。最后，设置艺术字的版式为“浮于文字上方”。

（15）设置阴影：选定艺术字，单击“绘图”工具栏上的“阴影样式”按钮，选择“阴影样式 18”，再单击“阴影设置”，利用所提供工具栏上的工具，设置阴影颜色为黑色，并将向下移。

第四步，其他工作，包括画月亮和画水波纹线等。

（16）画圆月亮：单击“绘图”工具栏上的“椭圆”按钮后，先按住 Shift 键，再在文档中拖曳鼠标，绘制一个正圆。现在，可以将所画的图画组合为一体了。

（17）画水波纹：单击“绘图”工具栏上的“直线”按钮后，在文档中画一条与画面宽度相等的直线。双击直线，打开“设置自选图形格式”对话框，设置线条颜色是“带图案线条”，图案是“水波纹”，颜色是蓝色。

第五步，制作倒影效果。

（18）添加方框：按照画面的大小，用“绘图”工具栏“矩形”工具画一个方框，并设置其为无填充颜色。最后，选定图画中的所有图形，从“绘图”菜单选择“组合”。

（19）翻转图画：选定组合后的图画，复制并粘贴，将新复制的图画移到原图的下方，利用“绘图”菜单的“旋转或翻转”命令，令其作“垂直翻转”。

（20）改变层次：取消图画的组合，选定方框按鼠标右键，利用快捷菜单中的“叠放层次”命令将其“置于顶层”。

（21）设置透明度：双击方框，打开“设置自选图形格式”对话框，调节其透明度为“50%”，再选择其填充色为过渡颜色，水平双色，从蓝色过渡到白色。

第 6 章

Word表格处理

训练目标

- 创建表格及输入数据；
- 编辑与调整表格；
- 修饰表格；
- 数据计算与排序；
- 应用表格规划版面的布局。

本章将对 Word 表格应用展开讨论，学习更实用的表格知识。Word 表格制作也是对文字处理工作的延伸，可以为以后学习 Excel 做好前期准备工作。

第1节 创建表格

实训任务 1：利用菜单命令插入表格并将表格数据转换成文本

任务描述

新建一个文档，参考图 6-1，插入一个 7 行 12 列的表格并输入行号和列号。然后，在其他每个单元格中都插入符号。最后，将表格数据转换为文本内容。

	A	B	C	D	E	F	G	H	I	J	K
1	▲	▲	▲	▲	▲	▲	▲	▲	▲	▲	▲
2	✦	✦	✦	✦	✦	✦	✦	✦	✦	✦	✦
3	★	★	★	★	★	★	★	★	★	★	★
4	✶	✶	✶	✶	✶	✶	✶	✶	✶	✶	✶
5	✸	✸	✸	✸	✸	✸	✸	✸	✸	✸	✸
6	✹	✹	✹	✹	✹	✹	✹	✹	✹	✹	✹

图 6-1　插入表格的结构及数据

任务分析

完成本训练题没有技术困难，但是应该认真操作，熟悉在表格中移动光标、插入及修改

数据的技术，为后面的操作铺垫基础。把“表格转换成文本”时，注意选择“分隔符”，“—”是全角字符，“|”是通道符，都是从键盘输入的。

上机指导

（1）插入表格：从“表格”菜单打开“插入表格”对话框，在“列数”框中填写 12，在“行数”框中填写 7，在“固定列宽”框中填写“1 厘米”，单击“确定”按钮。

（2）输入表格的列号：在表格的第 1 行中，把光标置入第 2 个单元格中，输入列号“A”，然后按一下 Tab 键，移动光标到下一个单元格中，输入“B”。采取同样的做法，在第一行的标题栏中陆续输入其他列号，最后一个列号是“K”。

（3）输入行号：在第 1 行的“K”列中，按一下“↓”键，将光标移到下一行，再按“Alt+Home”组合键，光标移到该行第 1 个单元格，输入行号“1”，按“↓”键，在下一行首单元格中输入“2”。采取相同做法输入其他行号，直到输入完行号“6”为止。

（4）输入表格数据：把光标置入“A1”单元格中，从“插入”菜单打开“符号”对话框，从“字体”列表框中选择“Wingdings 2”字体，然后，插入三角形符号“▲”。接着，把光标移到“A2”单元格中，插入四角形符号“✦”。采取相同做法，在下面的单元格中插入符号，在最后一个单元格“A6”中插入的是十二角形“✹”。

（5）复制符号：首先选定“A”列中的 6 个符号，按“Ctrl+C”键复制字符，然后，将光标置入“B1”单元格，按住 Shift 键，并单击表格的最后一个单元格“K6”，同时选定数据区的其余 60 个单元格。这时，按“Ctrl+V”键粘贴字符，令字符填满空白单元格。

心灵手巧：在表格中插入 66 个符号，每个人都会采取不同的方法。因为选定的是同一列中的 6 个字符，如果逐列地粘贴，要移动光标键 10 次，并按 10 次“Ctrl+V”键。如果一次性选定 6 行 10 列的矩形区域，那么，数据将一次性被粘贴，充满被选定的矩形区域。

（6）把表格数据转换成文字。首先，选定表格的第 1 行，从“表格”菜单打开“表格转换成文本”对话框。选择“其他符号”单选框，并在文本框中输入符号“—”为分隔符。确定后，完成第 1 行的转换。返回文档，再选定其余表格，在转换对话框中，确定以符号“|”为连接符。两次转换的结果如图 6-2 所示。

—A—B—C—D—E—F—G—H—I—J—K
1|▲|▲|▲|▲|▲|▲|▲|▲|▲|▲|▲
2|✦|✦|✦|✦|✦|✦|✦|✦|✦|✦|✦
3|★|★|★|★|★|★|★|★|★|★|★
4|✶|✶|✶|✶|✶|✶|✶|✶|✶|✶|✶
5|✹|✹|✹|✹|✹|✹|✹|✹|✹|✹|✹
6|✺|✺|✺|✺|✺|✺|✺|✺|✺|✺|✺

图 6-2　将表格转换成文本

实训任务 2：使用“表格和边框”工具手工绘制“取款单”表格

任务描述

图 6-3 所示是一个比较复杂的表格，很适合使用“表格和边框”工具栏手工绘制。本任务将主要通过鼠标操作，一笔一笔地画表格。然后，为这个表格设置必要的格式，并在表格中输入文字和一些符号，最终，绘制一个“取款单”表格。

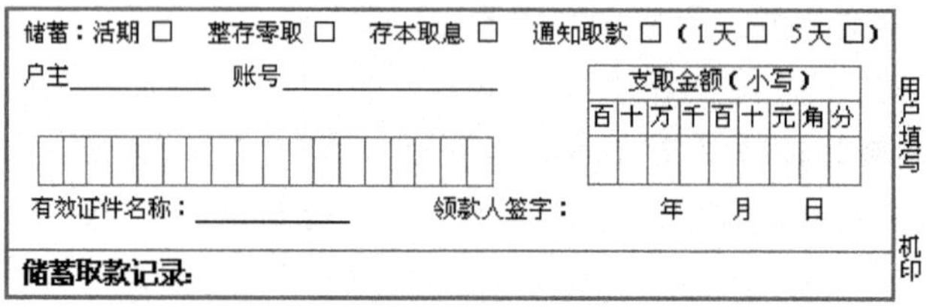
储蓄：活期 □　整存零取 □　存本取息 □　通知取款 □（1天 □　5天 □）
户主＿＿＿＿　账号＿＿＿＿＿＿
支取金额（小写）
百 十 万 千 百 十 元 角 分
有效证件名称：＿＿＿＿　领款人签字：　年　月　日
储蓄取款记录：
用户填写
机印

图 6-3　手工绘制的复杂表格

任务分析

首先，可以把表格分解成 5 个部分，来分析实现的方法：❶“取款单”是一个 2 行 1 列的大表格，第 2 行的高度只有第 1 行的 1/5，在其中只输入“储蓄取款记录”。❷“取款单”其余的大部分区域只是占用整个表格的 1 行 1 列，用来填写身份证号码、支取金额和其他储蓄信息。❸填写身份证号码的表格是一个 1 行 18 列的内嵌式表格，如果逐列绘制就太麻烦了，先绘制一个扁长的单元格，再拆分成 18 列就容易多了。❹“支取金额”表格也是内嵌式表格，开始创建时只有 3 行 1 列，对第 2 行和第 3 行拆分后变成 9 列。❺位于表格外侧的“用户填写”和“机印”两段竖向文字，它们也是在隐形的单元格中，可以先在大表格的右侧画一个窄而高的单元格，输入文字以后再把边框线用橡皮擦除。

上机指导

完成任务可以分为 5 个步骤。

第一步，画“取款单”的大表格。

（1）准备画表的工具：先单击“表格和边框”工具栏上的“粗细”列表框，选择“1½磅”，接着单击“边框颜色”按钮，从调色板中选择“绿色”，然后，再单击“绘制表格”按钮，光标变成笔形，表示可以开始画表了。

（2）画表格的外框：利用“画笔”从左上角向右下角拖曳鼠标，移动的长度大约是 11.5 厘米，宽度约 4 厘米，松开鼠标时画出大表格的外边框。

（3）把表格分隔成两行：在方框的下方大约 1/5 处，水平画一条直线，产生两行一列的表格。再次单击“绘制表格”按钮，暂时放下画表格的笔。

（4）设置表格的对齐方式：光标置入表格内按右键，在快捷菜单中选择“表格属性”，在对话框的“表格”选项卡中单击“居中”对齐方式，单击“确定”按钮。

第二步，在表格内输入文字。

（5）输入文字及插入符号：单击表格的左上角，光标置入默认的插入点上，然后，采用小五号字输入第 1 行文字“储蓄：活期”，接着从“符号”对话框插入符号“□”作为选择框。继续输入完其他字符后按回车键换行，在第 2 行中输入“户主____”等字符。空 2~3 行后再输入“有效证件名称:”等字符。最后，在表格的第 2 行中输入“储蓄取款记录:”。

第三步，绘制身份证号码小表格。

（6）绘制身份证号单元格：单击“表格和边框”工具栏上的“粗细”列表框，从中选择“1 磅”，单击“绘制表格”按钮，在大表格的左部画一个长单元格，如图 6-4 所示。

心灵手巧： 新创建表格中的每个单元格都预留 2×0.19 厘米宽度，作为单元格与内部文字的间距。如果表格很大，可能不在乎浪费这么小的空间，但是，对于只有 6 厘米宽的单元格，还要拆分成 18 个小单元格，必须留出 2×3.762 厘米的宽度作为单元格与文字的间距，否则表格的结构将被破坏，这是不可思议的。因此，应该先下手取消这种预留的间距。

（7）取消单元格间距：光标置入单元格中按右键，在快捷菜单中选择“表格属性”，切换到“表格”选项卡，单击“选项”按钮，在“表格选项”对话框中将默认的单元格间距都修改为 0 磅，单击“确定”按钮。

（8）拆分单元格：光标置入身份证号单元格中，单击“表格和边框”工具栏上的“拆分单元格”按钮，在对话框的“列数”调整框中填写 18，单击“确定”按钮。

第四步，绘制支取金额表格。

（9）设置小单元格的环绕方式：利用“画笔”在大表格的右上方画一个小单元格，然后，打开“表格属性”对话框，选择“表格”选项卡中的“环绕”选项，确定。

（10）扩大单元格的尺寸：鼠标指向小单元格后，向右下方拖曳表格的尺寸控点，将尺寸逐渐扩大到符合要求，如图 6-5 所示。

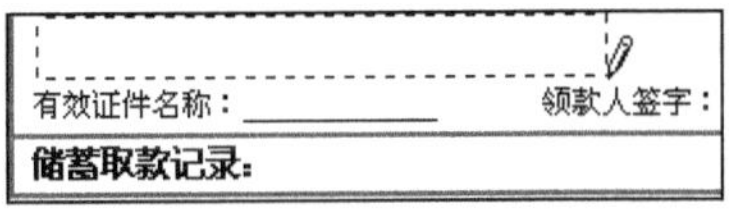

图 6-4 在大表格内部画长单元格

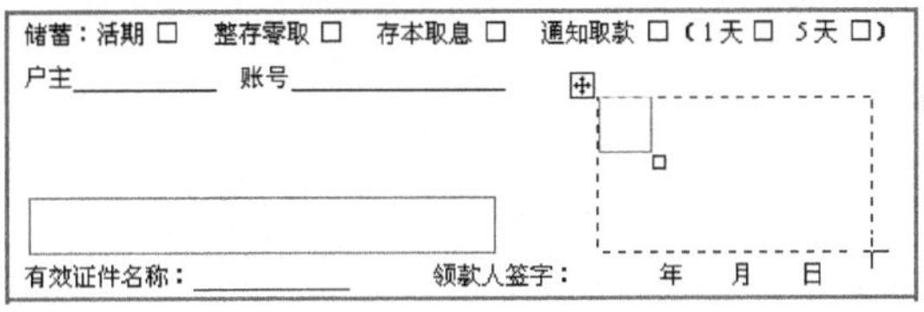

图 6-5 在大表格内部画小单元格

心灵手巧： 本应该直接画一个宽 3.5 厘米、高约 1.5 厘米的单元格，作为“支取金额”表格的外边框，但是，一步到位固定两个内嵌表格相当困难。为此，应该先设置表格的环绕方式，保证该表格能够与其他表格和睦相处，然后再放大它的尺寸，容易成功。

（11）横向拆分单元格：利用“画笔”工具在新绘制的单元格内部画两条横线，相当于把单元格拆分为 3 行，如图 6-6 左图所示，然后参考前面的做法，在“表格选项”对话框中设置单元格的默认间距是 0 磅。

（12）竖向拆分单元格：选定第 2 行和第 3 行，单击“表格和边框”工具栏上的“拆分单元格”按钮，在对话框的“列数”调整框中填写 9（列），结果如图 6-6 右图所示。

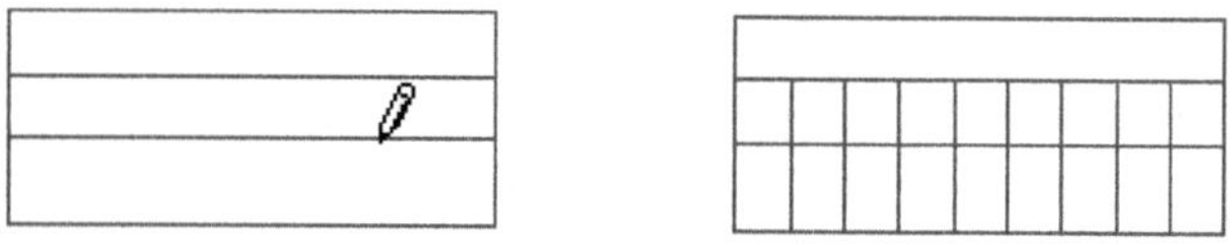

图 6-6 分行和拆分表格

（13）释放单元格的空间：单击表格的移动控点选定所有单元格，打开“段落”对话框，取消各种段落缩进格式，设置段落的行间距为最小值 0 磅，再设置小五号的字号。然后，在“表格属性”对话框中打开“表格选项”对话框，取消所有的默认单元格间距。

（14）输入表格数据：在支取金额表格的第 1 行中输入“支取金额（小写）”，在第 2 行的各单元格中分别输入“百、十、万、千、百、十、元、角、分”。

第五步，在表格外面输入文字。

（15）贴补一个单元格：单击“绘制表格”按钮，在大表格右边框的外边画一个很窄的单元格，如图 6-7 所示，然后，改变默认的单元格边距、段落缩进和行间距。

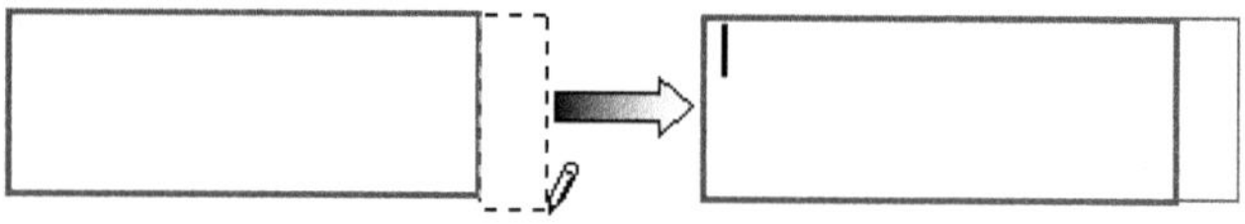

图 6-7 贴补一个单元格

（16）输入文字：光标在后贴补的单元格中，选择“格式”菜单中的“文字方向”，在对话框中选择“竖向”排列。最后，输入“用户填写”和“机印”。

（17）擦除表格线：单击“表格和边框”工具栏上的“擦除”按钮，使用“橡皮”模样的鼠标指针对准单元格的右边线单击，松开鼠标键时竖线消失，如图 6-8 所示。

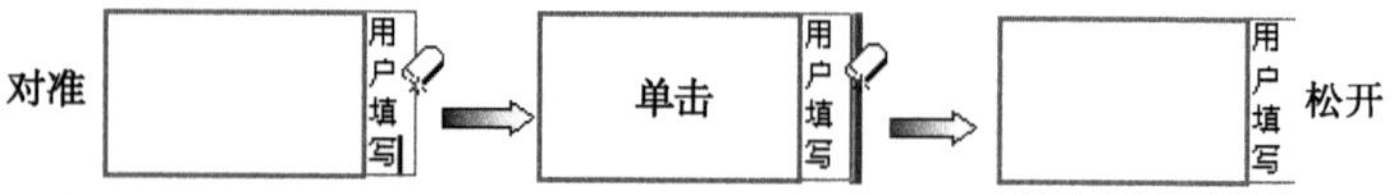

图 6-8 擦除单元格的边框线

知识梳理

由横竖对齐的数据和数据周围的边框线组成的特殊文档叫做表格。表格中容纳数据的基本单元叫做单元格，可以形象地把单元格比做表格的细胞。其实，表格并不只是由表元素和格线组成的，还包括其他许多辅助元素，表格的组成元素如图 6-9 所示。

创建表格有 3 种基本方法：利用“插入表格”按钮，利用“表格和边框”工具栏，利用“插入表格”对话框。创建表格还有两种扩展形式：第 1 种是嵌套表格，是指在表格中再插入表格，但是，表格嵌套的时候经常有不尽如人意的地方，主要问题来源于表格之间的相互排斥，如果设置表格具有“环绕”对齐方式一般能够缓解这些矛盾；第 2 种扩展形式是将字符转换成表格，字符之间必须有统一的连接符号，如段落标记、制表位、逗号等。

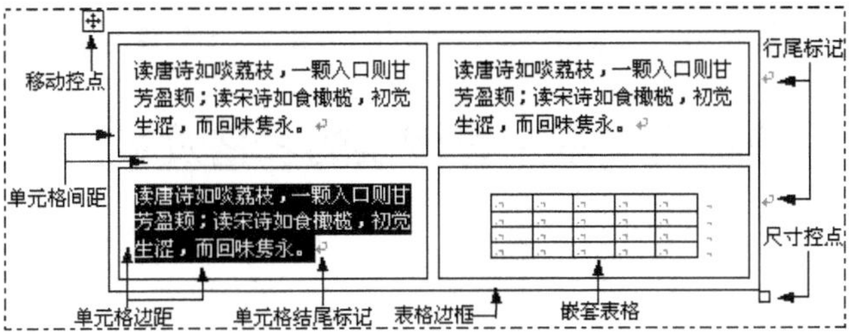

图 6-9　表格中的各种元素

自主学习

1. 填空题

（1）在版心宽度是 13 厘米，高度是 18 厘米的文档中创建一个 1×1 的表格，单元格的最大列宽是________厘米，最大行高是________厘米。

（2）参考如图 6-10 所示的题样，在默认文档中创建一个表格，然后，在表格的第 2 行中填写创建该表格的方法、表格套用格式的名称、表格的宽度和单元格的高度（大约值）。

创建方法	套用格式	表格高度	单元格宽度

图 6-10　创建新表格填空题题样

2. 选择题

（1）要求在文档中创建一个 22 行、16 列的表格，并且不经过格式化表格就具有彩色的底纹，应该采用如下哪种方法？（　　）

A. “插入表格”对话框　　B. “插入表格”按钮

C. “表格和边框”工具栏　　D. “插入 Microsoft Excel 工作表”按钮

（2）要想在文档中快速创建一个 4 行、5 列的表格，对表格的格式没有具体的要求，采用哪种方法最方便？（　）

A. 利用“表格”菜单　　B. 手工绘制表格

C. 利用“插入表格”按钮　　D. 从其他文件中复制

3. 简答题

（1）把文字转换为表格时，要求文字具备什么基本条件？

（2）表格数据转换为文字时，可以选择哪几种分隔符？转换的效果有什么不同？

第2节　编辑表格

表格编辑主要是指对表格中的数据进行操作，比如移动、删除、插入和复制数据等。被操作的对象可以是一个单元格、一整行或一整列的数据，乃至单元格区域中的数据。

实训任务 1：编辑由文本字符转换的表格及数据

任务描述

利用“文本转换表格”的方法创建一个表格，并参考图在表格中输入字符或插入符号。然后，按照“上机指导”的要求对文档中的表格进行编辑操作。如果严格地按照上述要求编辑表格之后，表格将变成如图 6-11 所示的样子。

	⬆	⬆	⬆	⬆	⬆	⬆	⬆	⬆	⬆	⬆	⬆	⬆	⬆	⬆	⬆	⬆	⬆	⬆	⬆	⬆	
⬆	A	B	C	E	F	G	I	J	⬆	⬆	⬆	⬆	K	M	N	O	Q	R	S	U	⬆
⬆	3	🖶	🖶	🖶	🖶	🖶	🖶	🖶	⬆	⬆	⬆	⬆	🖶	🖶	🖶	🖶	🖶	🖶	🖶	🖶	⬆
⬆	5	🖶	🖶	🖶	🖶	🖶	🖶	🖶	⬆	⬆	⬆	⬆	🖶	🖶	🖶	🖶	🖶	🖶	🖶	🖶	⬆
⬆	7	🖶	🖶	🖶	🖶	🖶	🖶	🖶	⬆	⬆	⬆	⬆	🖶	🖶	🖶	🖶	🖶	🖶	🖶	🖶	⬆
⬆	⬆	⬆	⬆	⬆	⬆	⬆	⬆	⬆	⬆	⬆	⬆	⬆	⬆	⬆	⬆	⬆	⬆	⬆	⬆	⬆	⬆
⬆	⬆	⬆	⬆	⬆	⬆	⬆	⬆	⬆	⬆	⬆	⬆	⬆	⬆	⬆	⬆	⬆	⬆	⬆	⬆	⬆	⬆
⬆	⬆	⬆	⬆	⬆	⬆	⬆	⬆	⬆	⬆	⬆	⬆	⬆	⬆	⬆	⬆	⬆	⬆	⬆	⬆	⬆	⬆
	⬆	⬆	⬆	⬆	⬆	⬆	⬆	⬆	⬆	⬆	⬆	⬆	⬆	⬆	⬆	⬆	⬆	⬆	⬆	⬆	

图 6-11　编辑表格的最终结果

任务分析

要求利用“文本转换表格”的方法创建表格，就应该先在文档中输入 9 行、22 列的文本内容。在文档中，字符之间的分隔符，在转换时，仍然作为单元格的分隔符。具体要求可能显得机械和烦琐，但是，基本包括了所有的表格编辑的操作技术。

（1）在文档中插入字符群：新建一个文档，参考题样插入字母和符号，一共有 8 行 21 列字符，字符之间用“空格”分隔，如图 6-12 所示。

A B C D E F G H I J K L M N O P Q R S T U
2 🖶
3 🖶
4 🖶
5 🖶
6 🖶
7 🖶

图 6-12　在文档中插入的字符区域

（2）将文字转换成表格：选定以“空格”连接的有序排列的 7 行 21 列文字，从“表格”菜单选择“将文字转换成表格”，在打开的对话框中，选择“分隔文字的位置”为“空格”，确定后，新表格产生了，如图 6-13 所示。

（3）设置表格居中对齐：把光标置入表格的任意单元格中，执行“表格”菜单的“单元格高度和宽度”命令，在对话框的“行”选项卡中设置表格的“对齐方式”为“居中”。

A	B	C	D	E	F	G	H	I	J	K	L	M	N	O	P	Q	R	S	T	U
2	🖶	🖶	🖶	🖶	🖶	🖶	🖶	🖶	🖶	🖶	🖶	🖶	🖶	🖶	🖶	🖶	🖶	🖶	🖶	🖶
3	🖶	🖶	🖶	🖶	🖶	🖶	🖶	🖶	🖶	🖶	🖶	🖶	🖶	🖶	🖶	🖶	🖶	🖶	🖶	🖶
4	🖶	🖶	🖶	🖶	🖶	🖶	🖶	🖶	🖶	🖶	🖶	🖶	🖶	🖶	🖶	🖶	🖶	🖶	🖶	🖶
5	🖶	🖶	🖶	🖶	🖶	🖶	🖶	🖶	🖶	🖶	🖶	🖶	🖶	🖶	🖶	🖶	🖶	🖶	🖶	🖶
6	🖶	🖶	🖶	🖶	🖶	🖶	🖶	🖶	🖶	🖶	🖶	🖶	🖶	🖶	🖶	🖶	🖶	🖶	🖶	🖶
7	🖶	🖶	🖶	🖶	🖶	🖶	🖶	🖶	🖶	🖶	🖶	🖶	🖶	🖶	🖶	🖶	🖶	🖶	🖶	🖶

图 6-13　由文本转换的表格

（4）删除偶数行及数据：光标移到左页边距区，对准第 2 行单击左键，选定该行。光标对准被选定的切块，单击右键，在快捷菜单中执行“删除行”命令。依据同样的方法，删除第 4 行和第 6 行。

（5）删除能被 4 整除的列：光标移到表格的上面，对准第 4 列（D），当鼠标指针呈实心向下箭头“⬇”时，单击鼠标选定该列，在快捷菜单中选择“删除列”。依据同样的方法，删除第 8 列（H）、第 12 列（L）、第 16 列（P）和第 20 列（T）。

（6）在奇数行之间插入一空行：选定第 3 行，在快捷菜单中选择“插入行”，在第 3 行的上面插入了一空行。采用同样方法，在第 5 行和第 7 行上面也插入一空行。

（7）在列号为元音字母列的左侧插入一列：选定 E 列，在快捷菜单中执行“插入列”命令。依照同样方法，在 I 列、O 列和 U 列的左侧分别插入一列。

（8）使空行都排列在表格的下部：选定第 3 行，向上拖动鼠标，当携带被拖动对象的光标落在第 2 行（空行）的左侧时，松开左键，完成行的移动工作。依照同样方法把第 5 行和第 7 行也都向上移动，结果如图 6-14 所示。

A	B	C		E	F	G		I	J	K	M	N		O	Q	R	S		U
3	🖶	🖶		🖶	🖶	🖶		🖶	🖶	🖶	🖶	🖶		🖶	🖶	🖶	🖶		🖶
5	🖶	🖶		🖶	🖶	🖶		🖶	🖶	🖶	🖶	🖶		🖶	🖶	🖶	🖶		🖶
7	🖶	🖶		🖶	🖶	🖶		🖶	🖶	🖶	🖶	🖶		🖶	🖶	🖶	🖶		🖶

图 6-14　向上方移动字符行

心灵手巧：因为把行移动到表格的最后一行比较麻烦，所以，可以变换一种思路，把包含字符的行都移到表格的上部。

（9）把空列移到表格的中部：选定一空列，对准切块拖曳鼠标到 K 列的首单元格，松手时，该空列被移到 K 列的左侧。依照同样方法把所有空列都集中到表格的中部，如图 6-15 所示。

A	B	C	E	F	G	I	J				K	M	N	O	Q	R	S		U
3	🖶	🖶	🖶	🖶	🖶	🖶	🖶				🖶	🖶	🖶	🖶	🖶	🖶	🖶		🖶
5	🖶	🖶	🖶	🖶	🖶	🖶	🖶				🖶	🖶	🖶	🖶	🖶	🖶	🖶		🖶
7	🖶	🖶	🖶	🖶	🖶	🖶	🖶				🖶	🖶	🖶	🖶	🖶	🖶	🖶		🖶

图 6-15　向中部移动空列

心灵手巧：移动行时，光标必须落在目标行第 1 个单元格中第 1 个字符的左侧，才能保证把原行插入到目标行的上面。移动列时，只要把光标放在目标列的一个单元格中就行。

（10）在表格的四周各插入 1 行或 1 列：选定表格的第 1 行，执行“表格”菜单“插入行”命令，在表格的上面增添一空行；移动光标到表格最后一行的右侧（表格之外）按回车键，在表格的下面追加一空行；选定表格右侧之外的一列回车符，在表格右侧之外增加一空列；选定表格左侧的一列，在表格左侧之外增加一空列。

（11）删除首行和末行中左、右两端的单元格（共 4 个）：把光标置入首行第 1 个单元格中，执行快捷菜单中的“删除单元格”命令，并选择“右侧单元格左移”，按照同样方法，删除该行最后一个单元格。然后，再删除末行两端的两个单元格。

（12）把第 1 行拆分成一个独立的表格：把光标置入第 2 行中，执行“表格”菜单的“拆分表格”命令，使第 1 行分离出来，成为一个独立的表格。

（13）把一个单元格中的数据复制到一个单元格区域中：在表格中部的空格中插入一个符号“⬆”，并进行复制操作，然后，拖曳鼠标选中表格中部的 4 个空列，接着，执行粘贴操作，在这个区域中填充符号“⬆”。

（14）把一个单元格中的数据复制到多个单元格区域中：随意复制一个符号“⬆”，然后，拖曳鼠标选定表格左下方的矩形区域，接着，按住 Ctrl 键后，拖曳鼠标选定右下方的矩形区域，随后，再单击列顶端，分别选定左右 2 列空列，接着，再选定上方的小表格（一行），如图 6-16 所示。此时，按“Ctrl+V”组合键，执行粘贴操作，在这些区域中同时粘贴符号“⬆”，最后再松开 Ctrl 键。复制单元格的结果如图 6-11 所示。

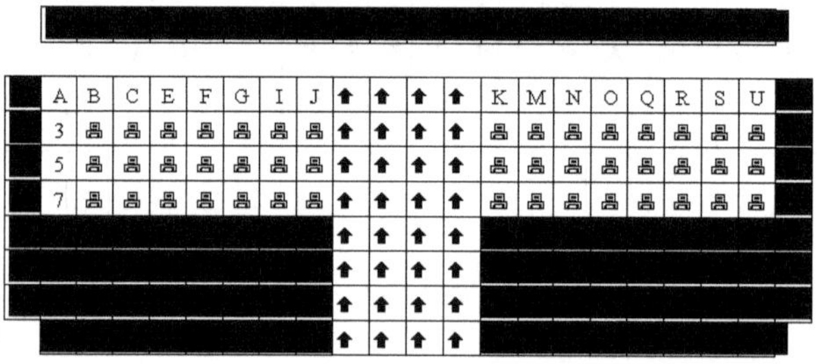

图 6-16　选定多个数据块的情况

心灵手巧：如果先复制了一个字符，按住 Ctrl 键选定表格的多个矩形区域后进行粘贴操作，这个字符就会被粘贴到选定区域的所有单元格中。

实训任务 2：通过选定与编辑表格实现表格数据的转置

任务描述

新建一个 6 行、24 列的表格，然后，在表格中插入数据，并通过设置不同的颜色，将全部表格数据划分为 5 个字符块。最后，采取各种编辑数据的手段，使整个表格数据沿着 X 轴垂直翻转 180°。

任务分析

完成这个任务有许多方法，但是，要想方法巧妙并且效率很高，还要善于动脑筋。可以把任务划分为 3 大步骤：一是先输入一行数字，并按照题样把全部数据用颜色划分为 5 部分；二是用第 1 行的数据复制多行，使数据充满表格；三是实现表格数据垂直翻转。需要灵活使用不同的选定单元格的方法，巧妙地使用复制、粘贴和移动单元格（区域）数据的不同方法，本来是很麻烦、很无奈的操作，将变得轻易而愉悦。

上机指导

把操作过程划分为 3 大步骤。

第一步，插入表格数据。

（1）新建表格：从“表格”菜单打开“插入表格”对话框，插入一个 6 行、24 列的表格，默认单元格宽度。

（2）输入表格数据：从第 1 行的 A1 单元格开始，到本行最后一个单元格，分别输入 1~9、0、1~9、0、0、0、0、0，共计 24 个数字。

（3）设置字符颜色：借助 Shift 键选定数字 1~9，设置为“深绿色”。采取相同的做法，把接下来的数字 1~9 设置为红色。接着，双击 A10 单元格，把选定的“0”设置为蓝色。最后，拖曳鼠标选定后面连续的 5 个“0”，设置为黄色，如图 6-17 所示。

1	2	3	4	5	6	7	8	9	0	1	2	3	4	5	6	7	8	9	0	0	0	0	0

图 6-17　表格第 1 行中的数据

心灵手巧：在上面的操作中，用到了鼠标与 Shift 键配合选择矩形区域的方法，也用到了双击单元格选定其中字符的方法，还用到了拖曳鼠标随意选择字符串的方法。

第二步，复制和粘贴数据。

（4）把第 1 行的数据复制到其他行：移动光标到第 1 行的左页边距，单击鼠标选定第 1 行数据，复制这 24 个数字。接着，把光标置入第 2 行的 B2 单元格中，执行粘贴操作。然后，分别把光标置入 C3、D4、E5 和 F6 中，执行粘贴操作，结果如图 6-18 所示。

（5）选定“三角形”字符块：把光标置入最后一行的最后一个单元格中，先按住 Shift 键，再连续按“左光标移动”键（←），横向选定 5 个“0”。接着，连续按“上光标移动”键（↑），选定一个直角三角形的字符区域，如图 6-19 所示。

0	1	2	3	4	5	6	7	8	9	0	0	0	0	0					
9	0	1	2	3	4	5	6	7	8	9	0	0	0	0	0				
8	9	0	1	2	3	4	5	6	7	8	9	0	0	0	0	0			
7	8	9	0	1	2	3	4	5	6	7	8	9	0	0	0	0	0		
6	7	8	9	0	1	2	3	4	5	6	7	8	9	0	0	0	0	0	
5	6	7	8	9	0	1	2	3	4	5	6	7	8	9	0	0	0	0	0

图 6-18　逐渐错位复制一行数据

9	0	1	2	3	4	5	6	7	8	9	0	0	0	0	0					
8	9	0	1	2	3	4	5	6	7	8	9	0	0	0	0	0				
7	8	9	0	1	2	3	4	5	6	7	8	9	0	0	0	0	0			
6	7	8	9	0	1	2	3	4	5	6	7	8	9	0	0	0	0	0		
5	6	7	8	9	0	1	2	3	4	5	6	7	8	9	0	0	0	0	0	
4	5	6	7	8	9	0	1	2	3	4	5	6	7	8	9	0	0	0	0	0

图 6-19　选定“三角形”的字符块

（6）移动“三角形”字符块：选定“三角形”字符块之后，进行“剪切”操作。然后，把光标置入 A2 单元格中，进行粘贴操作，将剪切的 15 个“0”粘贴到表格左下角的空白“三角形”区域中，并保持字符块原来的分布规律，如图 6-20 所示。

1	2	3	4	5	6	7	8	9
0	1	2	3	4	5	6	7	8
0	0	1	2	3	4	5	6	7
0	0	0	1	2	3	4	5	6
0	0	0	0	1	2	3	4	5
0	0	0	0	0	1	2	3	4

6	7	8	9	0	0	0	0	0					
5	6	7	8	9	0	0	0	0					
4	5	6	7	8	9	0	0	0					
3	4	5	6	7	8	9	0	0					
2	3	4	5	6	7	8	9	0					
1	2	3	4	5	6	7	8	9					

图 6-20　移动“三角形”字符块

（7）删除单元格区域：把光标置入“三角形”空白单元格区域的“顶角”单元格中，先按住 Shift 键，再连续按下光标移动键（↓），选定纵向的 5 个空单元格。接着，连续按右光标移动键（→），选定一个直角三角形的单元格区域。最后，从“表格”菜单打开“删除单元格”对话框，删除选定的单元格区域，如图 6-21 所示。

1	2	3	4	5	6	7	8	9	0	1	2	3	4	5	6	7	8	9	0	0	0	0	0
0	1	2	3	4	5	6	7	8	9	0	1	2	3	4	5	6	7	8	9	0	0	0	0
0	0	1	2	3	4	5	6	7	8	9	0	1	2	3	4	5	6	7	8	9	0	0	0
0	0	0	1	2	3	4	5	6	7	8	9	0	1	2	3	4	5	6	7	8	9	0	0
0	0	0	0	1	2	3	4	5	6	7	8	9	0	1	2	3	4	5	6	7	8	9	0
0	0	0	0	0	1	2	3	4	5	6	7	8	9	0	1	2	3	4	5	6	7	8	9

图 6-21　插入不同颜色数字的表格

第三步，将表格数据沿着 *X* 轴垂直翻转。

（8）配合拖曳鼠标交换第 1 行和第 6 行中的数据：选定第 1 行的数据，执行“剪切”操作，把数据暂存到剪贴板。再选定第 6 行的数据，用鼠标拖曳这个数据块，当鼠标指针到达第 1 行的第 1 个单元格 A1 中时松开鼠标键，将第 6 行的数据移到第一行中。接着，把光标置入 A6 单元格中，进行“粘贴”操作，将第 1 行的数据移到第 6 行中。

（9）交换其他行的数据：采取相同方法，交换第 2 行和第 5 行的数据，交换第 3 行和第 4 行的数据，结果实现表格数据在垂直方向上的翻转，如图 6-22 所示。

0	0	0	0	0	1	2	3	4	5	6	7	8	9	0	1	2	3	4	5	6	7	8	9
0	0	0	0	1	2	3	4	5	6	7	8	9	0	1	2	3	4	5	6	7	8	9	0
0	0	0	1	2	3	4	5	6	7	8	9	0	1	2	3	4	5	6	7	8	9	0	0
0	0	1	2	3	4	5	6	7	8	9	0	1	2	3	4	5	6	7	8	9	0	0	0
0	1	2	3	4	5	6	7	8	9	0	1	2	3	4	5	6	7	8	9	0	0	0	0
1	2	3	4	5	6	7	8	9	0	1	2	3	4	5	6	7	8	9	0	0	0	0	0

图 6-22　转置后的表格

心灵手巧：因为只移动数据，就不能采取单击左页边距的方法选定第 1 行中的数据，这样选定数据后再移动，不但将数据移走，而且包括这一行表格线也一起移走了，正确的方法是拖曳鼠标选定数据。另外，把第 6 行的数据移到第 1 行，不能利用“剪切”和“粘贴”的方法，那样就会把暂存在剪贴板中的第 1 行数据覆盖掉。恰当方法是用鼠标拖曳数据块。

知识梳理

选定编辑对象是编辑表格的前提。单击表格左上角的标志符“⊞”，可以选定整个表格；在左页边距单击鼠标，可以选定一行；在某列的顶端，当鼠标指针呈现“🡇”形状时，单击鼠标可以选定一列；在单元格中三击鼠标可以选定该单元格。移动单元格数据时，可以采取剪切与粘贴的方法，也可以通过拖曳鼠标来实现移动。拖曳鼠标移动数据时，数据不需要剪贴板作为缓存区。

自主学习

1. 填空题

（1）按 Tab 键可以将光标移到________单元格；按“Shift+Tab”键可以将光标移到________单元格；按“Alt+Home”键可以将光标移到本行的________单元格；按“Alt+End”键可以将光标移到本行的________单元格。

（2）在表格的单元格中插入的表格叫做________表格，这种做法叫做表格________。

2. 选择题

（1）如果要交换 A 列和 H 列的数据，恰当地移动数据的方法是________。

A. 复制与粘贴　　B. 剪切与粘贴

C. 剪切与粘贴，配合拖曳鼠标　　D. 只拖曳鼠标

（2）在 Word 2003 表格的单元格中，不可以插入的对象是________。

A. 表格　　B. 声音　　C. 图片　　D. 页码

第3节 调整表格

实训任务 1：巧妙调整表格结构快速建立“砖墙”图案

任务描述

新建一个文件，参考如图 6-23 所示的题样，创建一个表格。然后对表格实行一系列的结构调整，最终，形成砖墙的样子，达到如题样所示的效果。

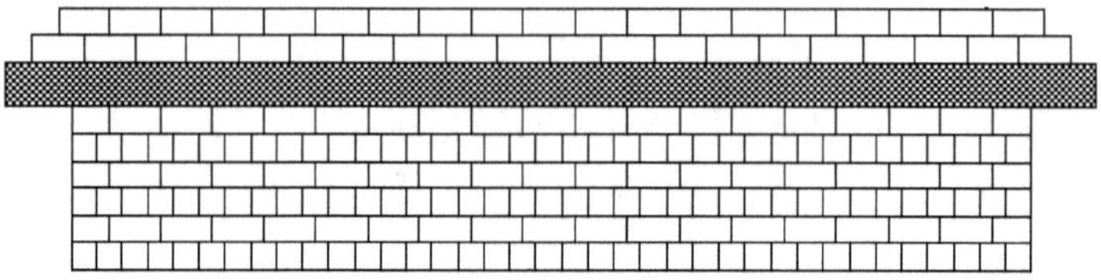

图 6-23 用表格制作的砖墙

任务分析

本题主要是训练合并与拆分单元格的技术，并配合对单元格的删除操作。“墙头”由两行砖组成，要求两行的砖缝错开位置。“墙体”由 6 行砖组成，奇数行由“横砖”组成（两端的宽度比较窄），偶数行由“竖砖”组成。开始建立的单元格都是等宽的，需要经过拆分与合并操作才能符合要求。

上机指导

（1）插入表格：首先，在新建文档中插入一个 5 行、21 列的表格，并设置表格的行间距为“最小值”0 磅，目的是减小行的高度。

（2）设置表格属性：选定整个表格，打开“表格属性”对话框，首先，设置整个表格“居中”对齐。然后，单击“选项”按钮，修改“单元格边距”都为“0”。

（3）删除单元格：删除第 1 行中的 2 个单元格，删除第 2 行中的 1 个单元格。

（4）合并单元格：选定第 3 行，按右键，从快捷菜单中选择“合并单元格”。然后，按快捷键打开“表格属性”对话框，指定第 3 行的高度为 0.6 厘米。再设置第 3 行的底纹为“深色网格”，结果如图 6-24 所示。

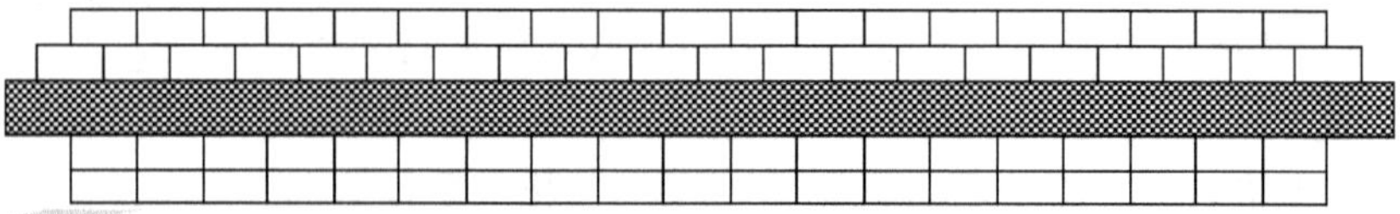

图 6-24 用表格制作的墙头

（5）拆分、合并与删除单元格：把第 5 行的 19 个单元格拆分为 38 个，再删除一个单元格。接着，把第 4 行第 1 个单元格拆分为 4 个，删除其中的 1 个之后，再合并其余 3 个。对于第 4 行中的最后一个单元格也做相同的处理，使第 4 行和第 5 行等宽，并且两行的砖缝正好错开，这是砌砖墙的基本常识。

（6）复制及粘贴行：选定第 4 行和第 5 行之后，按“Ctrl+C”组合键，复制行数据，接着，按两次“Ctrl+V”组合键，粘贴数据，墙体一共是 6 行，如图 6-23 所示。

心灵手巧：复制表格内容后，不必在新插入的下一行中执行“粘贴操作”，只要接着按“Ctrl+V”组合键，被复制的内容将粘贴到新行中并自动换行。需要注意的是，如果在单元格中粘贴表格信息，被粘贴的单元格数不能多于原表格中空单元格的个数。

实训任务 2：制作具有复杂表头结构的“职工工资表”

任务描述

在新建文档中，创建一个 8 行、8 列的表格，然后，对表格的结构框架进行一系列调整，制作出具有多层表头的“职工工资表”，如图 6-25 所示。最后，要求把创建的表格保存到文件中，文件名为“制作复杂表头.doc”。

<table>
<tr><td colspan="2" rowspan="3">项目
职工</td><td rowspan="3">奖金</td><td colspan="3">固定工资</td><td rowspan="3">税金</td><td rowspan="3">扣款</td><td rowspan="3">实发工资</td></tr>
<tr><td colspan="2">基本工资</td><td rowspan="2">工龄工资</td></tr>
<tr><td>岗位工资</td><td>绩效工资</td></tr>
<tr><td rowspan="3">在职</td><td>焦理</td><td></td><td></td><td></td><td></td><td></td><td></td><td></td></tr>
<tr><td>焦工</td><td></td><td></td><td></td><td></td><td></td><td></td><td></td></tr>
<tr><td>焦文</td><td></td><td></td><td></td><td></td><td></td><td></td><td></td></tr>
<tr><td rowspan="2">退休</td><td>陆边</td><td></td><td></td><td></td><td></td><td></td><td></td><td></td></tr>
<tr><td>水中</td><td></td><td></td><td></td><td></td><td></td><td></td><td></td></tr>
<tr><td rowspan="2">临时</td><td>穆工</td><td></td><td></td><td></td><td></td><td></td><td></td><td></td></tr>
<tr><td>钱工</td><td></td><td></td><td></td><td></td><td></td><td></td><td></td></tr>
</table>

图 6-25 职工工资月报表基本内容

任务分析

本任务的重点是通过合并与拆分单元格，在第 1 行中创建“职工工资表”的标题栏，在第 1 列中创建记录名栏。左上角单元格中的“斜线”是通过设置段落的边框线产生的。在下面叙述操作步骤和方法的时候，用单元格的标准名字来称谓，比如，A1 是指第 1 列、第 1 行交叉点的单元格。

上机指导

（1）插入表格：从“表格”菜单打开“插入表格”对话框，在“列数”框和“行数”框各输入数字“8”，建立一个 8 行、8 列的表格。

（2）画单元格的斜线：选定单元格 A1，从“格式”菜单打开“边框与底纹”对话框，在“边框”选项卡中单击“预览区”中的“正斜线”（ \ ）按钮，在单元格中插入斜线。然后输入“项目”和“职工”，并以“空格符”和“回车符”将二者移到合适的位置。

（3）拆分标题行的单元格：选定 C1、D1 和 E1 单元格，从快捷菜单中选择“拆分单元格”，在对话框中，改变“列数”和“行数”调整框的数字都是“3”，将选定的 3 个单元格拆分为 9 个单元格。暂且为这 9 个小单元格命名，如图 6-26 左图所示。

（4）合并单元格：选定 C11、D11 和 E11 单元格，从快捷菜单中选择“合并单元格”。选定 C22 和 D22 单元格，从快捷菜单中选择“合并单元格”。选定 E22 和 E33 单元格，从快捷菜单中选择“合并单元格”，结果如图 6-26 右图所示。

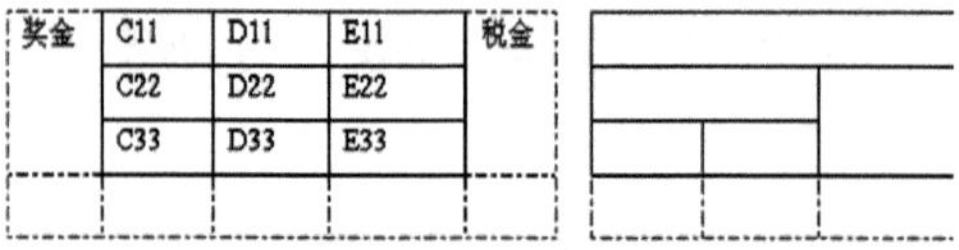

图 6-26　拆分单元格与合并单元格

（5）输入“栏标题”名：参考题样，在标题行中输入各种栏标题的名称。

（6）拆分“记录名”列：同时选定 A2~A8 单元格，打开“拆分单元格”对话框，直接单击“确定”按钮，将选定的单元格拆分为 2 列（仍然保持 7 行）。

（7）合并“记录名”单元格：为了把“职工”划分为“在职”、“退休”和“临时”3 类，需要在职工姓名的左侧建立 3 个竖立的长条单元格。选定 A2、A3 和 A4 单元格被拆分后的左单元格，合并后组成新的一列，并输入“在职”。采取相同做法，在合并后的另外两个长条形单元格中输入“退休”和“临时”。

（8）保存表格文件：单击“常用”工具栏上的“保存”按钮，在“另存为”对话框中为表格文件命名，比如文件名是“制作复杂表头.doc”（后面的训练题将用到此文件）。

知识梳理

调整表格是表格处理的重要环节。调整表格包括改变行和列的宽度和高度，合并单元格和拆分单元格，以及插入与删除行、列和单元格等。这些操作命令一般可以从“表格”菜单获得，也可以从快捷菜单中获得，还可以按键盘上的功能键实现，如 Delete 键等。

自主学习

1. 填空题

创建一个 8 列 4 行的表格，经过一系列合并和拆分表格的操作，将表格变成如图 6-27 所示的样子。请你动手试验后，将正确的结果填写在“操作过程”的下画线处。

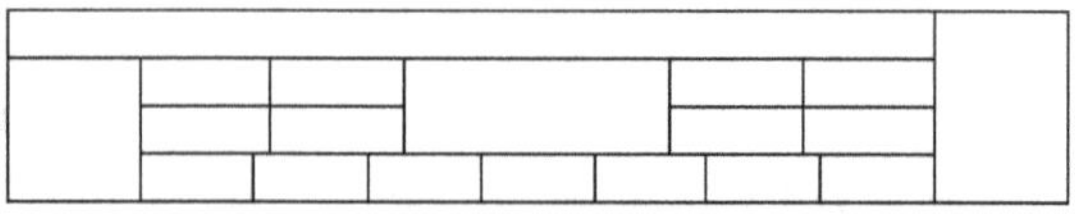

图 6-27　调整表格的填空题题样

操作过程：一共有________个单元格参加了合并单元格的操作，一共有________个单元格参加了拆分单元格的操作；拆分单元格的命令在________菜单中；合并右侧的单元格应该选定的单元格区域是________。

2. 选择题

（1）下面方法________不能改变行高。

A. 改变行间距　B. 改变字号　C. 拖曳表格线　D. 设置表格底纹

（2）下面方法________不能改变列宽。

A. 改变行高　B. 改变字号　C. 利用标尺　D. 拖曳表格竖线

第4节 格式化表格

实训任务1：通过格式化表格来修饰“职工工资表”

任务描述

打开在“调整表格”一节中保存表格的文档文件“制作复杂表头.doc”，对表格采取一系列的格式化操作，包括设置表格的数据字符格式和对齐格式，还需要对表格本身的边框线和底纹进行必要的修饰，具体效果参考图6-28。

项目 职工		奖金	固定工资			税金	扣款	实发工资
			基本工资		工龄工资			
			岗位工资	绩效工资				
在职	焦理							
	焦工							
	焦文							
退休	陆边							
	水中							
临时	穆工							
	钱工							

图6-28 职工工资表

任务分析

完成训练任务需要做两件事情：一是设置单元格中数据的格式，重点是对齐方式，将涉及竖排、分散和居中等多种对齐方式；二是设置表格的边框和底纹格式，操作方法与段落基本相同。还有些特殊之处，将在“上机指导”中讲述具体操作方法。

上机指导

把操作过程划分为两大步骤。

第一步，设置表格数据的对齐方式。

（1）设置文字竖排方式：同时选定“在职”、“退休”和“临时”单元格，从“格式”菜单打开“文字方向”对话框，从中设置文字竖排方式。

（2）设置竖排文字居中对齐：在前面选定的对象中，按右键打开快捷菜单，从“单元格对齐方式”中选择“中部居中”，选定的3个单元格中的文字在水平方向上居中对齐。

（3）设置水平分散对齐：选定“固定工资”单元格，在“段落”对话框中设置左、右各缩进1厘米。然后，再设置“固定工资”在固定的段落宽度范围内“分散对齐”。

（4）设置垂直居中对齐：选定“奖金”单元格，从快捷菜单中选择“单元格对齐方式”中的“中部对齐”。采取相同做法，设置“税金”等其他单元格的文字“中部对齐”。

心灵手巧：表格单元格的对齐方式一共有9种，选用的途径有两条，一是从快捷菜单中选择，二是利用“表格和边框”工具栏也可以为单元格设置多种对齐方式。

（5）设置水平对齐：同时选定“基本工资”、“岗位工资”和“绩效工资”3个比较矮小的单元格，单击“格式”工具栏上的“居中”按钮，设置单元格的数据水平居中。

第二步，设置表格的边框和底纹。

（6）设置“项目/职工”单元格的边框和底纹：选定这个单元格中的所有文字，打开“边框和底纹”对话框，先选定“线型”为“双线”，再单击“设置”区的“方框”按钮，在这个单元格的四周设置“双线”边框。接着，单击“预览区”的“正斜线”按钮，再转换线型为“单线”，再次单击“正斜线”按钮，效果才符合要求，如图6-29所示。切换到“底纹”选项卡，设置这个单元格的底纹为“淡蓝色”。

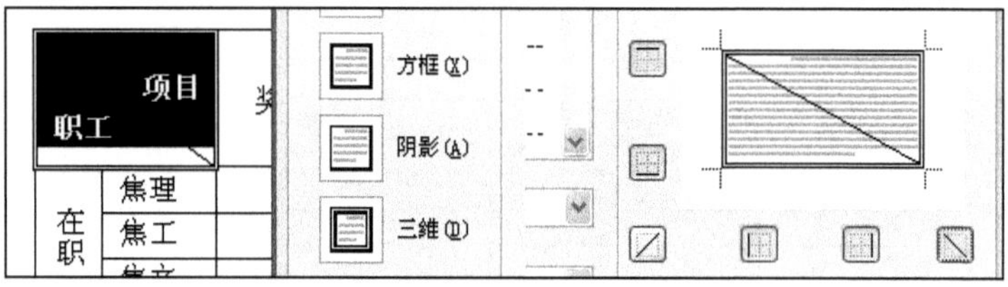

图6-29　设置单元格的复杂边框

（7）设置数据区的边框和底纹：选定以单元格B2和H8为对角线的矩形区域，在“边框和底纹”对话框中，切换到“边框”选项卡，先单击“预览区”的上边线，使上边线消失，接着选中“双线”形，再一次单击上边线，将其设置成“双线”。接着，再单击左边线，使其为“双线”，如图6-30所示。最后，设置数据区域的底纹为“灰色25%”。

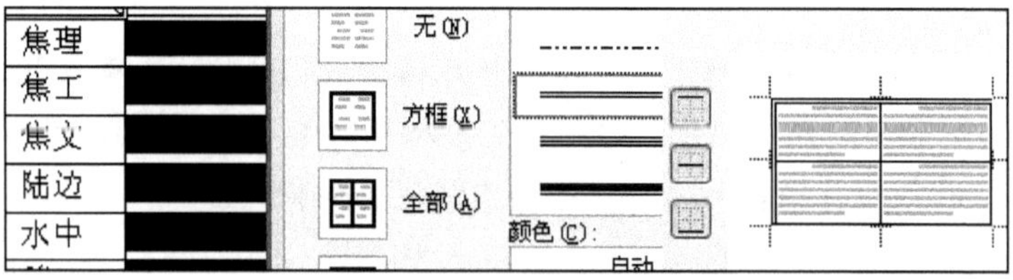

图6-30　设置“┏”形的双线边框

（8）设置字符字体：选定“固定工资”等标题文字，设置为“小四号”字和“加粗”。

实训任务2：通过修饰表格形成一幅“教学楼”图画

任务描述

新建一个文档，参考如图6-31所示的题样，经过对表格设置多种格式，使格式化后的表格变成一幅美丽的“电脑创意学堂”图画。

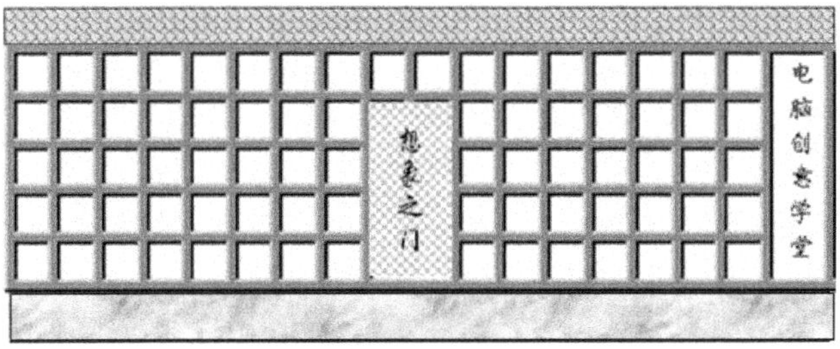

图6-31 通过格式化表格形成的图画

任务分析

“任务描述”中的文字叙述不多，需要依靠观察题样来确定具体的操作任务，主要任务包括调整表格结构及设置边框和底纹。可以先设置不同格式的边框和底纹，再合并其中4处的单元格，形成门窗、楼顶和楼座，还需要适当设置一些单元格的高度。

上机指导

（1）插入表格：从“表格”菜单选择“插入表格”，建立一个18列、7行的表格。

（2）合并单元格：选定第1行，执行“表格”菜单的“合并单元格”命令，合并为一个单元格。采用相同的做法，合并最后一行的单元格。再合并中间的8个单元格，作为楼房的大门，并输入“想象之门”。再合并表格右侧的5个单元格，输入“电脑创意学堂”。

心灵手巧：应该注意，合并有数据的单元格时，这些单元格中的数据将竖向排列在新单元格中，使其高度增加。如果在合并之前先清除单元格中的数据，可以避免这些麻烦。

（3）设置底纹：选定表格第1行，在“边框和底纹”对话框中，设置为由绿色和浅黄色组成的“瓦形”底纹。采取相同做法，为最后一行设置“白色大理石”的填充色。选定“想象之门”单元格区域，设置为淡蓝色的“棋盘格”底纹。

（4）设置边框：选定除首行和末行之外的其余所有单元格，利用“边框”选项卡为这些单元格设置三维边框。

（5）改变行高：选定最后一行，执行“表格”菜单的“表格属性”命令，切换到“行”选项卡，选中“指定高度”复选框，再选中“固定值”类型，并输入“1厘米”。

知识梳理

表格格式化主要包括设置表格字体格式、数据对齐方式、边框和底纹格式等，常通过两种途径：一个是利用“边框和底纹”对话框，另一个是利用“表格和边框”工具栏。“格式”工具栏上的“对齐”按钮主要负责文档文字在水平方向上对齐，也适用于高度与其中文字相应的单元格；在表格中按右键显示的快捷菜单，其中有“单元格对齐方式”选项，有 9 种对齐方式，将水平对齐和垂直对齐方式融为一体，能够同时在两个方向上产生对齐效果。但是，这些选项只对表格数据产生作用。

自主学习

1. 读图题

读图 6-32，完成如下练习题。

（1）简答题：表格中的第 2 行被设置了哪种边框格式和底纹格式？

（2）填空题：A1 单元格中的字符被设置了________对齐方式；A2 单元格中的字符被设置了________对齐方式；A3 单元格中的文字方向是________。

天　地　人　间	天高地厚	藏龙卧虎

图 6-32　自主学习中的读图题

2. 连线题

在左侧的问题与右侧的答案之间建立正确的连线，本题是多项选择题。

设置表格文字对齐方式的工具是	“格式”工具栏
	“表格和边框”工具栏
设置表格文字方向的工具是	“表格”菜单
	快捷菜单
设置表格的边框和底纹的工具是	“格式”菜单

第5节 表格排序与计算

本节完成在表格中输入基本公式和对数据进行简单排序的训练，尽管如此，仍然能够比较方便地完成日常的处理表格工作，而且为学习 Excel 奠定基础。

实训任务 1：利用表格计算公司的产品销售额

任务描述

新建一个文档，参考如图 6-33 所示的题样，制作计算机软件公司的“产品销售额统计表”，并计算所有产品每季度销售额的合计值，计算上半年销售总额，计算每种产品上半年的产品销售额平均值等。

计算机软件公司上半年产品销售额统计表							
单位：万元			2011/10/18				
季度	第一季度			第二季度			产品平均销售额
季合计：	97.00			246.40			
月份 产品	一月	二月	三月	四月	五月	六月	
财务软件	7.5	14.6	17.0	10.4	11.3	8.8	11.60
绘图软件	13.4	13.5	13.6	13.7	13.8	13.9	13.65
游戏软件	2.5	4.6	10.3	25.6	40.9	108.0	31.98
上半年产品销售总额：				343.40 万元		（共计 3 种产品）	

图 6-33　完成所有操作后的表格

任务分析

要求编辑的计算公式有求和公式“SUM”和求平均值公式“AVERAGE”。另外，在最后一个单元格的文字“共计 3 种产品”中，具有灰色底纹的数字是利用“COUNT”函数计算的结果，是产品种类的统计值。

上机指导

可以把完成本任务的操作划分为 5 大步骤。

第一步，调整表格结构。

（1）插入表格：执行“表格”菜单“插入表格”命令，插入一个 8 行、8 列的表格，固定列宽度为 1.6 厘米。

（2）合并单元格：选定第 1 行的 8 个单元格后，从快捷菜单中选择“合并单元格”，将第 1 行变成一个大单元格。参考图 6-34，合并其他的单元格。

第二步，输入表格数据。

（3）在标题行中输入文字：光标置入第 1 行中，输入标题“计算机软件公司上半年产品销售额统计表”，并设置为居中对齐。

（4）插入日期：在标题后面回车，在标题行的第 2 段中输入“单位：万元”，再从“插入”菜单插入“日期和时间”，从列表中选择合适形式的日期。

（5）输入表格的其他文字：参考图 6-34，在相应的单元格中输入表格文字。其中，在 A4 单元格中，先输入“月份”，按一下回车键后，在下一段中输入“产品”。

第三步，设置数据对齐方式。

（6）设置右对齐：通过单击左页边距选定末行，单击“格式”工具栏上的“右对齐”按钮，设置水平方向“右对齐”。然后，选定数字区域中的 18 组数字，设置为“右对齐”。

（7）设置居中对齐：将光标置入标题中，单击“格式”工具栏上的“居中”按钮，设置水平居中对齐方式。参考题样，采取相同做法，设置其余文字居中对齐。

（8）设置“中部对齐”方式：将光标置入“产品平均销售额”单元格中，从快捷菜单中选择“单元格对齐方式”中的“中部对齐”，使文字在水平和垂直两个方向都居中对齐。采取相同做法，设置“一月”、“二月”等月份文字“中部对齐”，如图 6-33 所示。

计算机软件公司上半年产品销售额统计表							
单位：万元			2011/10/18				
季度	第一季度			第二季度			产品平均销售额
季合计：							
月份 产品	一月	二月	三月	四月	五月	六月	
财务软件	7.5	14.6	17.0	10.4	11.3	8.8	
绘图软件	13.4	13.5	13.6	13.7	13.8	13.9	
游戏软件	2.5	4.6	10.3	25.6	40.9	108.0	
上半年产品销售总额：				万元		（共计 种产品）	

图 6-34　输入文字后的表格

第四步，设置单元格的边框和底纹。

（9）设置表格的边框线：选定表格并打开“边框和底纹”对话框，在“边框”选项卡中，设置双线边框线。然后，选定 A4 单元格中的所有数据，设置“正斜线”边框线。

（10）设置表格底纹：分别设置保存“季合计:”单元格、保存“产品平均销售额”单元格和保存“上半年产品销售总额”单元格的底纹为“灰度—25%”。然后，在“共计　种产品”文字中间也设置一小块灰色的底纹，如图 6-33 所示。

第五步，输入计算公式。

（11）输入求和公式：把光标置入存放第一季度合计值的单元格中，从“表格”菜单打开“公式”对话框，先从“数字格式”对话框中选择“0.00”，再从“粘贴函数”列表框中选择“SUN”，接着，在函数的括弧中输入“B2:D7”，确定参与求和的单元格区域。采取相同做法，计算全部产品在第二季度的销售额合计值。最后，把光标置入存放“上半年产品销售总额”值的单元格中，采取类似的做法，建立求和计算公式，标明域是“B5:G7”。

（12）计算每种产品 6 个月的平均销售额：把光标置入存放财务软件的“产品平均销售额”单元格中，在“公式”对话框中，先确定两位小数点的数字格式，再从“粘贴函数”列表框中选择“AVERAGE”，接着，在函数的括弧中输入标明域“LEFT”，确定后，得到财务软件 6 个月销售额的平均值。下面，把新求得的求平均值公式复制到下方的两个单元格中，再选定这些公式，按“F9”键更新域，获得相应的计算公式和计算值。

（13）计算产品种类数：把光标置入最后一个单元格的灰色底纹中，在“公式”对话框的“粘贴函数”列表框中选择“COUNT”，在函数的括弧中输入标明域　“B5:B7”。确定后，得到的是公司所生产软件的种类数“3”。结果如题样所示。

实训任务 2：通过数据排序挑选参加夏令营的一名学生代表

任务描述

创建一个 7 行、6 列的简单表格，参考如图 6-35 所示的题样建立“候选夏令营员登记表”。然后，按照条件对表格数据进行多次排序，从而达到对表格数据进行筛选的目的，从中挑选符合多种条件的参加全国中学生夏令营的学生代表。

候选夏令营员登记表

姓名	年龄	民族	体重（kg）	入学成绩	入学日期
赵钱	16	汉族	70	560	2003/9/1
李丹	21	汉族	55	520	2003/9/1
巴特华	19	蒙古族	75	590	1999/9/1
乌兰雨	17	蒙古族	60	530	2001/9/1
回利	18	回族	70	500	2002/9/1
白玉	20	回族	45	550	2002/9/1

图 6-35 参加排序的原始数据表

任务分析

通过排序来达到筛选数据的目的，是灵活利用 Word 表格的排序功能的具体体现。筛选的主要原理是多次进行递增或递减排序，并删除排序后表格的最后一行。比如，要删除年龄最大的，就应该对年龄进行递增排序；要删除成绩最低的，就应该对成绩进行递减排序等。下面，分析做题思路：第 1 次对“姓名”列按笔画递减排序，然后，删除表格的最后一行（笔画最少）；第 2 次对“年龄”递增排序，删除最后一行（年龄最大）；第 3 次对“民族”按拼音递增排序，删除最后一行（字母的 ASCII 码最大）；第 4 次对“体重”和“入学成绩”同时排序，保留体重轻的，如果体重相同，保留成绩高的；第 5 次对“入学日期”排序，淘汰入学比较早的学生。经过 5 次淘汰，剩下一名符合条件的学生。

上机指导

（1）创建表格。单击“常用”工具栏上的“插入表格”按钮，拖曳出一个 7 行、6 列的表格。参照图 6-36 在表格中输入数据。

候选夏令营员登记表

姓名	年龄	民族	体重（kg）	入学成绩	入学日期
赵钱	16	汉族	70	560	2003/9/1
李丹	21	汉族	55	520	2003/9/1
巴特华	19	蒙古族	75	590	1999/9/1
乌兰雨	17	蒙古族	60	530	2001/9/1
回利	18	回族	70	500	2002/9/1
白玉	20	回族	45	550	2002/9/1

图 6-36 “登记表”原表

（2）按“姓名”排序：选定 A 列后，执行“表格”菜单的“排序”命令，在对话框中单击“类型”列表框，从中选择“笔画”，选中“降序”单选框，选中“有标题行”单选框，单击“确定”按钮，表格重新排序。删除最后一行，淘汰姓名笔画最少的学生“乌兰雨”，结果如图 6-37 所示。

姓名	年龄	民族	体重（kg）	入学成绩	入学日期
赵钱	16	汉族	70	560	2003/9/1
李舟	21	汉族	55	520	2003/9/1
回利	18	回族	70	500	2002/9/1
白玉	20	回族	45	550	2002/9/1
巴特华	19	蒙古族	75	590	1999/9/1

图 6-37　按“姓名”排序后的表格

心灵手巧：选定整列后，“排序”对话框的“排序依据”列表框中自动纳入“姓名”作为排序的依据，并自动选中“有标题行”单选框；如果不选定 A1 单元格（姓名），这两项选项就需要操作者自己来选中。

（3）按“年龄”排序：选定 B 列后，设置排序类型为“数字”，并选中“升序”单选框。排序后，删除最后一行，淘汰年龄最大的学生“李舟”，结果如图 6-38 所示。

姓名	年龄	民族	体重（kg）	入学成绩	入学日期
赵钱	16	汉族	70	560	2003/9/1
回利	18	回族	70	500	2002/9/1
巴特华	19	蒙古族	75	590	1999/9/1
白玉	20	回族	45	550	2002/9/1

图 6-38　按“年龄”排序后的表格

（4）按“民族”排序：选定 C 列后，设置排序类型为“拼音”，并选中“升序”单选框。排序后，删除最后一行，淘汰汉语拼音首字符的 ASCII 码最大的学生“巴特华”，结果如图 6-39 所示。

姓名	年龄	民族	体重（kg）	入学成绩	入学日期
赵钱	16	汉族	70	560	2003/9/1
回利	18	回族	70	500	2002/9/1
白玉	20	回族	45	550	2002/9/1

图 6-39　按“民族”排序后的表格

（5）多条件排序：同时选定 D 列和 E 列，打开“排序”对话框，在“排序依据”列表框中选中“体重”，类型是“数字”，方式是“递增”；在“然后依据”列表框中选中“入学成绩”，类型是“数字”方式是“递减”，如图 6-40 所示。确定后，删除表格的最后一行，淘汰体重较重且成绩较低的那名学生“回利”，结果如图 6-41 所示。

图 6-40　多条件排序的“排序”对话框

姓名	年龄	民族	体重（kg）	入学成绩	入学日期
白玉	20	回族	45	550	2002/9/1
赵钱	16	汉族	70	560	2003/9/1

图 6-41　按“体重”和“入学成绩”排序后的表格

（6）按“入学日期”排序：选定 F 列后，打开“排序”对话框，从“类型”列表框中选择“日期”，并选中“降序”单选框，单击“确定”按钮后，删除最后一行，淘汰 2002 年入学的学生，保留 2003 年入学的学生“赵钱”，作为最后入选者，结果如图 6-42 所示。

姓名	年龄	民族	体重（kg）	入学成绩	入学日期
赵钱	16	汉族	70	560	2003/9/1

图 6-42　按“入学日期”排序后的表格

知识梳理

第一，关于创建公式。

下面介绍一些常用的基本函数，供建立公式时参考。

- IF()：条件函数，如“=IF(A2>100,50,0)”，如果 A2 单元格的数值大于 100，那么公式计算的结果等于 50，否则结果是 0；
- SUM()：求和函数，如“=SUM(A2:D8,C10:F12,K100,200)”；
- AVERAGE()：求平均值函数，如“=AVERAGE(D20:H26)”；
- INT()：取整函数，如“=INT(AVERAGE(A1:D8))”；
- ROUND()：四舍五入函数，如“=ROUND(10.658,2)”，参数 2 是指保留 2 位小数；
- MAX()：求最大值函数；
- MIN()：求最小值函数；
- COUNT()：计数函数，这个函数可以统计表格指定区域中含有数字的单元格的个数，例如，如果公式“=COUNT(B3:B10)”计算的结果等于 5，说明在单元格区域 B3:B10 中有 5 个单元格中的数据是数字型，另外 3 个是文字或其他符号。

公式简化了运算的式子，标明域可以简化运算参数。标明域的作用及使用方法主要是针对简单表格而言的，如果表格中有的单元格被拆分或合并过，问题就不那么简单了，但有章可循：首先，公式中尽量不要使用标明域；另外，在公式中引用单元格（区域）时，需要重新计算单元格的位置，遵循的规则是，行号按本行以上最多的行计算，列号按单元格在本行中的实际位置来确定。

第二，关于排序。

对数字排序比较好理解，不需要多解释；对英文单词排序时，关键要搞清楚英文字母排序的规则。总的原则是以第 1 个字母在 26 个英文字母表中的顺序为依据，小写字母排在大写字母的后面。如果第 1 个字母相同，再考虑第 2 个字母，直到分出大小为止。参加排序的中文数据可选择两种类型，一种是拼音，另一种是笔画，写出中文的拼音后，对英文文字排序的规则完全可以移植到中文按拼音排序上来。如果按中文的“笔画”排序，当然由笔画的多少来决定排序的次序，如果第 1 个汉字的笔画一样，再比较第 2 个汉字，如果几组汉字的笔画都相等，Word 2003 将自动按照拼音的规律进行排序；数据类型是日期时，排序优先权的顺序依次是年、月和日。

自主学习

1. 判断题

（1）根据公式结构组成的规则，判断下列公式正确与否，在正确公式的括弧中画“√”。

A. =SUM(A3,B5，C8)　(　)　　B. =SUM(A3,B5.C8)　(　)

C. =SUM(A3,B5,C8)　(　)　　D. =SUM(A3:B5,135,CD2605)　(　)

（2）在如图 6-43 所示的表格中有错误的公式，请在错误公式的单元格中画“×”。

学校名称	P 4 计算机	激光打印机	数码摄像机	A3 扫描仪	合计
白领学院	128	5	2	1	=SUM(above)
蓝领中学	256	12	21	8	=SUM(Left)
红领巾小学	180	120	30	15	=MAX(Left)
平均数量	=Average(Left)	=SUM(above)	=Average(above)	Average(c2:c7)	

图 6-43　判断题的原始表格及公式

2. 填空题

（1）英文字母排序的原则是，以第 1 个字母在 26 个英文字母表中的顺序为依据，小写字母排在大写字母的________。如果第 1 个字母________，再考虑第 2 个字母。

（2）参加排序的中文数据可选择两种类型，一种是________，另一种是________。数据类型是日期时，排序优先权的顺序依次是________、________和________。

第6节 综合训练

实训任务：利用表格来规划“儒家经典《孟子》”栏目的版面布局

任务描述

参考如图 6-44 所示的题样，利用 Word 表格来规划专题栏目的框架结构，使版面布局错落有致。然后参考题样，在单元格框架中输入文本内容，插入图片等信息，以及插入嵌套表格。

图 6-44　利用表格规划版面的最终效果

任务分析

本题的表格由6行5列组成。❶标题占用了表格的一行，由3个单元格组成。❷左侧的艺术字被安放在由5个单元格合并的长条单元格中。❸4个导航按钮占据了将近一行的空间。❹“简介”栏目由4个单元格合并而成。❺中间的两个单元格分别插入了一幅图片和文字标题。❻右侧的空间由8个单元格合并而成，然后，在这个大单元格中又插入了一个5行、2列的小表格，存放“经典语句解释”。❼最后要说明的是表格的边框线问题，表格被设置了“斜线型”外边框；表格内部只有一横一竖两条线条有颜色，其他线条默认为灰色。

任务操作

第一步，建立表格框架。

（1）插入表格：单击“常用”工具栏上的“插入表格”按钮，拖曳出一个6行、5列的表格，然后，适当增加表格的高度。

（2）设置格式：单击表格的“移动控点”选定整个表格，首先在“表格属性”对话框中单击“选项”按钮，把单元格边距都调整为0磅；然后，打开“段落”对话框，设置“最小值”0磅的段间距；接着单击“格式”工具栏上的“字号”列表框，选择“小五号”。上述采取的种种措施都是为了释放单元格的有效空间，以便容纳数据。

（3）调整表格：通过合并和拆分单元格，把表格调整为如图6-45所示的结构布局。为了方便后面的操作（不适合于公式计算），在图中对合并后的单元格重新命名。以下，在叙述操作方法时所涉及的单元格名称，都是以此为依据来称谓的。

<table>
<tr><td colspan="2">A1</td><td>B1</td><td>C1</td></tr>
<tr><td rowspan="3">A2</td><td colspan="3">B2</td></tr>
<tr><td rowspan="2">B3</td><td>C3</td><td rowspan="2">D3</td></tr>
<tr><td>C6</td></tr>
</table>

图6-45　调整表格的结构

第二步，插入表格和图片。

（4）插入嵌套表格：把光标置入D3单元格中，从“表格”菜单插入一个5行、2列的内嵌式表格。需要设置段落格式，使行间距为“最小值”0磅，还需要设置表格内部的间距都为0磅，增加这个小表格的利用空间。

（5）移动嵌套表格：光标对准小表格左上角的“移动控点”（十字箭头），拖曳鼠标，移动整个表格的位置，到单元格的适当位置。然后，在“表格属性”对话框中，使小表格具有“居中”对齐方式，如图6-46所示。

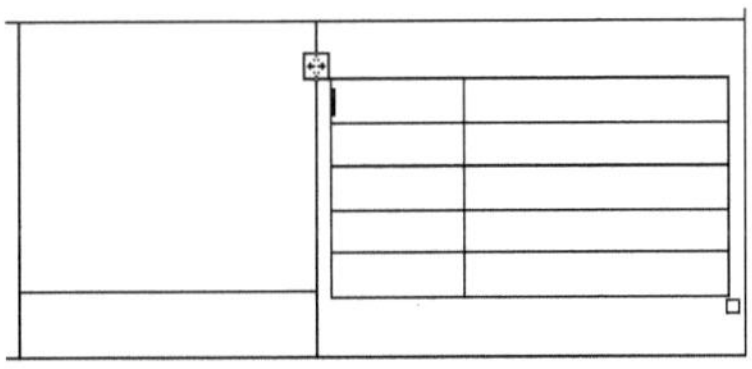

图6-46　插入嵌套表格

（6）插入图片：把光标置入 C3 单元格中，从“插入”菜单插入“来自文件”的图片，文件位于电子资料包“表格”文件夹中，文件名是“孟子（漫画）.jpg”。适当调整图片的尺寸，使其布满单元格。

（7）插入自选图形：从“绘图”工具栏“自选图形”中选择“基本形状”类，选择其中的“棱台”图形，在 B2 单元格中画一个小“棱台”。设置小“棱台”的版式为“嵌入型”，进行必要的修饰，并且复制 3 个。然后，在“段落”对话框中设置本行左右各缩进 1 厘米，再单击“格式”工具栏上的“分散对齐”按钮，效果如图 6-47 所示。

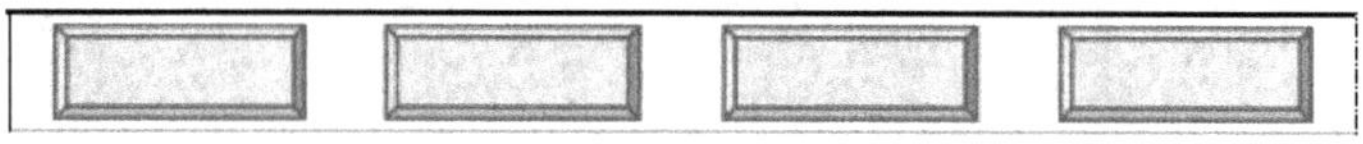

图 6-47　在单元格中插入自选图形

（8）插入艺术字：把光标置入 A2 单元格中，利用“艺术字”工具栏插入竖向排列的艺术字“侃侃而谈”，并编辑和修饰艺术字。

第三步，插入文字内容和表格内容。

（9）插入标题文字：在 B1 单元格中输入“儒家经典《孟子》”；在 C6 单元格中输入图片的标题“儒家的重要代表人物—孟子”。

（10）在自选图形中插入文字：双击第 1 个小“棱台”图形，在对话框中切换到“文本框”选项卡，设置“内部边距”都是 0。然后，再单击这个小“棱台”图形，按右键打开快捷菜单，从中选择“添加文字”，输入“以德服人”。采取相同做法，在其他 3 个小“棱台”中分别输入“与民同乐”、“心悦诚服”和“近朱者赤”。

（11）粘贴文字内容：打开位于电子资料包“表格”文件夹中的“儒家经典《孟子》.doc”文件，复制“《孟子》简介”中的文字内容，粘贴到 B3 单元格中，然后，将“简介”竖向排列，并设置为繁体。

（12）插入表格内容：参考如图 6-44 所示的题样，输入内嵌式表格中的文字内容（或从素材文件中粘贴），同时，在表格的下方输入表格的题目“经典语句解释”。

第四步，修饰表格。

（13）设置大表格外边框：单击“移动控点”选定整个大表格后，打开“边框和底纹”对话框，切换到“边框”选项卡，设置表格的外边框为“斜线型”。

（14）设置横向和竖向边框：选定第 1 行，打开“边框”选项卡，在第 1 行的下侧设置“双线”边框。选定 A2 单元格，在单元格的右侧设置“三线”型竖向边框。

（15）修饰单元格。选定 B1 单元格，打开“边框和底纹”对话框，设置底纹为“纯色 100%”；分别选定 A1 和 C1 单元格，设置底纹为“深色竖线”。

（16）设置小表格底纹：选定内嵌式表格，打开“边框和底纹”对话框的“底纹”选项卡，设置内部的底纹是“浅青色”。最终效果如题样所示。

第 7 章

Word 2003的高级应用

训练目标

- 在“大纲”模式下管理长文档；
- 邮件合并；
- 录制和运行宏；
- 高级编排技巧；
- Word 2003 的网络功能。

相对而言，“训练目标”中的内容比起常规的文档编排，软件的后台作用似乎更大一些，因此，常常有自动化的感觉，自然认为是高级应用。大纲视图可以快速调整长文档结构；邮件合并可以成批发送信件；宏让一串操作命令自动执行；域有许多微妙的应用价值。

第1节 管理长文档

实训任务 1：应用大纲工具设置文档标题级别并使其层次分明

任务描述

利用“大纲”工具栏把如图 7-1 所示的平平淡淡的原素材文档编排成层次分明的大纲文档。然后，再调整文档标题的上下位置，使其所属关系正确。

华北地区
大连市
朝阳区
大连开发区
北京职业信息技术学院
二年级
17 班
学生简介：宋光瑞，男，19 岁，计算机销售与服务专业，计算机课代表，个人特长是，爱好绘画，读诵古代经典，研究水族生物，喜欢义务为社区老人理发。
旅游服务学校
中山区
北京经济技术开发区
北京市
东北地区

图 7-1　原文档内容

任务分析

素材文档打开之后，要完成两项任务，一个是将普通的文本对象设置为大纲标题的结构，另一个是调整标题和文本的位置。读图时，可以根据每段文字的尺寸和缩进量来判断标题的级别，本题样中的标题分为 6 个级别（不包括文本内容）。在设置标题的级别时，默认的标题样式来自系统自带的标题 1~标题 9。

上机指导

操作分为两大步骤。

第一步，将打开的原始文档内容设置为不同的标题级别，结果如图 7-2 所示。

（1）输入文字：打开电子资料包“高级应用”文件夹中的文件“管理长文档.doc”，从“视图”菜单选择“大纲”视图模式。

（2）光标定位在第 1 段，单击“大纲”工具栏上的“提升”按钮，设置为 1 级标题。

（3）光标定位在第 2 段，单击“大纲”工具栏上的“降低”按钮，降低为 2 级标题。

（4）光标定位在第 3 段，单击“大纲”工具栏上的“降低”按钮，降低为 3 级标题。

（5）光标定位在第 4 段，单击“大纲”工具栏上的“提升”按钮，提升为 3 级标题。

（6）光标定位在第 5 段，单击“大纲”工具栏上的“降低”按钮，降低为 4 级标题。

（7）光标定位在第 6 段，单击“大纲”工具栏上的“降低”按钮，降低为 5 级标题。

（8）光标定位在第 7 段，单击“大纲”工具栏上的“降低”按钮，降低为 6 级标题。（第 8 段是文本内容，不必设置标题级别。）

（9）光标定位在第 9 段，单击 3 次“提升”按钮，使标题提升为 4 级标题。

（10）光标定位在第 10 段，单击 2 次“提升”按钮，使标题提升为 3 级标题。

（11）光标定位在第 11 段，单击 1 次“提示”按钮，使标题提升为 3 级标题。

（12）光标定位在第 12 段，单击 2 次“提升”按钮，使标题提升为 2 级标题。

（13）光标定位在第 13 段，单击 2 次“提升”按钮，使标题提升为 1 级标题。

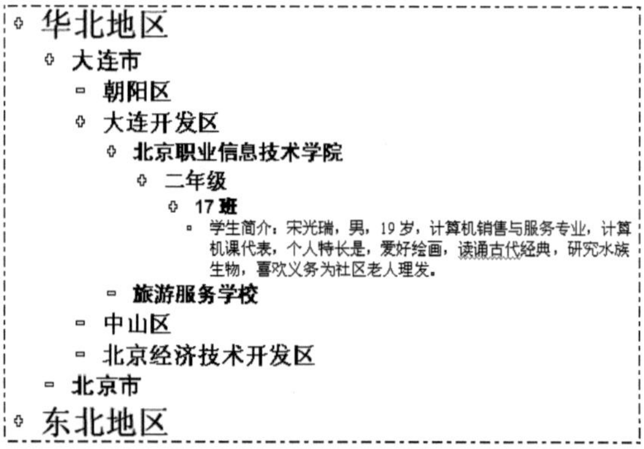

图 7-2　设置标题级别的大纲文档

第二步，重新调整各级标题的位置，使所属关系正确，结果如图 7-3 所示。

（14）缩减显示内容：单击“大纲”工具栏“显示级别”列表框，从中选择“显示级别 2”，只显示 1 级标题（地区）和 2 级标题（市）。

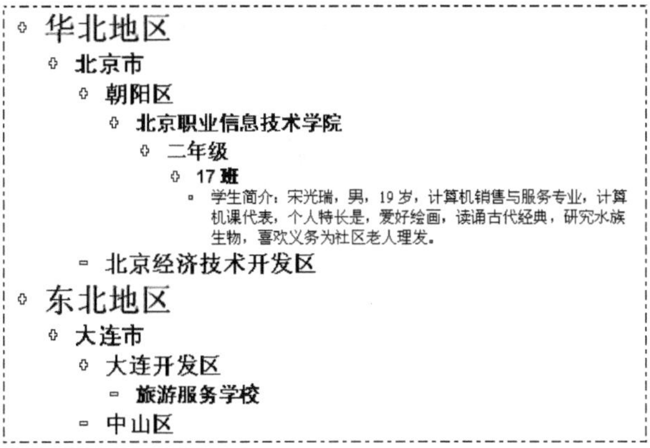
华北地区
北京市
朝阳区
北京职业信息技术学院
二年级
17 班
学生简介：宋光瑞，男，19 岁，计算机销售与服务专业，计算机课代表，个人特长是，爱好绘画，读诵古代经典，研究水族生物，喜欢义务为社区老人理发。
北京经济技术开发区
东北地区
大连市
大连开发区
旅游服务学校
中山区

图 7-3　调整标题位置后的大纲文档

心灵手巧：通过对标题的筛选，可以提高调整标题位置的速度。经过缩减，在“大连市”下方的许多内容都被隐藏了，这时，如果移动“大连市”，这些被隐藏的内容将随同移动，它们再显示时，已经被移到新的地方了。这种操作技巧应该善于应用。

（15）下移标题：光标定位在“大连市”行，单击 2 次“下移”按钮，使“大连市”移到“东北地区”的下方。

（16）展开下级的内容：双击“大连市”左侧的展开符号“+”，展开该标题以下的各级标题和文本。

（17）上移标题：光标定位在“大连开发区”行，单击一次“上移”按钮，使其移到“大连市”的下方。

（18）集体移动：选定“朝阳区”、“北京职业信息技术学院”、“二年级”、“17 班”和“学生简介”文本，单击 3 次“上移”按钮，使它们都移到“北京市”的下方。

（19）上移标题：光标定位在“北京市经济技术开发区”行，单击 5 次“上移”按钮，使其移到“北京市”的管辖范围内。

心灵手巧：单击标题的“展开”符号（+），将选定该标题所包含的所有标题和文本，再选择要显示标题的级别，可以缩小或增加显示的范围，这种筛选作用很实用；单击某级标题的“展开”符号，再单击“提升”按钮（⬅），不但本标题的级别提高了，被选定区域内的其他各级的标题（不包括正文）均提升一级。

实训任务 2：在“大纲”视图下利用子文档管理 Word 文档

任务描述

打开素材文件“管理大纲文档（二）.doc”，利用“大纲”工具栏，在如图 7-4 所示的原文档（大纲）中插入指定的子文档，然后，进行编辑和管理子文档的训练。

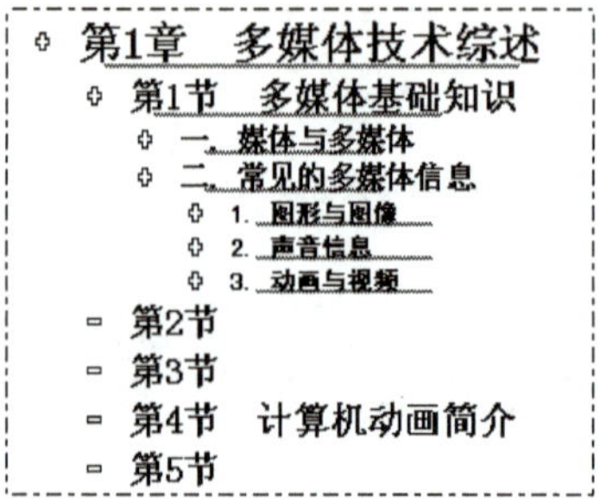

图 7-4 “大纲”视图下的原文档

任务分析

如题样所示的文档是一个具有 4 级标题的文档，只有“第 1 节”和“第 4 节”是文档的真实标题，“第 2 节”、“第 3 节”和“第 5 节”不是真实的“节”，是为插入子文档而准备的标号。需要插入的子文档文件保存在电子资料包“高级应用”文件夹中。插入后，还要利用“大纲”工具栏上与子文档相关的工具管理和编辑子文档。具体要求在“上机指导”中提出。

上机指导

（1）打开原始文档：打开保存在电子资料包“高级应用”文件夹中的文件“管理大纲文档（二）.doc”，单击“视图”菜单中的“大纲”，切换到“大纲”视图编辑环境，从“显示级别”列表框中选择“显示级别 4”。

（2）插入子文档：光标定位在“第 2 节”处，单击“大纲”工具栏上的“插入子文档”按钮，插入子文档“图形和图像的基本概念.doc”。采取相同做法，在第 3 节处插入“音频的基本概念.doc”，在第 5 节处插入“个人多媒体计算机.doc”。结果如图 7-5 所示。

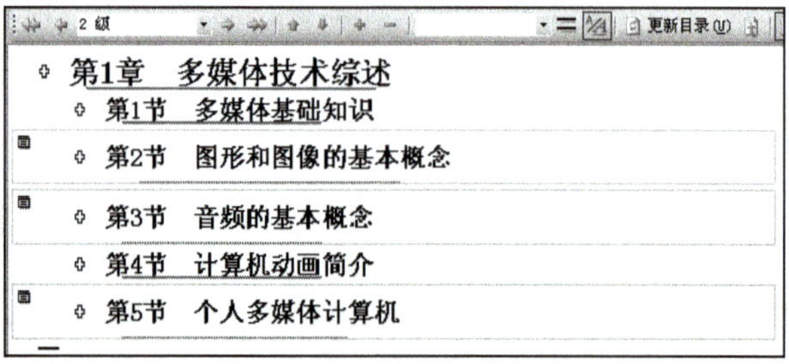

图 7-5 插入子文档后的文档

（3）展开与折叠子文档：单击“大纲”工具栏上的“展开子文档”按钮，展开子文档中的全部内容。单击“折叠子文档”按钮，全部子文档内容浓缩在一个蓝色的包含全部路径的文档文件名中。

（4）合并子文档：先上移第 2 节“计算机动画简介”的全部内容到“音频的基本概念”子文档的上方，然后选定“音频的基本概念”子文档，再按住 Shift 键，单击“个人多媒体计算机”子文档，同时选定两个子文档后，单击“大纲”工具栏“合并子文档”按钮，将二者合并为一个子文档。

（5）调整子文档的内容：选定合并后子文档中的第 3 小节“声卡”的全部内容，单击“大纲”工具栏上的“下移”按钮，使这些内容移到第 5 节“个人多媒体计算机”中。采取相同的做法，移动第 4 小节“安装声卡”的全部内容。结果如图 7-6 所示。

图 7-6 移动子文档中的内容

（6）拆分子文档：把光标置入第 5 节“个人多媒体计算机”一行中，单击“大纲”工具栏上的“拆分子文档”按钮，将合并后的子文档重新拆分为两部分。然后，将第 3 节“计算机动画简介”重新移到文档的末尾，结果如图 7-7 所示。

图 7-7 拆分后的子文档

心灵手巧：如果把光标置入非标题段落中，比如在纯文本段落中，是无法在光标处拆分子文档的。即便光标置入在标题行中，也有严格的位置规定，要求光标必须放在“标题文字”和“编号”之间，除此之外，无法使“拆分子文档”按钮变成有效状态。

（7）创建子文档：先单击“展开子文档”按钮，再选定第 5 节“计算机动画简介”的全部内容，然后，单击“大纲”工具栏上的“创建子文档”按钮，把第 5 节的内容变成子文档，并将这些内容以一个文档文件的形式保存在磁盘中，自动以“节”标题为文件名。

知识梳理

本节主要训练如何在大纲视图模式下编排比较长的 Word 文档，如书籍、教案、产品介绍、会议讲稿等。在“大纲”视图下经常接触两种对象：一是“大纲”工具栏上的各种命令按钮，另一种是在文档中出现的各种符号。下面，仅总结大纲文档符号的含义。

- 折叠符号“—”表示该级标题下面已经没有更低一级的标题或正文；
- 展开符号“+”表示在该级标题下面还有更低一级的标题或正文；

- 正文符号“■”表示以下的内容都是正文文字；
- “↔”符号和“↕”符号是鼠标指针对准项目符号时的状态，表示可以展开、折叠，甚至把该项目移到其他位置。

自主学习

1. 填空题

（1）在大纲视图下编排文档内容主要依靠________工具栏，利用________菜单命令可以显示或隐藏该工具栏。

（2）Word 2003 版本相比 Word 2000 版本，在“大纲”工具栏的左部增加了一些与________有关的命令按钮，其中，________按钮的名字有时变成“展开子文档”。

2. 选择题

（1）适合在大纲视图下编排的文档是（　　）。

A. 图形　　B. 表格　　C. 多级标题文档　　D. 制表位格式的数字群

（2）在大纲视图下，（　　）格式将被破坏，所有内容向左缩进，缩进尺寸与（　　）有关。

A. 字体，文字大小　　B. 段落缩进，段落的宽度

C. 字符缩放，文字多少　　D. 字号，图片的尺寸

第2节 邮件合并

向外发送大量的信件或公函时，需要重复地抄写信封上的发信人地址和邮政编码等信息，工作量很大，版面格式不规范。Word 2003 提供的“邮件合并”功能可以解决上述问题。

实训任务 1：使用“邮件合并”工具栏制作向外群发的获奖证书

任务描述

首先利用 Word 创建一个供邮件合并使用的数据源文件，然后，参考这个数据源中的数据，建立一个将要包含数据源数据的主文档，即所谓的“获奖证书底板”，如 7-8 所示。接着，利用“邮件合并”工具栏提供的一些按钮工具，制作 6 份获奖证书，完成数据合并工作后，将生成的所有获奖证书汇集到一个 Word 文档文件中。

任务分析

建立数据源文件和编排“获奖证书”的过程与方法，完全与完成普通 Word 文档的编排相同，所需要的新知识是“插入域”及数据合并问题。邮件合并有两种途径，一是通过在“邮件合并”窗格中对话实现，二是本训练中所采取的使用“邮件合并”工具栏的方法，这种方

法比较随意，不像“人机对话”或“跟着向导走”那样紧张。

（1）创建数据源：新建一个 Word 文档，插入一个 7 行、6 列的表格，并参考表 7-1 输入与证书相关的数据。

表 7-1 “获奖证书”数据源

编　　号	单　　位	姓　　名	作 品 题 材	作 品 题 目	获 奖 等 级
N001	江西九江	张先声	学习体会	学习《论语》的感受	三等
N002	美国波士顿	李中建	论文	侃侃而谈的《孟子》	二等
N003	中南文学院	王后扁	绘画	庐山之巅	一等
N004	江南文学院	唱旭日	诗歌	灵岩晨曦	二等
N005	华夏杂志社	边之光	散文	当我漫步在小树林	一等
N006	东南亚藏书馆	仇西方	论文	信与行的关系	优秀

（2）创建主文档：新建一个文档文件，参考题样，一边输入文本内容，一边利用“邮件合并”工具栏上的“插入域”按钮，从“数据源”中插入相应数据的“域”形式。

心灵手巧：在证书中，有 6 处的文字具有底纹，这些都是被插入的“域”，邮件合并的主要功能就是靠这些可以变化的数据来实现的。这些数据都是从“数据源”表格中获得的，如果改变“数据源”表格的内容，域的内容马上更新，如果改变主文档文字的格式，插入进来的“域”的格式也发生变化，这种互动关系构成了“邮件合并”的功能。

（3）设置主文档的格式：参考图 7-8，首先进行页面设置，版式为横向，纸张尺寸为 16 开。然后，通过设置页面边框，在“获奖证书”的四周增加艺术型边框线。设置各类文字的格式，其中，“姓名”为“华文行楷”并加粗，标题为二号字，其他文字为三号字。

图 7-8 具有“域”的主文档

（4）查看合并数据：在主文档中，单击“邮件合并”工具栏上的“查看合并数据”按钮，原来以“域”形式表现的一些字段，都转变为具体的数据，如“编号”变成“N005”，“单位”变成“华夏杂志社”，“作品题目”变成“《当我漫步在小树林》”等。

（5）检查错误：在主文档中，单击“邮件合并”工具栏上的“检查错误”按钮，当系统询问时，选择“模拟合并，同时在新文档中报告错误。”

（6）合并到新文档：在主文档中，单击“邮件合并”工具栏上的“合并到新文档”按钮，出现问话窗口时选择“全部”。经过数据合并后的所有证书页，都被合并到一个文档文件中（文件名是临时的），如图 7-9 所示。

图 7-9　合并到新文档中的 6 份“获奖证书”

实训任务 2：综合利用“邮件合并”的工具栏和“向导”创建多个信封

任务描述

单位要向外邮寄大量的信函，利用“邮件合并”工具栏和“中文信封向导”制作 200 个信封（训练中可以少制作几个），然后，打印这些信封并将其输出为图片文件。信封主文档如图 7-10 所示，通信相关的数据源如表 7-2 所示。

表 7-2　信封数据源

序　　号	地　　址	单　　位	姓　　名	称　　谓	邮 政 编 码
001	江西九江塔山路 23 号	儒家文学院	张先声	教授	123456
002	美国波士顿郊区平炉街 5 号	孟子文学院	李中建	讲师	765432
003	南京解放路 787 号	中南文学院	王后扁	管员	435612
004	荃湾家沟 7 弄 5 号	万塔文学社	刘江阳	管理员	889762
005	香台江南大道 7 号	万泉商社	任天书	社长	765321

任务分析

本训练将由“向导”引领完成信封主文档的制作。数据源可以用 Word 表格实现。分析要求如下：❶收信人的邮政编码具有边框线；❷要求在数据源表格中输入 5 个与收信人有关的信息记录，包括收信人的地址、单位、姓名、称谓和邮政编码；❸寄信人地址是北京市朝阳区柳树北里 777 号，邮政编码是 100055，寄信人是解无明。

上机指导

（1）制作信封主文档：新建一个文档，单击“工具”菜单“信函与邮件”中的“中文信封向导”选项，打开“信封制作向导”对话框。单击对话框左侧“选项区”的“生成选项”按钮（小方块），在新对话框中选择“生成单个信封”单选框，并选择“打印邮政编码边框”复选框。

心灵手巧： 合成若干个信封需要两种文档的配合，一个是信封的主文档，另一个是记录通信数据源的文件。虽然以常规的文档编排方法也能够制作信封的主文档，但利用“中文信封向导”能够加快制作速度，并且能够轻易获得带方框的“邮政编码”。

（2）填写收信人信息：单击“选项区”的“收信人信息”按钮，在相应的对话框中填写临时信息，包括“临时姓名”、“临时职务”、“临时地址”和“临时邮编”。生成主文档之后，在“临时地址”的下方插入一行，补充输入“临时单位”。

心灵手巧： 虽然在主文档中不需要填写收信人的信息，但是，如果不输入信息，“中文信封向导”将拒绝引导用户走向下一步，所以，可以临时输入一些文字信息，在引用正式的数据源时再更换。

（3）填写寄信人信息：单击“选项区”的“寄信人信息”按钮，在相应的对话框中，填写寄信人的地址、姓名和邮编，单击“下一步”按钮，再单击“完成”按钮。

（4）修饰主文档：选定“临时姓名”，设置字体为“华文行楷”，字符尺寸为“三号”。选定寄信人信息，设置为“四号”字，主文档如图 7-10 所示。

图 7-10　主文档版面的样子

（5）创建数据源文件：在新建文档中，参考表 7-2，插入一个 6 行、6 列的表格，并输入相关数据。最后，将表格数据保存到 Word 文档文件“数据源.doc”中。

（6）获取数据源：在信封主文档中，单击“邮件合并”工具栏上的“打开数据源”按钮，在“选取数据源”对话框中，打开自己制作的保存数据源的文档文件“数据源.doc”，然后，开始用真实的数据源替换临时数据。首先，把光标置入临时的邮政编码中，单击“邮件合并”

工具栏上的“插入域”按钮，在“插入合并域”对话框中选择“邮政编码”，并单击“插入”按钮，如图 7-11 所示。采取相同做法，用真实的数据源更换其他临时信息。

图 7-11　插入数据源域

心灵手巧：在实施“插入域”操作之前，应该拖曳鼠标选定临时的邮政编码内容，以便在插入“域”的同时，替换原来作为“临时信息”的字符。

（7）查看合并的信封数据：单击“查看合并数据”按钮，所有的数据源域更新，变成正式信封所需要的信息。然后，单击“邮件合并”工具栏上的“下一记录”或“上一记录”按钮，浏览每个信封的信息是否正确。图 7-12 所示是第 3 个信封的信息。

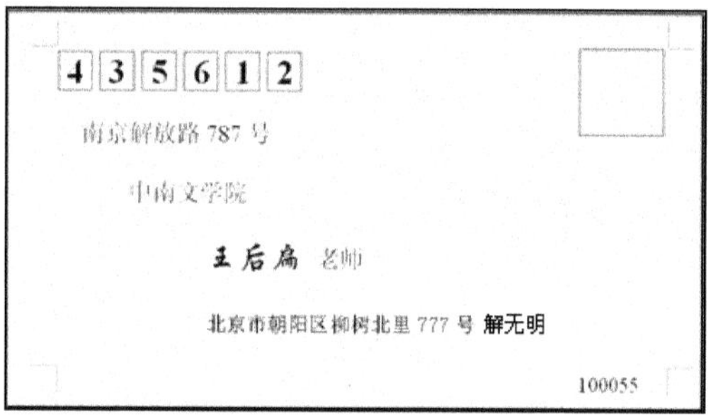

图 7-12　生成的单个信封

心灵手巧：在正式打印之前，应该进行一次错误检查，方法是单击“邮件合并”工具栏上的“检查错误”按钮，在打开的“检查并被告错误”对话框中，选择“模拟合并”选项。

（8）打印信封并生成文件：单击“合并到打印机”按钮，在打开的对话框中，选择“全部”，单击“确定”按钮，出现“打印”对话框，再单击“确定”按钮，在“另存为”对话框中，填写所生成的文件名（如“打印信封.mdi”），确定后，开始打印信封，并将全部信封信息以图片的形式保存在“mdi”文件中。图 7-13 所示是显示比例为 50%时的信封图片。

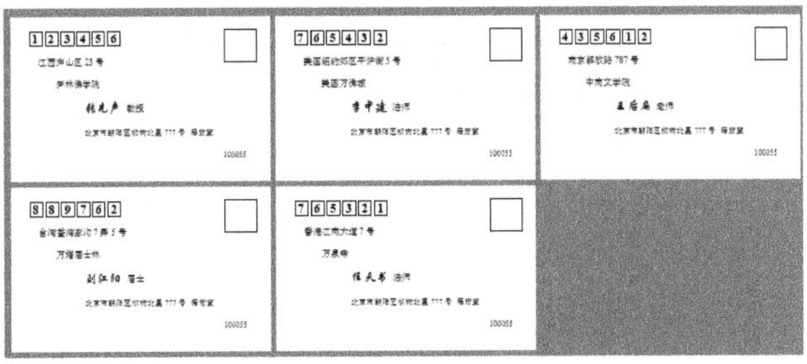

图 7-13 生成的 5 个信封

知识梳理

“邮件合并”的工作原理是，将一系列数据叠加到具有固定格式的主文档中去，从而生成多个不同版面的、相同版式的文档。以信件为例，主文档就是一个标准信封，它将要成为待发的大量信件的基础信息，这项工作很重要，应该认真、细致地完成，否则，局部错误将影响全局。数据源就是一个数据库，可以按照制作一般表格的方法建立。利用“邮件合并”功能制作信封的方法，也可以应用到编写请柬、门票、标签和目录中。

自主学习

1. 填空题

（1）所要合并的邮件由两部分组成：一部分是主文档，另一部分是________。

（2）邮件合并可以生成多份不同内容的信封，这些信封被保存在一个________中。

2. 选择题

（1）邮件合并的主要作用是（　　）。

A. 合并数据库　　B. 合并电子邮件

C. 统一版面格式　　D. 缩小文件尺寸

（2）主文档和数据源在邮件合并过程中各生成了信封的（　　）部分内容。

A. 主文档生成收信人信息　　B. 数据源生成收信人信息

C. 数据源生成发信人地址　　D. 数据源只生成邮政编码

第3节 录制和运行宏

实训任务 1：通过录制和运行宏把横向的文章竖向排列

任务描述

新建一个文档文件，并输入一段名言，以该名言为宏的加工对象，录制 3 个宏。第 1 个宏的功能是重新分段、设置名言的字符格式和段落格式；第 2 个宏的功能是将文档中的文本内容竖向排列；第 3 个宏实现宏的嵌套，连续执行第 1 个宏和第 2 个宏。

任务分析

录制的宏具有两项功能：第一，将素材原文重新分段，并设置字符格式和段落间距；第二，从“格式”菜单打开“文字方向”对话框，设置文档文字为竖向排列。录制宏的工作由人工完成，录制完成后，宏就会按照人的意图自动执行一系列命令。为了操作和叙述的方便，暂且对宏命名如下：第 1 个宏的名字是 Format（格式），第 2 个宏的名字是 Vertical（竖向），第 3 个宏的名字是 Nesting（嵌套）。

上机指导

任务分 3 大步骤。

第一步，录制“Format”宏，这个宏能够改变文档中所有字符的格式和段落间距。

（1）准备工作：新建一个文档后，按照图 7-14 左部的文字内容录入名言原文，然后把光标定位在名言首字符的左侧，做好录制宏的准备。

（2）进入录制宏的状态：从“工具”菜单执行“宏”命令中的“录制新宏”子命令，在“录制宏”对话框的“宏名”框中输入 Format，单击“键盘”按钮，打开“自定义键盘”对话框，按组合键“Alt+Ctrl+A”，添加自定义的新快捷键，单击“指定”按钮。最后，单击“关闭”按钮，录制宏的工作正式开始。

心灵手巧：关闭“自定义键盘”对话框后，文档窗口增添了一个很小的“停止录制”工具栏，如图 7-14 左下方所示，同时，鼠标指针变成“录像带”的样子，从此以后，每个键盘命令和鼠标操作的菜单命令，都将被录制到宏中，直到单击工具栏上的两个按钮之一为止。单击“暂停”按钮，可以使录制工作暂停，借此机会，为录制下一批命令做好准备工作；单击“停止”按钮，结束宏的录制工作，并关闭小工具栏。

（3）执行具体命令序列：光标定位在首字符左侧，按 5 次右光标键（→）后，按一下回车键，将原第 1 行分为两行；按一次下光标键（↓）后，按 5 次右光标键（→），再按一下回车键，将原第 2 行分为两行；采取相同的做法，将原第 3 行也分为两行；单击“编辑”菜单，选择“全选”；单击“格式”工具栏上的“字体颜色”下拉按钮，从调色板中选择“深蓝色”；单击“字号”对话框，选择“小二号”；单击“字体”列表框，选择“华文隶书”字体；打开“段落”对话框的“缩进和间距”选项卡，在“段前”调整框中输入 6（磅），单击“确定”按钮，名言变成图 7-14 右部所示的样子，单击小工具栏上的“停止”按钮（■），结束宏的录制。

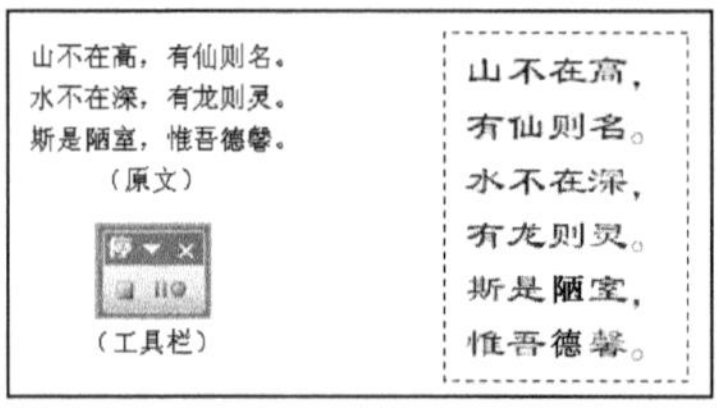

图 7-14　原文和设置格式后的名言

心灵手巧：录制宏有一个十分严格的规定，只要录制过程开始，一切利用鼠标直接操作对象的结果完全无效，比如利用鼠标移动光标、选定切块、移动切块等，但利用鼠标操作菜单或操作工具栏的命令仍然有效。因此，只能利用键盘操作来替代鼠标完成上述工作。

第二步，录制“Vertical”宏，其功能是使文档中的文字竖向排列。

（4）进入录制宏的状态：执行“录制新宏”命令，把新宏命名为“Vertical”，将宏指定到“键盘”，指定新快捷键为“Alt+Ctrl+B”，单击“关闭”按钮，开始录制。

（5）改变文字方向：单击“格式”菜单，选择“文字方向”，在“文字方向”对话框中单击“竖向”选项，单击“确定”按钮。

（6）完成页面设置：从“文件”菜单打开“页面设置”对话框，切换到“纸张”选项卡，改变纸张的宽度为14厘米，高度为10厘米。

（7）停止录制：单击“录制”工具栏上的“停止”按钮，结束录制宏的过程。

心灵手巧：如果操作经常失败，应该在录制宏之前先模拟操作，并记住操作的步骤，积累经验后，再正式录制。一旦开始录制宏，就像拍电影一样，任何细微的动作都会被录制下来。如果必须暂停录制过程，可以单击“录制”工具栏上的“暂停”按钮。

第三步，录制“Nesting”宏。“Nesting”的功能是把“Format”和“Vertical”两个宏命令集成到一个宏命令中，录制的过程比较简单。

（8）进入录制宏的状态：执行“工具”菜单“宏”中的“录制新宏”子命令，命名新宏为“Nesting”，将宏指定到“键盘”，指定新快捷键为“Alt+Ctrl+C”，单击“关闭”按钮，正式开始录制宏。

（9）运行“Format”宏：单击“工具”菜单，选择“宏”中的“宏”选项，在“宏名”列表框中选择“Format”，单击“运行”按钮。

心灵手巧：由于文档中的名言已经不是原来的样子，所以，在录制第3个宏的过程中名言可能发生不希望的变化，这些并不影响宏的录制质量，不必在意这种现象。

（10）运行“Vertical”宏：单击“工具”菜单，选择“宏”中的“宏”选项，在“宏名”列表框中选择“Vertical”，单击“运行”按钮。

（11）停止录制：单击“录制”工具栏上的“停止”按钮，结束录制第3个宏的过程。

（12）执行宏命令：删除文档中的名言，重新输入名言的原文，并把光标定位到名言首字符的左侧，按一下“Alt+Ctrl+C”组合键（运行“Nesting”宏的快捷键），名言原文内容经过一番“折腾”，很快被修饰并竖向排列，效果如图7-15所示。

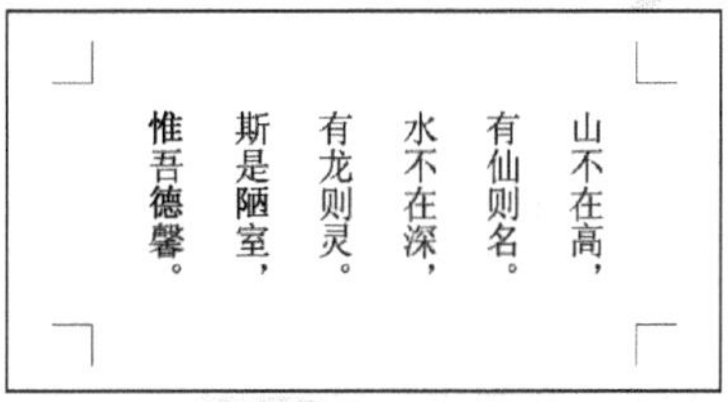

图7-15　运行宏命令编排的古诗格式

（13）保存名言的内容：执行“文件”菜单的“保存”命令，把经过处理后的名言保存到磁盘文件。

（14）保存宏：利用 Windows 的“搜索”命令，找到“Normal.dot”，然后，按右键显示快捷菜单，从中执行“打开”命令，打开 Word 2003 的默认模板文件“Normal.dot”，执行文件“另存为”命令，命名新的模板文件为 Micro123.dot，其中有新录制宏的内容。

心灵手巧：保存宏时，如果选择“所有文档（Normal.dot）”选项，录制完的宏将被自动保存到公用模板（Normal.dot），该宏可以被所有打开的文档使用。如果选择“文档基于（当前文件特定模板）”选项，录制完的宏将被自动保存到用户为当前编排的文档自定义的模板中（如 Book16.dot），该宏的使用范围将具有局限性。

实训任务 2：通过录制和运行宏使“东方明珠”文字放射光芒

任务描述

在新建文档中，打开“编辑艺术字文字”对话框，插入一个简单的艺术字，需要把这个艺术字保存到文档文件中，每次运行宏时将用到这个原始素材。然后，录制两个宏，第 1 个的功能是把这个艺术字加工成椭圆形，并具有放射的光芒；第 2 个宏的功能是把椭圆形变成正圆形，并放大艺术字，形成“东方明珠”放射光芒的动画效果。

任务分析

先制作一个简单的艺术字是为了解决一个矛盾，因为把编辑艺术字的全过程录制成宏有困难，中间会产生间断，所以，划分为 3 个步骤来完成任务。首先是插入“纯文本型”（就是“一字型”）艺术字，接下来的操作都要录制到宏中。在录制过程中，准确选定艺术字有技术性问题，最有把握的选择艺术字的途径是通过“查找”图形来实现。还有一个问题是如何隐蔽光标和尺寸控制块等信息，最简单的隐蔽无用信息的方法是把文档的背景设置成与这些信息相同的颜色。至于录制两个宏的过程，只要严格按照“上机指导”的要求操作，一般不会有太大困难。但是，要特别注意，虽然分段录制，但它们之间是密切连接的，如果暂停录制，在恢复录制前必须恢复暂停前的现场（包括光标位置）。

上机指导

分为 6 大步骤完成。

第一步，插入艺术字。

（1）插入艺术字：在新建文档中，单击“绘图”工具栏上的“插入艺术字”按钮，跨过“艺术字库”，在“编辑艺术字文字”对话框中输入 3 排字符，其中，上下两排各是 10 个通道符号“|”，中间一排输入汉字“东方明珠”。然后，设置字号为“24”磅、“黑体”和“加粗”，确定后，结果如图 7-16 所示。

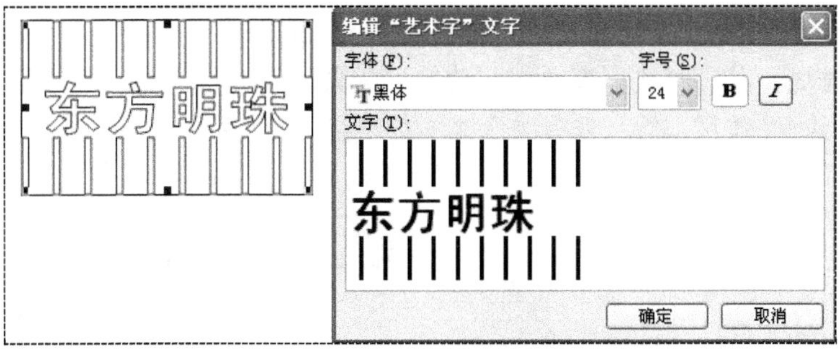

图 7-16 组成艺术字的字符和插入的艺术字

第二步，录制第 1 个宏，内容是改变艺术字的形状。

（2）启动录制宏 1：启动"录制新宏"，"宏名"为"Shape"，指定运行宏的快捷键为"Ctrl+Alt+1"。单击"关闭"按钮之后，录制工作正式开始。

心灵手巧：在宏的录制过程中，如果出现不满意的操作，可以先"暂停"录制，再执行"常用"工具栏上的"撤销"命令。虽然这些宏命令无法撤销，但这些命令的作用不体现在最终的效果中。再次单击"录制"工具栏上的"暂停"命令后，恢复正常录制之前，必须先将光标移到原断点处，从原断点继续录制，否则将引起混乱。

（3）选定艺术字：从"编辑"菜单打开"查找"选项卡，单击"高级"按钮，在"特殊字符"列表中找到"图形"（代码是"^g"），并将其插入到"查找内容"框中。然后，单击"查找下一处"按钮，找到这个艺术字，并自然被选定。

（4）改变艺术字的形状：单击"艺术字"工具栏上的"形状"按钮，从列表中选择"粗旋钮形"。从"艺术字对齐方式"菜单中选择"延伸调整"，形成椭圆形。单击"艺术字字母高度相同"按钮，使"光线"均匀分布。单击"停止"按钮，结束宏的录制。

第三步，录制第 2 个宏，内容是修饰艺术字。

（5）启动录制宏 2：启动录制第 2 个宏，名字是"Decorate"，快捷键是"Ctrl+Alt+2"。

（6）改变艺术字颜色：首先，单击"艺术字"工具栏上的"设置艺术字格式"按钮，在打开的对话框中，先设置边框线的颜色为"黄色"，再设置"填充效果"为"过渡"型"双色"（红色和黄色），并选择"中心辐射"型。

（7）调整艺术字为正圆形：单击"艺术字"工具栏上的"设置艺术字格式"按钮，切换到"大小"选项卡，改变艺术字尺寸参数，使高和宽相等。单击"停止"按钮。

第四步，录制第 3 个宏，内容是放大艺术字的尺寸。

（8）启动录制宏 3：启动录制第 3 个宏，名字是"Enlarge"，快捷键是"Ctrl+Alt+3"。录制前的情景如图 7-17 所示，确定后，开始录制宏。

（9）放大艺术字尺寸。在"设置艺术字格式"对话框"大小"选项卡中，首先选定"锁定纵横比"复选框，再改变艺术字的缩放比例为"110%"。关闭对话框。

（10）重复放大操作：重复上一步的操作 4 次，一共使艺术字尺寸放大到"150%"。完成重复操作后，单击"停止"按钮，结束宏的录制。

第五步，宏的嵌套，用一个新录制的宏将已经录制的 3 个宏连接起来，自动执行。

（11）启动录制宏 0：启动录制宏，名字是“Interlinking”，快捷键是“Ctrl+Alt+0”。在录制过程中，首先，从“格式”菜单中，改变“背景”颜色为“灰度—50%”，以便对不必要的信息产生“淹没”作用。然后，陆续按 3 个宏的快捷键，顺序是“Ctrl+Alt+1”、“Ctrl+Alt+2”、“Ctrl+Alt+3”。最后，单击“停止”按钮，结束录制宏。

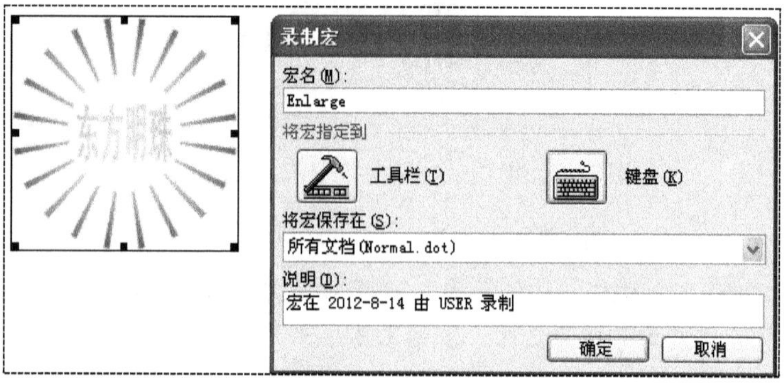

图 7-17　录制第 3 个宏的情况

（12）保存宏：在新建文档中，执行“文件”菜单中的“保存”命令，命名为“宏-文字放光.doc”。在保存普通文档文件的同时，就把刚才录制的宏也保存下来了。

第六步，观察宏运行的效果。

（13）单个运行宏：首先，打开“宏-文字放光.doc”；接着，删除录制过程中被加工过的艺术字；然后，在“编辑艺术字文字”对话框中，重新输入通道符和“东方明珠”，插入原始的艺术字；最后，分别按 3 个宏的快捷键，观察单独运行的效果。

（14）运行嵌套宏：在文件“宏-文字放光.doc”中，首先，重新插入原始的艺术字。然后，按“Ctrl+Alt+0”快捷键，一次性完成所有的操作过程，使艺术字呈现逐渐放大、光芒闪烁的动画效果。

知识梳理

可以把经常使用的多个顺序执行的 Word 命令组织到一起，形成一个宏命令，这就是宏的主要作用。录制的宏不能单独保存在文件中，而是潜伏在文档文件的模板中。在录制宏时，不允许拖曳鼠标来选定文本对象，主要使用键盘来选定文本对象。在“录制宏”对话框中，如果选择将宏保存到“所有文档（Normal.dot）”，录制完的宏将被自动保存到公用模板（Normal.dot）中，当然也可以经过“另存为”操作，把宏保存在自己规定的文件中。

自主学习

1. 填空题

（1）在录制宏的“自定义键盘”对话框中，添加新快捷键之后，必须单击“________”按钮，被指定的快捷键才能生效。

（2）只要录制过程开始，一切使用________选定作为对象的操作完全无效，应该利用键盘来选定对象。

2. 简答题

（1）宏的主要作用是什么？录制宏需要注意哪些问题？

（2）运行宏的方式有几种？一般情况下，保存宏的默认文件名是什么？

第4节 高级编辑技巧

实训任务1：在“《孝经》节选一”中插入题注并设置题注的格式

任务描述

在素材文件“《孝经》节选一.doc”文档中，在指定的3处插入3幅图片，然后，在图片的下方插入题注，题注的内容与图片的文件名相同。要求把题注插入到“虚线”所示的文本框中，并设置题注的字体为“黑体”，字号为“小四号”。

任务分析

素材文件为突出主题训练的操作创造了许多方便条件，其中，文本框就是为了快速在文字中插入图片和题注而预设的，省去了许多麻烦。文本框不一定与图片完全吻合，需要手工调整插入图片的尺寸。另外，如果插入图片时自动插入了题注，应该将其删除，然后按照训练要求手工插入题注。

上机指导

（1）打开素材文件：从电子资料包“高级应用”文件夹中，打开文档文件“《孝经》节选一.doc”。

（2）插入图片：在第1页的“大虚线方框”中，从电子资料包“高级应用”文件夹“《孝经》漫画”子文件夹中插入图片“慢慢走.jpg”，适当调整图片的尺寸。

（3）插入题注：把光标置入“小虚线方框”中，从“插入”菜单打开“引用”中的“题注”对话框，从“标签”列表框中选择“图表”，单击“确定”按钮后，在文本框中插入题注的标签名“图表”和编号“1”。然后，在其后面输入题注文字“慢慢走”（与图片的名字相同），完整的题注内容是“图表1慢慢走”，版面结构如图7-18所示。

（4）设置题注的格式：选定题注的全部内容，设置其字号为“小四号”，字体为“黑体”，段落格式为“居中对齐”。

（5）插入其他图片及题注：采取相同的做法，在第2页的“大虚线方框”中，插入相同路径中的图片文件“想不起来.jpg”，接着在“小虚线方框”中插入题注。接下来，在第3页中插入图片文件“就像当年.jpg”和相应的题注。第一篇一共3页，版面效果如图7-19所示。

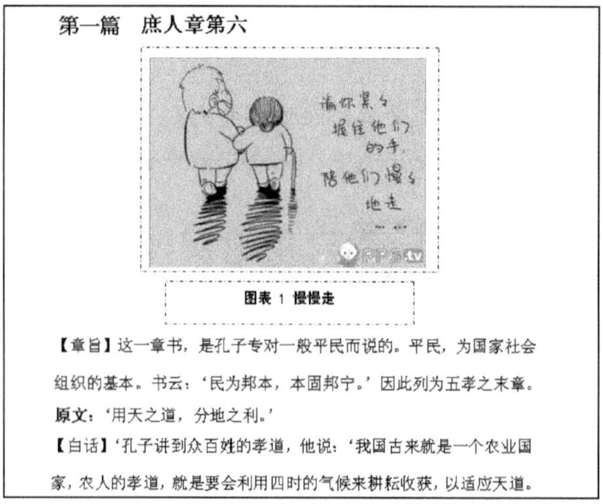

第一篇　庶人章第六

图表 1 慢慢走

【章旨】这一章书，是孔子专对一般平民而说的。平民，为国家社会组织的基本。书云：‘民为邦本，本固邦宁。’因此列为五孝之末章。

原文：‘用天之道，分地之利。’

【白话】‘孔子讲到众百姓的孝道，他说：‘我国古来就是一个农业国家，农人的孝道，就是要会利用四时的气候来耕耘收获，以适应天道。

图 7-18　第一篇第 1 页的版面结构

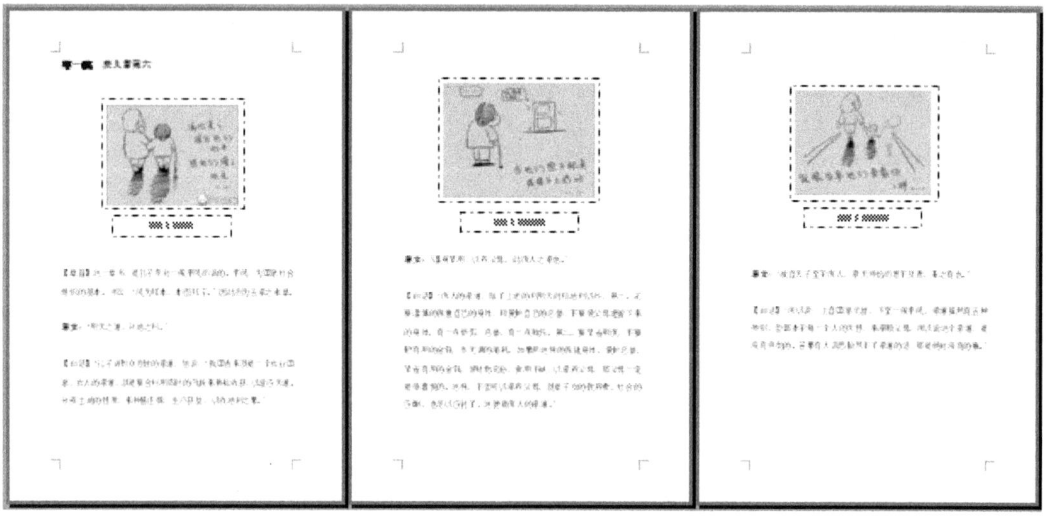

图 7-19　第一篇的版面效果

心灵手巧： 为了分隔每页的内容，在提供素材的每一页的页尾，都插入了一个“分页符”，平时是隐蔽状态，但如果不小心触动到它，可能出现麻烦。如果出现这种情况，可以单击“常用”工具栏上的“显示/隐藏编辑标记”按钮，所有的“分节符”都会显示出来，便于重新将其恢复到正常位置。

实训任务 2：新建题注并在“《孝经》节选二”中插入题注

任务描述

打开素材文件“《孝经》节选二.doc”，首先新建题注，标签名字为“《孝经》节选：图”。要求题注的编号包含章节号，另外，还要求在插入图片的同时，自动在图片的下方插入题注。

新建题注之后，在3个页面的指定处插入指定的图片，如果需要，还应该对插入的图片进行必要的加工。题注还是插入到文本框中，并手工设置题注的格式。

任务分析

新建题注是本任务的重点工作，这项工作是在“题注”对话框中完成的。一般情况下，新建题注需要设置如下几个参数：首先确定标签，它是题注的名字；然后指定题注编号的一些格式，比如是否包含章节号，采用的是哪一级章节，一级编号数字之间的连接符等；如果希望在插入图片的同时自动插入题注，也需要提前设定。

上机指导

（1）打开素材文件：从电子资料包“高级应用”文件夹中，打开文档文件“《孝经》节选二.doc”，第1页的版面结构如图7-20所示。

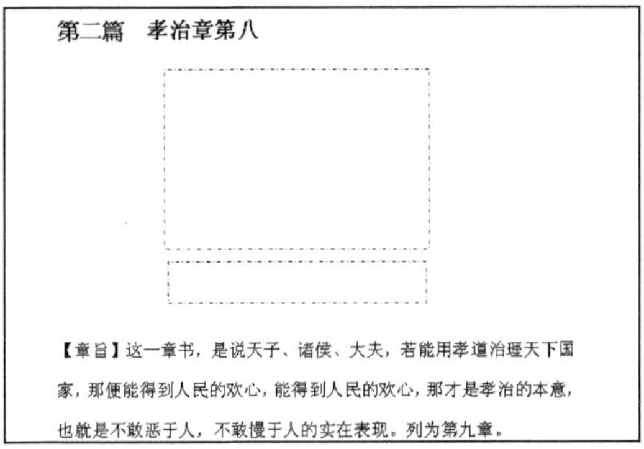

图7-20　第二篇第1页的版面结构

（2）新建题注：从“插入”菜单“引用”中打开“题注”对话框，单击“新建标签”按钮，在提供的文本框中输入新题注的标签“《孝经》节选：图”。再单击“编号”按钮，选择“包含章节号”复选框，并从“使用分隔符”列表框中选择“句号”。返回“题注”对话框后，先取消“题注中不包含标签”复选框，再单击“自动插入题注”按钮，在打开的对话框中，先从“使用标签”列表框中选择新建的标签名字“《孝经》节选：图”，再从上方的列表中选中“Microsoft Word 图片”复选框，这样，凡是在文档中插入图片，将自动插入新建的题注。操作环节如图7-21所示。

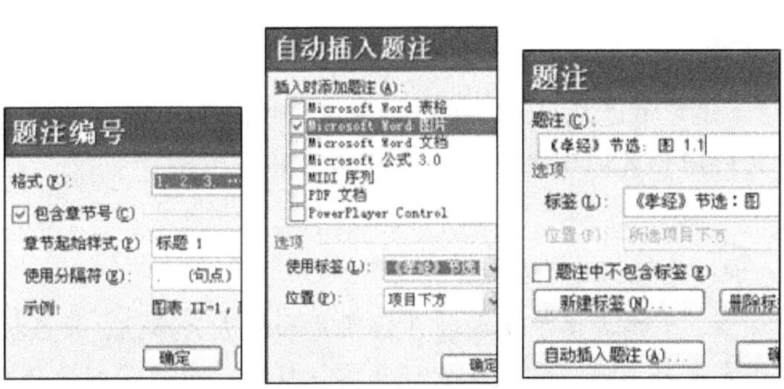

图7-21　新建题注的3个对话环节

（3）插入图片：在第 1 页的“大虚线方框”中，从电子资料包“高级应用”文件夹“《孝经》漫画”子文件夹中插入图片“安排妥当.jpg”。适当调整文本框或图片的尺寸。

（4）移动题注：从“大虚线方框”中剪切自动插入的题注标签及编号，粘贴到“小虚线方框”中，并在其后面输入题注文字“安排妥当”。

心灵手巧：以新插入的题注“《孝经》节选：图二.1 安排妥当”为例，把题注的组成分解为 3 部分：“《孝经》节选：图”是题注的标签，“二.1”是题注的编号，其中，“二”由标题“第二篇”决定；“1”由图片在第一篇中的序号决定；“安排妥当”是题注文字。清楚这种结构及称谓，会为跟随“上机指导”操作提供一些方便。

（5）设置题注的格式：选定题注的全部内容，设置其字号为“小四号”，字体为“黑体”，段落格式为“居中对齐”。

（6）插入其他图片及题注：采取相同做法，在第 2 页插入相同路径中的图片文件“背着爸爸.jpg”，接着，把题注内容移到“小虚线方框”中并完善，最后，在第 3 页中插入图片文件“家长会.jpg”和相应的题注。第二篇的版面效果如图 7-22 所示。

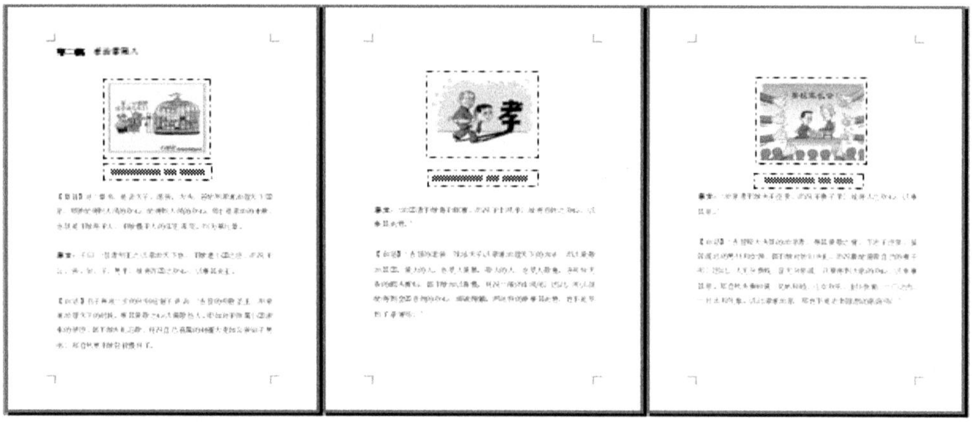

图 7-22　第二篇的版面效果

实训任务 3：在“《孝经》节选三”中插入题注并交叉引用

任务描述

在素材文件“《孝经》节选三.doc”中，按要求，在正文的指定文字中引用题注的某一部分内容，实现交叉引用，具体要求见“上机指导”。

任务分析

在这个素材文件中，已经提供了现成的 3 幅图片和相应的题注，并且把要求交叉引用题注的文字内容设置了灰色的底纹。在第 1 页的文字区域中，引用了题注的全部内容；在第 2 页中，引用了题注的标签和编号；在第 3 页中，只引用了题注的文字。因为是竖排格式，所以还需要把横着的数字竖立起来。

（1）打开素材文件：从电子资料包“高级应用”文件夹中，打开文档文件“《孝经》节选三.doc”，第 1 页的版面结构如图 7-23 所示。

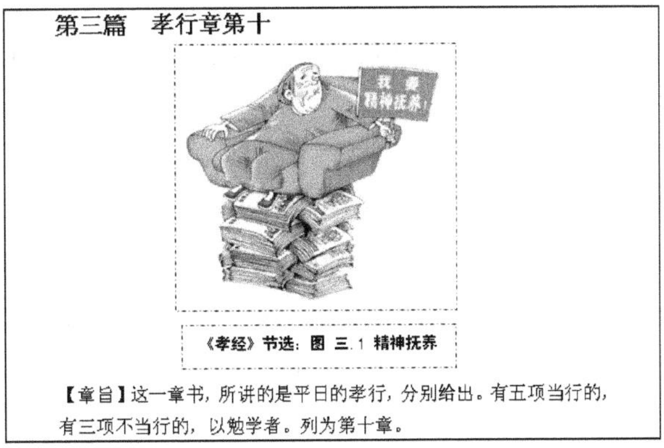

图 7-23　第三篇第 1 页的版面结构

（2）交叉引用 1：在第 1 页中，把光标置入文章末尾“交叉引用”处，从“插入”菜单“引用”中打开“交叉引用”对话框，从“引用类型”列表框中选择“《孝经》节选：图”，从“引用内容”列表框中选择“整项题注”，然后，再从“引用哪一个题注”列表框中选择“《孝经》节选：图三.1 精神抚养”。

（3）交叉引用 2：在第 2 页中，把光标置入文章末尾“交叉引用”处，打开“交叉引用”对话框，从“引用类型”列表框中选择“《孝经》节选：图”，从“引用内容”列表框中选择“只有标签和编号”，然后，再从“引用哪一个题注”列表框中选择“《孝经》节选：图三.2 洗脚”。

（4）交叉引用 3：在第 3 页中，把光标置入文章末尾“交叉引用”处，打开“交叉引用”对话框，从“引用类型”列表框中选择“《孝经》节选：图”，从“引用内容”列表框中选择“题注文字”，然后，再从“引用哪一个题注”列表框中选择“《孝经》节选：图三.3 先去谁家”。

（5）再插入一幅图片：把光标定位到第 2 页的首行，从“插入”菜单“分隔符”对话框中插入一个“分页符”。然后，把光标定位在新的空白页中，从电子资料包“高级应用”文件夹“《孝经》漫画”子文件夹中插入图片“有钱不忘老母亲.jpg”，此时，将在图片下方自动插入题注。输入题注文字“有钱不忘老母亲”，形成完整的题注“《孝经》节选：图三.2 有钱不忘老母亲”，并设置题注的字体为黑体，字号是小四号，居中。

（6）更新题注的内容：选定原第 2 幅图片（现在是第 3 幅）下面文本框中的题注内容后，按 F9 键，题注编号自动更新为“《孝经》节选：图三.3 洗脚”。采取相同做法，使原第 3 幅图片的题注内容更新为“《孝经》节选：图三.4 有钱不忘老母亲”。

心灵手巧：由于新插入的图片在第 1 幅图片和第 2 幅图片之间，所以，除了第 1 幅图片的题注不受影响之外，第 2 幅和第 3 幅图片的题注编号都将增加，当然，根据当前插入点的位置，新插入图片的题注编号肯定是“三.2”。因为题注都是插入在文本框中的，所以不能用“编辑”菜单的“全选”命令一次性选定，必须在文本框中逐一“更新”。

（7）更新交叉引用的内容：在第 3 页中，将光标置入“交叉引用”到正文中的题注标签和编号“《孝经》节选：图三.2”中，按 F9 键，交叉引用的内容便自动更新为“《孝经》节选：图三.3”了。

实训任务 4：制作“儒家《四书五经》选编”的目录并设置格式

任务描述

在素材文件“儒家《四书五经》选编.doc”首页的下一页，为这部经典插入目录。要求目录有前导符，并且页码右对齐，具有超链接的功能。还要求适当设置目录的格式。生成目录之后，在目录页的下一页插入文件“《四书五经》简介.doc”，并更新目录内容。

任务分析

观察“儒家《四书五经》选编.doc”的文档结构，确定经典有两级标题，所以，生成的目录也是两级。如果设置目录的“超链接”功能，只能在生成目录后再补充设置目录的字体和段落间距格式，可以设置一级目录字号较大一些，并且与其他段落保持一定的间距。为区别于 1 级目录，2 级目录的字体可以设置为“黑体”。生成目录之后又插入了文件“《四书五经》简介.doc”，因为该文件中有 2 级标题，所以，必须对目录进行更新。

上机指导

（1）打开素材文件：从电子资料包“高级应用”文件夹中打开文件“儒家《四书五经》选编.doc”，先大略浏览一下经典的标题结构和版面内容的结构，确定目录应该插入在第 2 页中。

（2）打开插入“目录”的选项卡：从“插入”菜单“引用”中打开“索引和目录”对话框，切换到“目录”选项卡。

（3）设置目录的参数：在对话框中，首先选中“显示页码”和“页码右对齐”复选框，再从“格式”列表框中选择“正式”，调整“显示级别”为“2”级，如图 7-24 所示。单击“确定”按钮，在文档中自动生成该文集的目录。

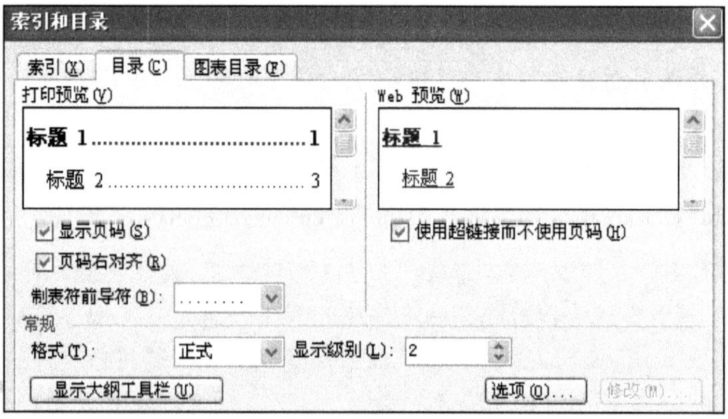

图 7-24　设置目录的对话框

（4）设置 1 级目录的格式：选定任意一个 1 级目录的全部字符之后，从“格式”菜单打开“样式和格式”窗格。单击窗格上方“目录 1”列表框右侧的下拉按钮，从中选择“修改”，如图 7-25 所示。在“修改样式”对话框中，设置 1 级目录的字号为“四号”，加粗。

心灵手巧：有的时候，采取什么方式选定一个对象很重要。比如，把光标置入 1 级目录中时，“样式”列表框及“样式和格式”窗格显示的都是“超链接”，如果选定一行目录的全部字符，显示的信息就是“目录 1”，这时，才能进行设置目录格式的操作。

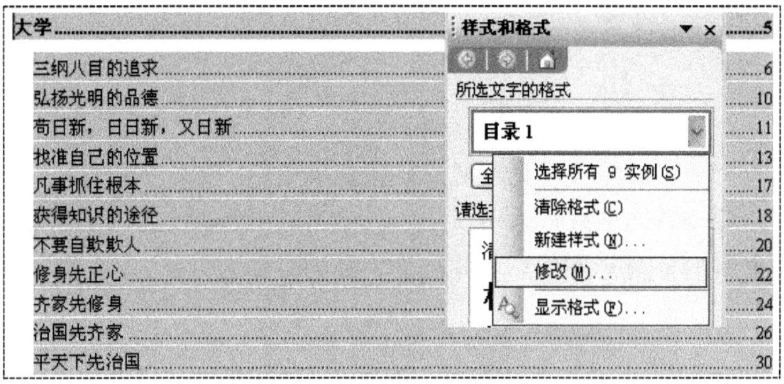

图 7-25　修改目录的操作

（5）设置 2 级目录的格式：返回文档，重新选定一个 2 级目录后，采取与 1 级目录相同的做法，设置 2 级目录的字号为“五号”，字体为“黑体”。

（6）插入文件：先把光标置入第 3 页正文“大学”一行的下方，然后从“插入”菜单打开“插入文件”对话框，找到并将文件“《四书五经》简介.doc”插入到光标处。

（7）更新目录内容：选定所有的目录，按快捷键 F9 之后，系统询问时，选中“更新整个目录”单选框。确定后，在目录的前部又增加了一行 2 级目录“《四书五经》简介”。

（8）使用“超链接”功能：首先，从“工具”菜单打开“选项”对话框，切换到“编辑”选项卡，取消“用 Ctrl+单击跟踪超链接”复选框。返回文档，单击 1 级目录“孟子”中的 2 级目录“仁者无敌”，光标将快速地移到这一页中，如图 7-26 所示。

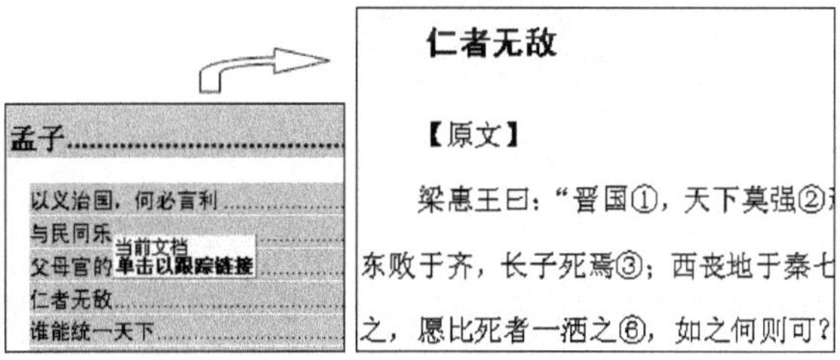

图 7-26　应用超链接

知识梳理

在文档中插入的题注和目录都属于“域”的范畴，它们的组成结构大体相同，基本都由标签、编号和文字组成。与标题一样，这些“域”都是可以更新的。最具有实际应用价值的是编号，尤其是编排比较长的文档时，显得尤为重要。比如，在文档的前部新插入了 3 幅图片和 2 个表格，那么，进行更新操作后，后面的图片题注的编号将自动增加 3，表格题注的编号增加 2，省去人工更改的麻烦。

这些“域”的另外一个主要作用是可以被其他对象交叉引用。假设目录是依靠引用标题的内容而生成的，那么，当标题内容变化时，不需要手工修改目录的内容，当执行“更新域”操作时，目录的内容自动更新。域可以被嵌套引用，比如，正文引用目录，目录引用标题，标题引用题注，当题注发生变化时，会产生一连串的同步变化。

自主学习

1. 填空题

（1）题注属于“域”的范畴，更新题注的快捷键是________。

（2）更新目录时必须选中该目录的________，而不能只把光标置入目录中。

（3）在文档中增加标题并更新目录后，目录页码自动________。

2. 选择题

（1）文档中图片题注的作用是（　　）。

A. 显示图片的文件名　　B. 只显示图片的编号

C. 说明图片文件的扩展名　　D. 显示图片标签、编号和说明文字

（2）不可以交叉引用的对象是（　　）。

A. 表格题注　　B. 书签　　C. 自动图文集词条　　D. 尾注

（3）下面的（　　）项不是目录的功能。

A. 显示页码　　B. 显示书签　　C. 超链接　　D. 显示标题编号

第5节 综合训练

实训任务：在“《孝经》节选合集”中插入题注和目录

任务描述

在素材文件“《孝经》节选合集.doc”中，从第 12 页开始插入 3 幅图片，要求把图片填充到指定的自选图形中，并插入题注（题注的文字内容就是图片的名字）。然后，在每幅图片的上方插入一个 2 级标题，标题的内容是图片的名字。最后，在首页中生成整个文档的目录，并修饰目录。

任务分析

分析任务，明确应该进行的主要操作有 3 方面：一是插入图片，并插入题注来标注图片

的名字，与前面插入图片的方式不同，因为要使图片布满非矩形的图形（如“云彩”形），必须通过设置图形的填充色来间接地插入图片；二是插入二级标题，标题的编号是自动生成的，标题的文字内容是引用的题注文字内容；三是插入并编辑“《孝经》节选合集”的目录。

上机指导

操作过程分为 3 大步骤。

第一步，插入图片和题注。

（1）打开素材文件：从电子资料包“高级应用”文件夹中打开素材文件“《孝经》节选合集.doc”。文档的末尾备有 3 页空页，用来插入图片，其版面结构如图 7-27 所示。

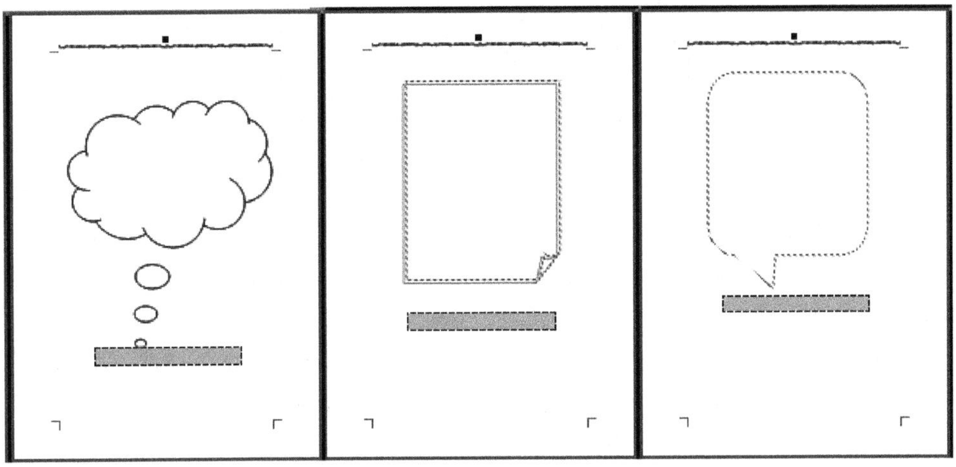

图 7-27　预备插入图片的 3 页

（2）插入图片：操作滚动条，显示第 12 页（页码号，以下同）。选定“云形标注”图形，从“格式”菜单打开“设置自选图形格式”对话框，再打开“填充效果”对话框，切换到“图片”选项卡，单击“选择图片”按钮，在打开的对话框中选择图片，图片位于电子资料包“高级应用”文件夹“《孝经》漫画”子文件夹中，文件名是“百善孝为先.jpg”。采取相同做法，在第 13 页中插入文件名是“儿童启蒙经典.jpg”的图片，在第 14 页中插入文件名是“百孝篇.jpg”的图片。

（3）插入题注：光标置入第 12 页图片下方的阴影方框中，从“插入”菜单插入标签为“《孝经》节选：图”的题注，并输入题注文字“百善孝为先”。然后，设置题注的字体格式为“黑体”，字号是“小四号”。采取相同做法，在第 13 页和第 14 页新插入图片的下方插入相应的题注，并输入与图片名相同的题注文字。

第二步，插入 1 级标题和 2 级标题。

（4）插入 1 级标题：光标置入第 12 页图片的上方，从“格式”工具栏左端的“样式”列表框中选择“第一篇　标题 1”，插入 1 级标题的编号，再输入标题文字“百善孝为先”，作为第四篇的标题。

（5）更新题注编号：从“编辑”菜单选择“全选”，然后，按 F9 键更新文档中的域，目的是在插入新的一级标题之后，使其下面的所有题注自动更新编号。此时，原来的图片题注“《孝经》节选：图三.5 百善孝为先”，将更新为“《孝经》节选：图四.1 百善孝为先”。

（6）插入2级标题：接着，在第12页1级标题的下方，从“格式”工具栏的“样式”列表框中选择“图片 1 标题 2”作为2级标题，插入的只是2级标题的编号。再从“插入”菜单打开“交叉引用”对话框，在“引用类型”列表框中选择“《孝经》节选：图”，在“引用内容”列表框中选择“只有题注文字”，在“引用哪一个题注”列表框中选择“《孝经》节选：图四.1 百善孝为先”，如图7-28所示。完整的2级标题的内容是“图片4—01：百善孝为先”。

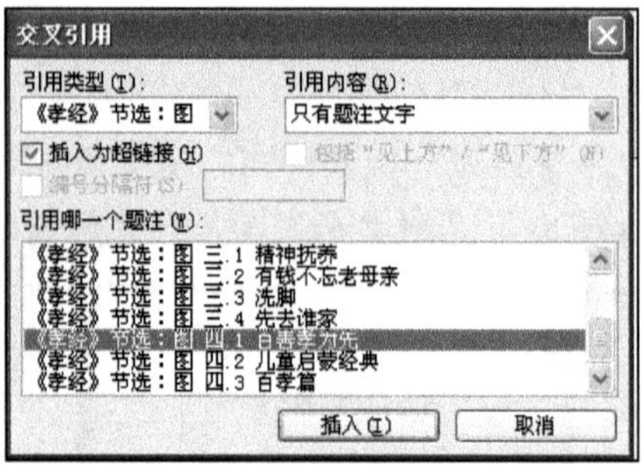

图7-28　交叉引用题注文字

（7）插入其他2级标题：采取相同的做法在第13页和第14页分别插入2级标题，内容分别是“图片4—02：儿童启蒙经典”和“图片4—03：百孝图”。

第三步，插入目录。

（8）设置“目录”选项：首先把光标置入位于文档前面的“目录”页中，然后，从“插入”菜单“引用”选项中打开“索引和目录”对话框，切换到“目录”选项卡。取消“使用超链接而不使用页码”复选框，再选中“显示页码”和“页码右对齐”复选框。接着，从“制表符前导符”列表框中选择“虚线”作为页码的前导符，将“显示级别”调整为“2”级。

（9）修改目录的字符格式：在“目录”选项卡中，单击“修改”按钮，打开“样式”对话框，选择“样式”列表框中的“目录1”，单击“修改”按钮，打开“修改样式”对话框，设置“目录1”为“宋体”、“四号”。然后，返回“样式”对话框，在列表框中选择“目录2”，设置其字体为“黑体”，字号为“小四号”。在“修改样式”对话框中单击“格式”按钮，可以设置字符颜色等参数。

（10）生成目录：连续单击“确定”按钮，逐级退出，返回文档时，自动插入了具有两个级别的“《孝经》节选合集”的目录，如图7-29所示。

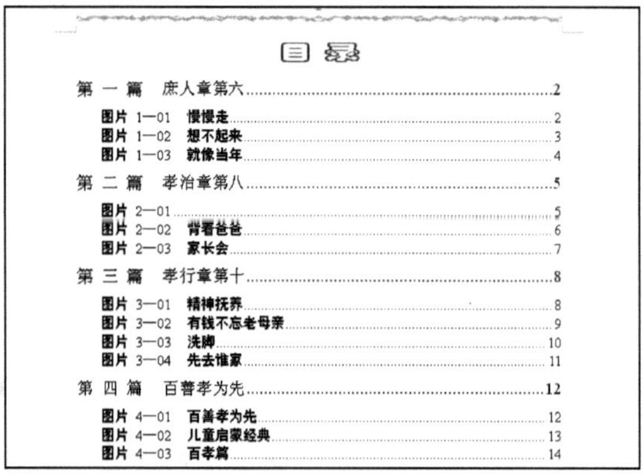

图7-29　《孝经》节选合集的目录

（11）更新标题域：首先，更改两个题注的文字。更改题注“《孝经》节选：图四.1”的文字内容为“名言-百善孝为先”，更改题注“《孝经》节选：图四.3”的文字内容为“七字歌-百孝篇”。然后，从“编辑”菜单选定整个文档内容，按F9键，与这两个题注相关联的标题和目录内容都将发生变化。目的是体会2级标题与题注之间的链接关系，并感受“域”的可更新特性。

心灵手巧：如果在标题中引用题注文字，那么，当更改题注文字时，经过“更新域”，标题的文字也将发生变化。但是，如果在题注末尾添加或更改文字，可能不会引起标题的变化。

（12）更新目录域：再次选择文档中的全部内容，并按F9键更新文档中的域，目录中所引用的标题文字内容将自动更新，原来的“图片4—01 百善孝为先”变成“图片4—01 名言-百善孝为先”，“图片4—03 百孝篇”变成“图片4—03 七字歌-百孝篇”。

心灵手巧：对于要两次更新的问题，应该这样理解，因为文档中存在嵌套性的“交叉引用”情况，所以，计算机在处理文档中的“域”更新时，只能对当前“域”进行更新。换句话说，2级标题中所引用的题注的文字内容被更新了，而目录中所引用的标题中内容，只有再一次更新才能发生变化。因此，要明确更新的作用只是对文档中当前的所有“域”发生作用，并不能对未来的域提前更新。

（13）打印预览：单击“常用”工具栏上的“打印预览”按钮，整个文档各个页面将按照一定的形式比例排列显示，如图7-30所示。如果发现布局及版面结构方面的问题，可以返回正常显示状态，进行必要的编辑和排版。

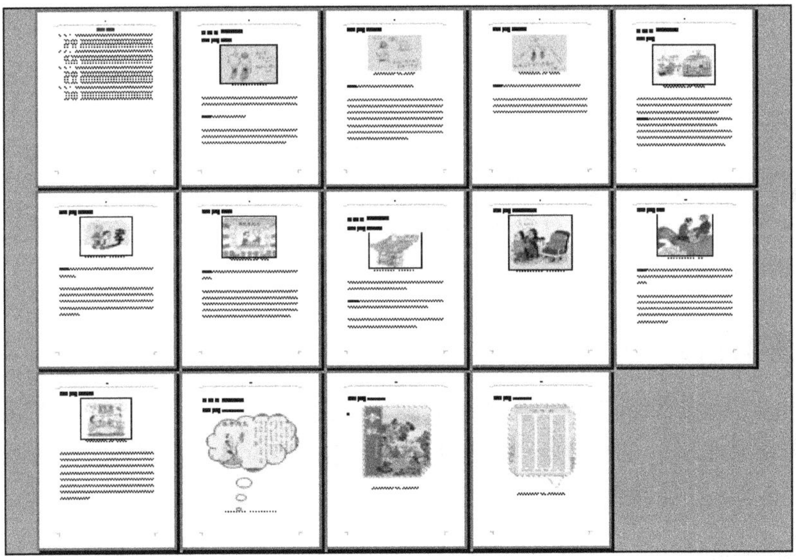

图7-30 完整的《孝经》节选合集内容

第 8 章

Excel 2003基础知识

训练目标

- 选定和命名单元格，以及输入数据；
- 编辑单元格数据；
- 设置单元格格式及保护单元格；
- 操作工作表和工作簿；
- 管理工作簿，以及安全保护措施。

如果把工作表比做一幢楼房，那么单元格就是小房间，数据就是房间的主人。这些比喻反映了工作表、单元格和数据之间相互依赖的关系。要想创建一张高质量的电子报表，必须认真地编辑工作表、单元格和数据，并精心地修饰它们。

第1节 Excel 2003简介

实训任务 1：通过自动求和来感受 Excel 2003 的计算功能

任务描述

本题包含两项内容，首先，利用 Excel 2003 全新的自动求和功能，计算“标枪决赛记分表”中所有应该求和的数值，体验自动求和的方便性；然后，通过改变表格的数字，体会自动求和的动态更新功能。

任务描述

在多次利用“自动求和”时，因为选定的单元格范围不同，“自动求和”将恰当安排计算结果的不同存放位置，明显体现“自动求和”的智能感知特性。另外，如果表格的数据发生变化，“自动求和”的结果将自动更新。

上机指导

（1）获得一张空白工作表：启动 Excel 2003 后，系统自动打开一个工作簿文件，工作表“Sheet 1”作为默认工作表被激活。

（2）建立表格及输入数据：参考如图 8-1 所示的题样输入栏标题和记录名。然后，在其他单元格中输入每个学生在每轮标枪决赛中的得分数。

标枪决赛记分表					
姓名	第1轮	第2轮	第3轮	第4轮	个人得分
学生甲	8	6	10	10	
学生乙	4	8	10	6	
学生丙	4	6	8	10	
学生丁	10	8	6	4	
学生戊	10	4	10	4	
合计					

图 8-1　自动求和的表格

（3）求每轮得分的合计值：选定所有存放标枪决赛得分的单元格（20 个）和存放“合计值”的单元格，单击“自动求和”按钮，在“合计”行的各个单元格中分别得到了每轮得分的合计值。

（4）观察自动更新效果：在“学生戊”的下方插入一行，在新行中输入“学生己、10、8、10、8”，观察“合计”行和“个人得分”各单元格的变化。

（5）求“个人得分”：同时选中所有的数据单元格，以及右侧的空白列，单击“自动求和”按钮，在空白列中将产生每行数据求和的结果，如图 8-2 所示。

标枪决赛记分表					
姓名	第1轮	第2轮	第3轮	第4轮	个人得分
学生甲	8	6	10	10	34
学生乙	4	8	10	6	28
学生丙	4	6	8	10	28
学生丁	10	8	6	4	28
学生戊	10	4	10	4	28
学生己	10	8	10	8	36
合计	46	40	54	42	182

图 8-2　在空白列中存放求和结果

心灵手巧：Excel 2003 的“自动求和”功能有智能感知特性。前面采取的是单步操作，其实，如果同时选中包含数据的单元格和将要保存结果的空单元格，Excel 2003 就会自动求出行和列中的合计值，并分别放在相应的空单元格中。

实训任务 2：修改工作簿中默认工作表的数量

任务描述

启动 Excel 2003，在默认的工作簿中将默认的工作表数目增加到 7 个。然后，使设置的默认工作表数生效。

任务分析

本任务将改变系统设置，使得启动 Excel 2003 时获得 7 张默认工作表。完成设置后并不会马上见效，需要重新启动 Excel 2003 才能生效。

上机指导

（1）启动 Excel 2003：打开 Excel 2003 应用程序窗口，同时打开默认的工作簿文件“Book1”，工作表“Sheet 1”作为默认工作表被激活。

（2）设置默认的工作表个数：从“工具”菜单打开“选项”对话框的“常规”选项卡，在“新工作簿内新工作表数”调整框中输入 7，单击“确定”按钮。

（3）重新启动：单击 Excel 2003 窗口的“关闭”按钮，关闭程序。重新启动 Excel 2003 后，在窗口下方的工作表标签上有 7 个工作表的名称。

知识梳理

一个工作簿相当于一个活页夹，默认有 3 个工作表，利用“选项”对话框，最多能设定 255 个默认工作表。工作表由单元格组成，在这里输入和处理数据。为了便于管理，必须为每个工作表起一个名字，把这些工作表名字排列在工作簿窗口下面的标签条上。在标签条上，只有一个标签是白色的，它就是活动工作表的标签。

自主学习

1. 填空题

（1）工作簿由________组成，工作表由________组成，新安装 Excel 2003 后，在一个工作簿中包含的默认工作表有___个。

（2）一个工作簿中最多能够容纳____张工作表。

2. 简答题

（1）工作簿文件的默认扩展名是什么？工作簿和工作表之间是什么关系？

（2）工作簿文件中包含了工作表中的哪些信息？

第2节 单元格

本节将了解单元格的基本概念、命名单元格的原则和选定单元格的方法。在操作中，应该关注鼠标指针的形态，还应该善于利用多种方法选定单元格。

实训任务 1：用鼠标指针探测单元格是操作单元格的第一步

任务描述

鼠标指针是窗口对象的探测器，具有智能感知性能。根据图 8-3 所提供的鼠标指针的形态，在右侧单元格中填写所指向对象的名称。

序号	鼠标指针形态	指针指向的对象
1		
2		
3		
4		
5		

图 8-3　认识鼠标指针的形态

任务分析

完成填表工作需要进行 5 次操作，要想快速、准确地得到答案，提高工作效率，需要在反复训练中积累经验和熟练技巧。

上机指导

（1）鼠标对准“列分隔线”：在工作表中，把鼠标指针对准两列之间的分隔线上，此时，鼠标的形状如图 8-3 中的序号 1 所示，标明可以通过拖曳鼠标改变列宽。

（2）鼠标对准“行分隔线”：在工作表中，把鼠标指针对准两行之间的分隔线上，此时，鼠标的形状如图 8-3 中的序号 2 所示，标明可以通过拖曳鼠标改变行高。

（3）鼠标移到“编辑栏”：在工作表中，把鼠标指针移到“编辑栏”上，此时，鼠标的形状如图 8-3 中的序号 3 所示，标明单击鼠标可以输入公式。

（4）鼠标在单元格上浮动：在工作表中，把鼠标指针移到单元格区域中，此时，鼠标的形状如图 8-3 中的序号 4 所示，处于浮动状态。

（5）鼠标对准“标签滚动条”：鼠标指针对准“标签滚动条”和标签条之间的间隙，此时，鼠标的形状如图 8-3 中序号 5 所示，拖曳鼠标可以改变“水平滚动条”宽度。

实训任务 2：训练灵活选定不同单元格区域的快捷方法

任务描述

本题将完成有关选定连续和不连续单元格区域的训练。

任务分析

首先增加默认工作表数，以便把选定的结果保存在多个工作表中。

上机指导

（1）准备工作：打开默认工作簿文件。打开“选项”对话框的“常规”选项卡，在“新工作簿内的工作表数”调整框中填写 5，重新启动 Excel 2003。

（2）选定单元格区域：激活工作表 Sheet1，在名称框中输入“T8”并回车，快速定位到 T8 单元格。然后，拖曳鼠标到 Y14 单元格，选定单元格区域 T8:Y14。

（3）选定整个工作表：激活工作表 Sheet2，单击工作表左上角的“全选”按钮，选定工作表中的所有单元格。

（4）选定不连续的行：激活工作表 Sheet3，先单击行号 5 选定第 5 行，然后按住 Ctrl 键再单击行号 8 同时选定第 8 行。

（5）选定不连续的列：激活工作表 Sheet4，先单击列号 A 选定 A 列，然后按住 Ctrl 键再单击列号 G 同时选定 G 列。

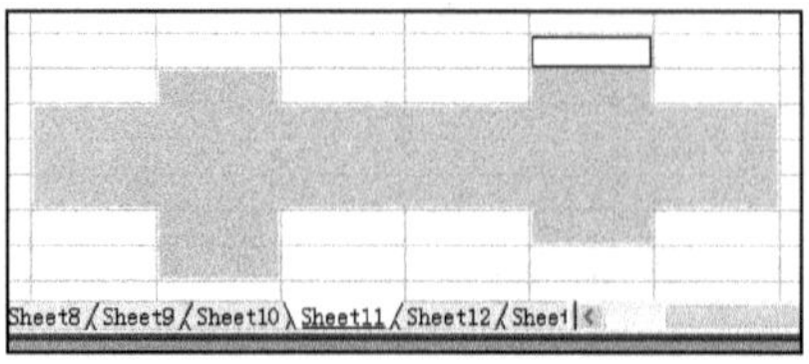

图 8-4 选定不连续的区域

（6）选定多个不连续的区域：激活工作表 Sheet15，先拖动鼠标选定单元格区域 B4:G6，然后再按住 Ctrl 键，通过拖动鼠标同时选定 C3:C8 单元格区域，再拖动鼠标同时选定 F2:F7 单元格区域，最后放开 Ctrl 键，结果如图 8-4 所示。

（7）执行“文件”菜单“保存”命令，工作簿文件名为“选定单元格.xls”。

知识梳理

如果要操作的单元格距离很远或者根本不知道该单元格在哪儿，有多种找到单元格的方法。在工作簿窗口编辑框的左侧是“名称框”。“名称框”具有显示单元格名字和定位单元格的双重作用，适合定位已知名字的单元格。如果不知道单元格的名字，但知道该单元格中的数据，可以利用“编辑”菜单中的“查找”命令，快速找到这个单元格。

在与 Windows 及其图形化软件打交道的过程中，能够看懂鼠标指针的含义，就相当于学会了一种与计算机打交道的“语言”。这种读图能力能够迅速判断指针对准对象的类型，有助于采取恰当的方法选定对象或操作对象。下面，将鼠标指针的形状、名称、产生条件和允许操作的内容列于如图 8-5 所示的表格中，供参考。

形状	名称	产生条件	可以操作
	空心十字	鼠标在单元格上悬浮	移动鼠标可寻找对象
	左倾箭头	鼠标对准窗口部件及被选定单元格	选定及操作对象
	加号箭头	按住Ctrl键拖曳鼠标	复制单元格
	沙漏	系统正在忙，可能在进行磁盘操作	等待沙漏消失在操作
	圆形日字	将对象拖曳到工作区之外的区域	取消拖曳操作
I	I字形	双击单元格	在单元格中输入数据
+	粗体十字	鼠标对准单元格的填充柄	拖曳填充柄填充数据
	横双箭头	鼠标对准两列之间的边界线	拖曳鼠标改变列宽
	竖双箭头	鼠标对准两行之间的边界线	拖曳鼠标改变行高

图 8-5 各种鼠标指针的形态及含义

自主学习

1. 填空题

（1）表格共有 6 行 7 列，其中 A 列是空列，第 6 行是空行，其他单元格中都有数字，如果选定了整个表格，单击“常用”工具栏上的“自动求和”按钮，“和”值被保存在____行中和____列中。

（2）把对应的鼠标指针形状填写到下面的括弧中。

鼠标指针悬浮在单元格上时呈（　　）形，鼠标指针对准格式刷时呈（　　）形；

鼠标对准填充柄时呈（　　）形，按 Ctrl 键拖曳鼠标复制对象时呈（　　）形；

处于文本输入状态时呈（　　）形，把选定的文字拖曳到状态栏上时呈（　　）形。

2. 判断题

（1）在“选项”对话框中修改默认工作表数之后，马上生效。（□正确，□错误）

（2）不可以在“名称框”中输入单元格区域的名称。（□正确，□错误）

第3节 在单元格中输入数据

本节通过多种方式在单元格中输入数据，尤其是数据序列和数据填充，应当熟练掌握。另外，填充柄也是编辑 Excel 工作表数据灵巧而重要的部件。

实训任务 1：用常规输入法在“工资月报表”中添加数据

任务描述

新建一个工作簿文件，参考如图 8-6 所示的题样，在工作表 Sheet1 中建立一个“计算机工程师工资月报表”，并保存到磁盘文件中。

	A	B	C	D	E	F	G
1	计算机工程师工资月报表						
2	2011年10月					工资总额:	
3	姓名	基本工资	岗位工资	加班费	奖金	税金	实发工资
4	赵一名	1004	2008	3012	4016	20%	
5	钱二名	1004	2008	3012	4016	20%	
6	孙三名	1004	2008	3012	4016	20%	
7	李四名	1004	2008	3012	4016	20%	
8	周五名	1004	2008	3012	4016	20%	
9	吴六名	1004	2008	3012	4016	20%	
10	解无明	1004	2008	3012	4016	20%	

图 8-6　工程师工资月报表

任务分析

可以利用“格式”工具栏上的“边框”按钮设置表格的边框线。在报表中插入的日期是插入的函数。G 列留的空白单元格是存放计算公式的。

上机指导

（1）准备工作：在新建的一个工作簿文件中，双击工作表标签 Sheet1，重新命名为“常规输入法”。

（2）设置表格线：选定 A1:G10 单元格区域，单击“格式”工具栏上的“边框”下拉按钮，在列表框中选择“田”字框，再选择“口”字框，使表格的外框加粗。

（3）输入文字标题：在 A1 单元格中输入报表标题“计算机工程师工资月报表”，在 F2 单元格中输入“工资总额:”。

（4）插入日期：在 A2 单元格中，从“插入”菜单选择“函数”，在对话框的“选择类别”列表框中选择“日期与时间”，在“选择函数”列表框中选择“TODAY”。

（5）输入栏标题和记录名：在 A3 单元格中输入“姓名”，在第 3 行的其他单元格中分别输入“基本工资”、“岗位工资”等栏目名称。在 A4 单元格中输入“赵一名”，在 A5 及其以下的其他单元格中分别输入其余人员的姓名。

（6）输入数字：按照题样，在 B4:E10 单元格区域中输入报表中需要的数字，在“税金”列中输入纳税额为“实发工资”的“20%”。

（7）执行“文件”菜单“保存”命令，将工作簿存盘，文件名为“添加数据.xls”。

实训任务 2：利用填充柄在单元格中快速添加数据

任务描述

首先在工作表中建立一些数据序列，然后利用填充柄填充数据，制作如图 8-7 所示的“计算机产品展销分布表”。

	A	B	C	D	E	F	G
1	计算机产品展销分布表						
2	展区\展室	1号展室	2号展室	3号展室	4号展室	5号展室	展销日期
3	第一展区	DELL电脑	SONY视频	神舟笔记本	佳能打印机	宝马投影机	2011-12-1
4	第二展区	DELL电脑	SONY视频	神舟笔记本	佳能打印机	宝马投影机	2011-12-2
5	第三展区	DELL电脑	SONY视频	神舟笔记本	佳能打印机	宝马投影机	2011-12-3
6	第四展区	DELL电脑	SONY视频	神舟笔记本	佳能打印机	宝马投影机	2011-12-4
7	综合展室	单片机	单板机	微型机	小型机	网络系统	2011-12-5

图 8-7　利用填充柄创建的“计算机产品展销分布表”

任务分析

分析题样可知需要自定义两个数据序列，一个是“展室\展台”数据序列，另一个是“展销日期”数据序列。另外，还要临时在第 1 展区中输入 4 种设备的名称，然后利用填充柄将这些数据快速填充到其他 3 个展区中。

上机指导

（1）准备工作：启动 Excel，打开默认的工作簿文件，激活工作表 Sheet3，命名为“使用填充柄”。然后，输入一些数据和标题等。

（2）自定义“展室”数据序列：从“工具”菜单打开“选项”对话框，切换到“自定义序列”选项卡，在“自定义序列”列表框中选择“新序列”之后，把光标置入“输入序列”区域中。输入第 1 个数据“第一展区”，按一次回车键，再输入第 2 个数据“第二展区”，再按一次回车键，以此类推，完成所有数据的输入。

（3）自定义“展销日期”数据序列：采取相同做法，建立“展销日期”数据序列。

（4）自定义“综合展室”数据序列：采取相同做法，在“输入序列”区域中分别输入“单片机”、“单板机”、“微型机”、“小型机” 和 “网络系统”。

（5）填充“展区\展室”数据序列：在 B2 单元格中输入展室序列的第 1 个数据“1 号展室”，单击鼠标选定这个单元格，向右侧拖曳填充柄，到达 F2 单元格时松开鼠标键，一个数据序列被添加在鼠标经过的区域中，如图 8-8 所示。

	A	B	C	D	E	F	G
1	计算机产品展销分布表						
2	展区\展室	1号展室	2号展室	3号展室	4号展室	5号展室	展销日期
3							

图 8-8　填充“展区\展室”数据序列

（6）填充“展销日期”数据序列：在 G3 单元格输入“2011-12-01”，向下方拖曳单元格的填充柄，到达 G7 单元格时松开鼠标键，完成“展销日期”数据序列的填充。

（7）填充“综合展室”数据序列：在 B7 单元格输入第 1 个数据“单片机”，向右侧拖曳填充柄，到达 F7 单元格时松开鼠标键，完成“综合展室”数据序列的填充。

（8）填充相同的数据：在 B3～F3 单元格中分别输入 DELL 电脑、SONY 视频、神舟笔记本、佳能打印机和宝马投影机。选定 B3～F3 单元格区域，向下方拖曳填充柄到达 F6 单元格，在 B3:F6 单元格区域中填充数据。

知识梳理

编辑栏是 Excel 2003 窗口的新部件，具有编辑和显示数据的双重作用，号称“两栖”工具栏。在编辑栏中既可以显示文本和公式，又能够编辑文本和公式内容。

填充柄是 Excel 2003 的智能化输入工具，如果选定一整行或一整列，填充柄就会出现在行号按钮或列号按钮的右下角。利用填充柄能够复制数据，还能够自动填充数据序列，包括自定义序列、等差数列和等比数列等。

一般情况下，等差数据序列不用提前建立，当引用等差数列时，只要在相邻的两个单元格中输入第 1 个数和第 2 数，然后，选定这两个单元格，并拖曳这个单元格区域的填充柄，就可以产生一个任意长度的等差数列。引用等比数列时可以采取一种特殊的方法，先在连续两个单元格中输入等比序列中的前两个数，然后选定这两个数，再利用右键拖曳填充柄，到达终值单元格时松开鼠标键，此时，会出现一个选项菜单，单击菜单中的“等比序列”，就能够产生一个等比数列。采取右键拖曳填充柄的原理是这样的，选定等比数列中的两个起始数据之后，系统就会得到初值和步长两个参数，终值由松开鼠标键的位置来决定。

自主学习

1. 填空题

观察图 8-9，根据表格数据和拖曳鼠标的方向，在括弧中填写操作结果（数字）。

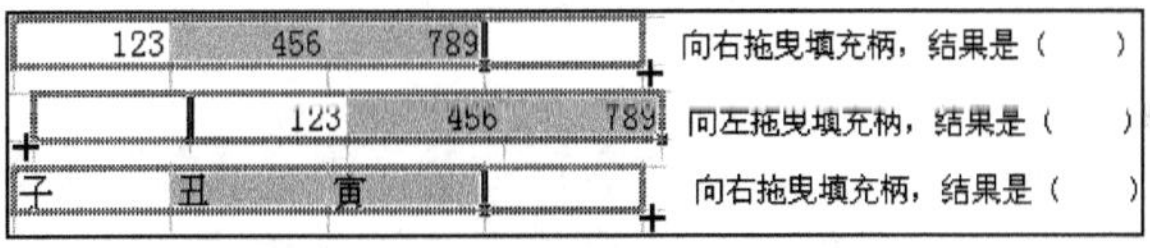

图 8-9　使用填充柄填充数据序列

2. 简答题

（1）建立自定义序列的环境是什么？

（2）等差数列和等比数列的数据各自有什么规律？

第4节 编辑单元格

遇到调入或调出职工、工人换岗、增添住房基金项目等事情，一般需要重新增减表格的栏目，或修改表格的数据，这就是本节的训练内容——编辑单元格及其数据。

实训任务 1：运用选择性粘贴分解一个单元格数据的各种属性

任务描述

首先在工作表中建立两个简单的表格，一个表格的文字设置了字体格式，如图 8-10 左表所示；另一个表格中的数据很单调，如图 8-10 右表所示。然后，将左表格中的数字与右表格中的倍数相乘；将左表格栏标题和记录名的格式粘贴到右表格中；将左表格的全部内容粘贴到另一个工作表中，并将表格转置。

品名	单价	数量	销售额
DVD	32.0	10	320.00
VCD	28.0	20	560.00
CD盘	15.5	15	232.50
磁带	8.5	23	194.35

品名	单价	数量	销售额
DVD	1	2	2
VCD	1	3	3
CD盘	1	4	4
磁带	1	5	5

图 8-10 供选择性粘贴的表格

任务分析

第 1 次粘贴是实现乘法粘贴，复制时应该只选择左表中的数字区域。右表中的“单价”都是 1，目的是让任何数乘以 1 仍然得原数值；第 2 次粘贴只粘贴左表的字符格式；第 3 次粘贴实现表格行列互换，复制时应该选定整个表格。

上机指导

（1）建立表格：激活工作表 Sheet1，重新命名为“选择性粘贴”。利用“格式”工具栏上的“边框”按钮，设置两个表格的边框线，参考题样输入表格数据。

（2）乘法粘贴：选定右表格的数字区域，执行“编辑”菜单的“复制”命令。然后，选定右表格相对应的单元格区域，执行“编辑”菜单的“选择性粘贴”命令，在对话框中选中“乘”单选框，确定。

（3）粘贴格式：选定整个左表，执行“编辑”菜单的“复制”命令。然后，再选定整个右表，执行“编辑”菜单的“选择性粘贴”命令，在对话框中选中“格式”单选框，确定。

（4）转置粘贴：选定整个左表，执行“编辑”菜单的“复制”命令。选定工作表中的一个空白单元格，然后，打开“选择性粘贴”对话框，选中“全部”单选框，并选中“转置”复选框，单击“确定”按钮，操作的结果如图 8-11 所示。

品名	DVD	VCD	CD盘	磁带
单价	32.0	28.0	15.5	8.5
数量	10	20	15	23
销售额	320.00	560.00	232.50	194.35

图 8-11　粘贴时转置

实训任务 2：为工作表中的两个单元格添加批注并设置格式

任务描述

参考如图 8-12 所示的题样，在工作表的两个单元格中插入文字，并各插入一幅剪贴画。然后，为这两个单元格各插入 1 个批注，并训练显示、隐藏批注和设置批注的格式。另外，应该设置有利于查看批注的视图模式。

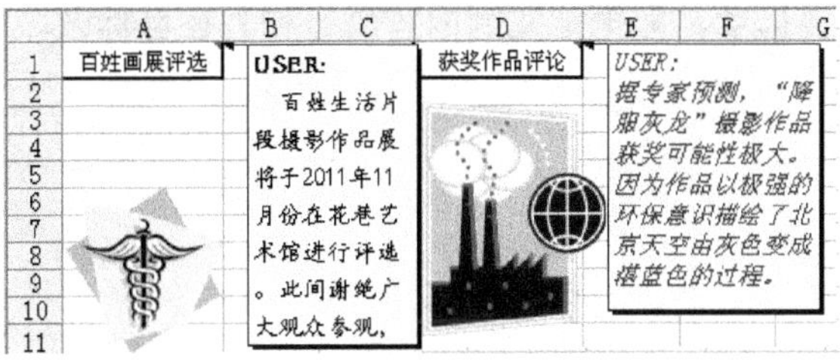

图 8-12　在工作表中插入的两个批注

任务分析

首先需要建立表格数据，包括在单元格中输入文字和插入剪贴画两项任务。然后，分别为两个单元格建立批注，并为批注设置必要的文字格式和底纹样式。另外，显示批注和隐藏批注也是操作批注的必要环节，不能忽视。

上机指导

（1）准备工作表：启动 Excel，在默认的工作簿中激活一个工作表，重新命名工作表为“插入批注”。在 A1 单元格中输入“百姓画展评选”，在下方插入一幅剪贴画。然后，在 D1 单元格中输入“获奖作品评论”，在下方插入一幅剪贴画。

（2）插入批注标识符：选定 A1 单元格，执行“插入”菜单的“批注”命令，在单元格出现“红色三角形”的批注标识符。采取相同做法在 D1 单元格插入批注。

（3）编辑批注：选定 A1 单元格，从快捷菜单中执行“编辑批注”命令，在打开的编辑框中输入“百姓生活片段摄影作品展……”接着，在 D1 单元格中编辑批注，输入文字内容“据专家预测，‘降服灰龙’摄影作品获奖可能性极大……”。

（4）显示批注：选定 A1 单元格，从快捷菜单中选择“显示批注”，即使鼠标指针离开批注内容也不会消失。同样，显示 D1 单元格中的批注内容。

（5）设置批注格式：对准 D1 单元格的批注显示框单击右键，从快捷菜单中选择“编辑格式”，设置批注文字为深红色、11 磅、倾斜。拖曳批注上边框线上的尺寸控点，增加边框的高度。同样，设置 A1 单元格的批注文字为 11 磅、华文楷体。

（6）隐藏批注：从快捷菜单中选择“隐藏批注”，取消批注内容的显示。

（7）设置批注视图模式。从“工具”菜单打开“选项”对话框，切换到“视图”选项卡，选择“批注和标识符”单选项，可以不用人工干预，经常显示批注。

知识梳理

复制单元格数据时，如果只想复制单元格的部分信息，可以执行“编辑”菜单中的“选择性粘贴”命令来实现。下面解释“选择性粘贴”对话框中的几种选项。❶“粘贴”选项：选中对话框中“粘贴”选项中的某个单选框，可以完成只对单元格的公式、数值、格式、批注等单项的粘贴，默认是“全部”；❷“运算”栏目中的各个选项，能够使源单元格数据和目标单元格数据进行某种运算，结果放在目标单元格中；❸跳过空单元：选中该选项，并且选择了粘贴格式，那么，当被复制的单元格中没有数据时，该空单元格中的格式就不能被复制过来；❹转置：选中该选项，能把被复制内容的行和列在目标区域中对调。

自主学习

1. 填空题

（1）同时选定 B 列和 C 列后执行插入列的命令，新插入的列数是____，新插入的列位于原来 B 的____侧。

（2）向外侧拖曳批注的边框尺寸控制块能够______批注边框的尺寸，拖曳批注的边框本身能够______批注。

2. 简答题

（1）选择性粘贴能够粘贴哪些内容？其中，“转置”复选框的作用是什么？

（2）如果目标区域的数字都是 0，选择乘法粘贴后，目标区域的数字都是多少？

第5节 格式化单元格

实训任务 1：通过设置单元格格式创建花坛的效果

任务描述

在工作表的单元格中插入几种“鲜花”类的图形化符号，然后，对单元格进行格式化操乍，最终形成一个美丽的大花坛。

任务分析

任务包括：第一，插入并复制符号，同时设置字符的格式。第二，设置边框和底纹，❶在“内层”单元格中设置正反向斜线，形成 3 个“菱形”；❷在内层、中间层和外层的四周分别设置边框；❸在 3 个层面设置单元格的底纹颜色。为叙述方便，把“花坛”划分为内层、中间层和外层 3 部分。

上机指导

（1）插入并设置内层符号：在默认工作表的 D4 单元格中，从“符号”对话框的“Wingdings”字体集中插入符号“❀”，设置字号为“20”磅，颜色为“深红”。

（2）在内层插入符号及设置格式：首先，选定 D4 单元格，设置字符“加粗”，并设置“华文琥珀”字体，字号为“16”磅，颜色为“红色”。然后，把 D4 单元格的数据复制到 D4:G5 单元格区域中，在一个矩形区域中“插上”鲜花。

（3）在中间层插入符号：首先，选定 C3 单元格，并插入符号“❀”。接着，将这个符号复制到中间层的每一个单元格中。

（4）设置并复制单元格格式：设置 C3 单元格的字号为“20”磅，颜色为“绿色”。选定 D3~H3 单元格后，按住 Ctrl 键，再选定中间层的其他单元格，然后，打开“选择性粘贴”对话框，选中“格式”单选框，效果如图 8-13 所示。

（5）设置外层单元格字体：在 B2 单元格中插入符号“❀”，并设置其字号为“16”磅，颜色为“橙色”。然后，选定 B2 单元格，并向右侧拖曳其填充柄到达 I2 单元格，把具有格式的字符填充到第 1 行。采取类似方法，把数据复制到最后一行中，复制到第 1 列和最后一列中，形成外层花环。

（6）设置表格的外边框：选定包含“鲜花”的所有单元格，单击“格式”工具栏上的“边框”按钮，从列表中选择“方框”。最后的效果如图 8-14 所示。

（7）设置“菱形”线：选定内层的 8 个单元格，在“单元格格式”对话框的“边框”选项卡中，选择“红色”，再单击正斜线和反斜线。返回工作表后，选定单元格 D4，重新打开“边框”选项卡，单击预览区的“正斜线”，使其消失，如图 8-14 所示。采用相同做法取消其他 3 个单元格中的斜线，形成 3 个“菱形”图案。

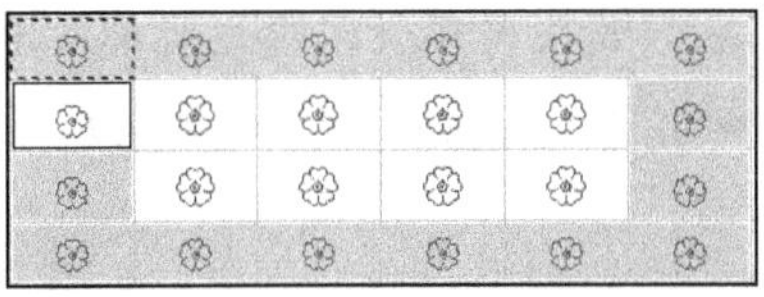

图 8-13　把格式复制到环形区域

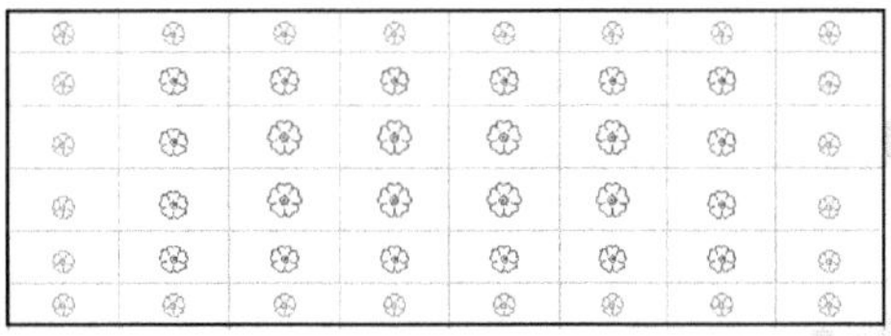

图 8-14　通过插入符号并设置格式形成“花坛”

（8）设置双线外框：首先，只选定内层的单元格，设置“深蓝色”的双线边框。返回工作表之后，选定中间层和内层的所有单元格，设置“深蓝色”的双线边框。最后，选定整个表格，设置“深蓝色”的双线边框。

（9）设置底纹：首先，选定整个表格，打开“图案”选项卡，设置“浅蓝色”的底纹。返回工作表之后，选定中间层和内层的所有单元格，设置“茶色”的底纹。最后，只选定内层的单元格，设置“浅绿色”的底纹。

心灵手巧： 如果从里向外设置 3 部分的底纹，就很麻烦。恰当的方法是从外向内逐步设置，后设置的底纹覆盖先设置的底纹，范围逐渐收缩，互相没有影响。

（10）设置单元格数据中部对齐：选定整个表格，打开“单元格格式”对话框的“对齐”选项卡。在“水平对齐”列表框中选择“居中”，在“垂直对齐”列表框中也选中“居中”（水平和垂直方向都居中称为“中部对齐”），如图 8-15 所示。

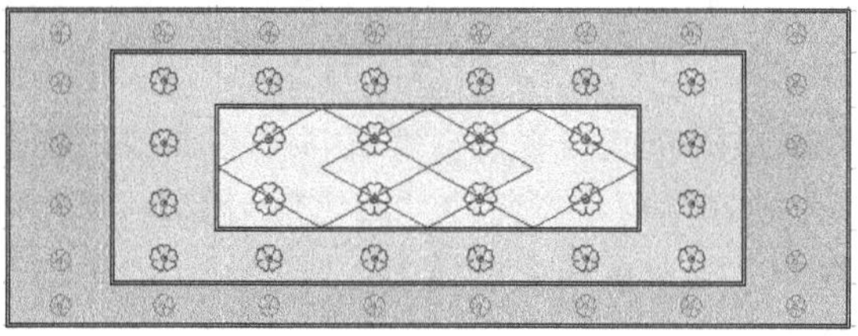

图 8-15　设置单元格的多种格式

实训任务 2：通过设置条件格式对延迟缴纳税金提出红牌警告

任务描述

参考图 8-16 中的左图输入“计算机软件公司交纳税金统计表”，然后，对几个单元格设置条件格式，当条件满足时，这些单元格的格式发生相应的变化，提示财务人员及时交纳税金。

任务分析

具体条件格式要求如下：如果 B4 单元格的数值大于 C4 单元格中的数值，则 D4 单元格中的字符变成白色，底纹变成黑色；如果 B5 单元格的数值大于或等于 C5 单元格中的数值，则 D5 单元格出现红色边框和灰色底纹。在 A2 单元格中插入当前时间函数，设置 3 个条件：当前日期大于 6 月 20 日，并且小于 6 月 25 日时，单元格变成玫瑰色；日期大于 6 月 26 日，并且小于 6 月 30 日时，单元格变成粉色；日期大于或等于 7 月 1 日时，单元格变成紫色，如图 8 16 中的右图所示。

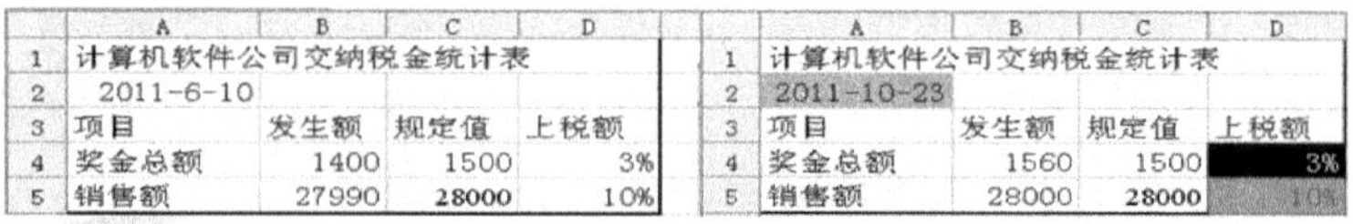

	A	B	C	D
1	计算机软件公司交纳税金统计表			
2	2011-6-10			
3	项目	发生额	规定值	上税额
4	奖金总额	1400	1500	3%
5	销售额	27990	28000	10%

	A	B	C	D
1	计算机软件公司交纳税金统计表			
2	2011-10-23			
3	项目	发生额	规定值	上税额
4	奖金总额	1560	1500	3%
5	销售额	28000	28000	10%

图 8-16　在工作表中设置条件格式

上机指导

（1）准备工作：打开默认的工作簿文件，激活一个工作表，重新命名为“条件格式”。参考题样输入表格数据，选定 A2 单元格，执行“插入”菜单的“函数”命令，在“函数分类”列表框中选择“日期和时间”，在“函数名”列表框中选择“TODAY”，确定后，在 A2 单元格中插入当前日期。

（2）设置 D4 单元格的条件格式：选定 D4 单元格，选择“格式”菜单中的“条件格式”。在对话框的“条件 1”列表框中选择“公式”。将光标置入右侧的条件框中，单击工作表中的 B4 单元格，将其地址引用到条件框中，接着输入大于号“>”，并单击 C4 单元格，引入其地址。单击“格式”按钮，打开“字体”选项卡，从“颜色”列表框中选择“白色”，打开“图案”选项卡，选择“黑色”，如图 8-17 所示。

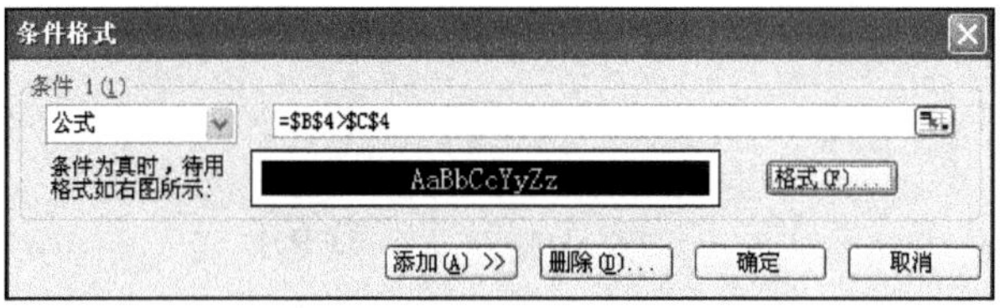

图 8-17　为单元格设置“公式”型条件格式

（3）设置 D5 单元格的条件格式：选定 D5 单元格，在“条件 1”列表框中选择“公式”。单击工作表的 B5 单元格，将其地址引用到条件框中，接着输入大于或等于号“>=”，然后，单击 C5 单元格，引入其地址。利用“格式”按钮设置“红色”边框和“灰色”底纹。

（4）设置 A2 单元格的条件格式：选定 A2 单元格，在“条件 1”列表框中选择“单元格数值”。在“算法”列表框中选择“介于”，在第 1 个参数框中输入“2011-6-20”，在第 2 个参数框中输入“2011-6-25”。利用“格式”按钮设置“玫瑰色”底纹，如图 8-18 所示。单击“添加”按钮，扩展对话框，在“条件 2”列表框中选择“单元格数值”，仿照“条件 1”的做法，设置“介于 2011-6-26 和 2011-6-30 之间”的条件。再次单击“添加”按钮，扩展出“条件 3”，在“算法”列表框中选择“大于或等于”，在参数框中输入“2011-7-1”，设置为“紫色”。

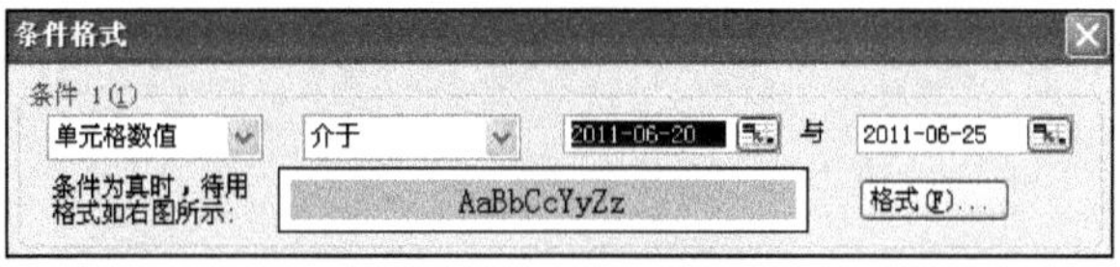

图 8-18　为单元格设置“单元格数值”型条件格式

（5）执行“文件”菜单的“保存”命令，将工作表内容存盘。

知识梳理

在“对齐”格式中，有两种比较特殊的对齐方式和 3 个文本控制选项：一种是“填充对齐”方式，能够使单元格的文本内容重复出现，直到填满单元格为止。如果再增加单元格的列宽，则单元格中的文本内容将随着扩充。另一种是“跨列居中”方式，简单说就是先合并再居中。由于跨列居中单元格的“根”还扎在“出生地”，所以，对其操作必须选定源单元格。

当“条件格式”的条件成熟时，将自动在工作表中产生“提醒”信息。“条件格式”对话框有3层，可以同时设置3个条件，平时收缩为1层，单击“添加”按钮时展开。在展开的对话框中，条件类型只有“单元格数值”和“公式”两种，随着选择不同类型的条件，逻辑运算关系也不同。如果选择“单元格数值”条件，可以选择“介于”、“未介于”等8种逻辑运算关系。如果选择“公式”类型，系统不再提供运算关系，运算关系由用户自己填写。

自主学习

1. 简答题

（1）通过设置单元格的“边框”格式，说明使用菜单命令与使用工具栏有哪些异同之处。

（2）“单元格格式”对话框中的“对齐”选项卡能够实现哪些对齐方式？如何利用“格式”工具栏上的“合并及居中”按钮设置单元格格式？

2. 绘图题

通过设置单元格的字体格式、边框和底纹格式、对齐格式（含合并单元格）等操作，在工作表中绘制一幅图画，建议主题是赞美学习生活及校园环境。

第6节 工作表的基本操作

工作表的基本操作包括插入、删除、移动和复制工作表，还包括改变整个工作表列宽，自动套用格式、设置工作表的背景图案和隐藏工作表等问题。

实训任务1：通过编辑工作表整理大量的销售报表

任务描述

打开默认的工作簿文件，对工作表进行基本的编辑操作，包括删除、移动和复制工作表等。具体要求参见“上机指导”。

任务分析

本任务将命名新工作表，调整工作表的位置，通过复制增加工作表的数量，还要删除不需要的工作表。

上机指导

（1）删除一个工作表：在新建的默认工作簿中，单击“Sheet1”工作表标签，按右键显示快捷菜单，选择“删除”，出现系统询问时，确认删除。

（2）命名工作表：双击“Sheet2”工作表标签，使其变成反色，然后，直接输入新工作表的名称为“插入一”。采取相同做法，命名其他3个工作表为“插入二”、“插入三”和“插入四”。

（3）复制工作表：选定“插入三”工作表标签，按住 Ctrl 键后向右拖曳鼠标，松开鼠标键后，复制了一个工作表“插入三（2）”。

（4）移动工作表：单击“插入三（2）”工作表标签，执行“编辑”菜单的“移动或复制工作表”命令，在打开的对话框中，从“下列选定工作表之前”列表框中选择“移至最后”，确定后，“插入三（2）”工作表被移动到工作表标签的最后。

（5）重命名工作表：选定“插入三（2）”工作表，按右键显示快捷菜单，从中选择“重命名”，输入新名“插入五”，按回车键确定命名。

（6）保存文件：保存工作簿文件，新文件名为“工作表操作.xls”。

实训任务 2：通过设置工作表的列宽改变工作表结构

任务描述

本任务将采取多种方法设置工作表的宽度，利用 3 个工作表练习设置不同类型的工作表列宽，包括标准列宽、最适合的列宽和指定列宽。

任务分析

本节是从整体表格的角度出发来讨论设置列宽的问题，暂时不涉及对个别列的宽度进行设置。

上机指导

（1）准备工作：打开工作簿文件“工作表操作.xls”。

（2）设置“标准列宽”：激活“插入一”工作表，单击工作表左上角的“全选”按钮选定整个工作表，从“格式”菜单选择“列”中的“标准列宽”，在对话框中输入列宽的新标准值“12”（磅）。

心灵手巧：“标准列宽”是创建工作表时系统默认的列宽，输入新的标准值之后，除了曾经改变过宽度的列，工作表中其他列的宽度都将改变成新设置的数值。

（3）设置“最适合的列宽”：激活“插入二”工作表，先在工作表的 A1、C1 和 E1 单元格中各输入“A”、“AA”和“AAA”，然后，选定整个工作表，从“列”子菜单中选择“最合适的列宽”，A 列、B 列和 C 列的宽度因字符数发生不同变化。

心灵手巧：“最适合的列宽”也叫做“自适应列宽”，其作用是以选定区域中最宽的数据为基准，调整所有被选定列的宽度，调整后宽度不大不小。

（4）指定列宽：激活“插入三”工作表，选定整个工作表，从“列”子菜单中选择“列宽”，并输入数值“5.6”，所有列宽将按照指定的数值改变。

（5）保存工作表：从“文件”菜单选择“保存”命令，将设置的内容存盘。

知识梳理

在工作簿内增添工作表时，最多可以插入 255 个。移动工作表就是改变工作表标签在标签条上的位置，分两种情况：一种是用鼠标拖曳工作表标签，能够在同一个工作簿中移动工作表。在不同工作簿之间移动工作表时，利用“菜单”命令比较方便。从“编辑”菜单选择“移动或复制工作表”，在对话框中单击“工作簿”下拉菜单，选择目标工作簿文件，单击“下列选定工作表之前”列表框，确定插入在哪个工作表的前面，取消“建立副本”复选框（否则是复制），单击“确定”按钮。

自主学习

1. 读图题

根据图 8-19 中显示的工作表标签的各种情况，鉴别当前正在对工作表进行，或将要进行的是哪种操作，把结果填写在右侧的括弧中。

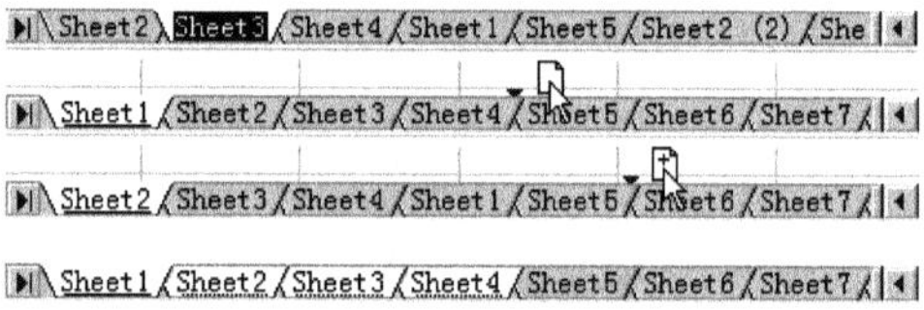

（　　　　　）

（　　　　　）

（　　　　　）

（　　　　　）

图 8-19　判断当前正在进行的操作

2. 简答题

位于工作表下方的工作表标签栏有哪些按钮？每一个按钮的作用是什么？

第7节　工作簿的基本操作

对工作簿文件的操作方法与 Word 文件基本相同，都是围绕磁盘文件展开的，如建立和保护工作簿文件等，其中，保护工作表和工作簿文件是本节的重点内容。

实训任务 1：使用模板建立工作簿文件并设置自动保存功能

任务描述

利用 Excel 所提供的模板，在新建工作簿文件的同时，快速建立一个“通讯录”表格，然后，将表格内容保存到磁盘中。

任务分析

任务要求在“新建”工作簿文件的时候，从系统所提供的模板中找到一个与自己要求接近的模板，套用到新建立的工作簿中。

上机指导

（1）打开“模板”对话框：启动 Excel 后，从“文件”菜单选择“新建”，在“新建工作簿”窗格中选择“本机上的模板”，打开“模板”对话框。

（2）选择模板：在“模板”对话框中，单击“电子方案表格”选项卡，在列表框中选择“通讯录”模板，确定后，在当前工作表中建立“通讯录”表格框架。

（3）在“通讯录”中输入数据：在“通讯录”的第 1 行中输入简单的数据。

（4）保存文件：从“文件”菜单选择“保存”命令，并为新工作簿文件命名。

实训任务 2：通过设置口令保护工作表的重要数据

任务描述

在“工作表操作.xls”工作簿文件中，激活“插入二”工作表，以这个工作表为对象，训练设置工作表口令的操作。在工作表中输入数据，体验“保护”的作用。另外，还需要练习取消保护工作表的操作。

任务分析

题目之所以要求在工作表中输入数据，是为了引发系统拒绝修改工作表内容的警告，这一点恰恰证明了保护工作表的措施生效了。出现警告时，必须撤销对工作表的保护才允许修改工作表，撤销对工作表的保护必须输入口令。

上机指导

（1）准备工作：打开“工作表操作.xls”工作簿文件，激活“插入二”工作表。

（2）增加口令：执行“工具”菜单“保护”中的“保护工作表”命令，在对话框的“密码”文本框中输入保护口令“20111024”，确定后重复输入相同的口令。

（3）修改工作表内容：在受保护的工作表中输入数据，系统将发出警告。

（4）撤销保护：从“工具”菜单选择“保护”中的“撤销工作表保护”命令，在对话框中输入原口令“20111024”，确定后，撤销对工作表的保护。

（5）单击“常用”工具栏上的“保存”按钮，将工作表内容存盘。

实训任务 3：通过设置工作簿口令整体保护工作簿数据

任务描述

启动 Excel 2003 以后，将默认的工作簿文件“Book1.xls”更名为“保护工作簿.xls”。设置工作簿保护口令之后，删除该工作簿中的一个工作表，再插入一个新工作表，观察系统的反应。

任务分析

删除和插入工作表的目的都是为了验证“保护”的作用，如果口令设置得正确，则随意删除和增加工作表肯定要遭到系统拒绝的。与修改被保护的工作表相同，出现警告时，必须撤销对工作簿的保护才允许删除工作簿中的工作表。

上机指导

（1）建立工作簿文件：在新建的默认工作表窗口中，单击“常用”工具栏上的“保存”按钮，在打开的“另存为”对话框中为工作簿文件命名“保护工作簿.xls”。

（2）设置保护口令：执行“工具”菜单“保护”中的“保护工作簿”命令，在对话框中输入保护口令“China XBR”。

（3）删除工作簿中的工作表：选定“Sheet1”工作表标签，单击右键显示快捷菜单时，“删除”等命令都处于不可执行的状态，这就是保护工作簿的结果。

（4）插入一个新工作表：选定“Sheet2”工作表标签，单击窗口中的“插入”菜单，其中的“工作表”选项是灰色的，意味着在设置了保护口令的工作簿中，是不可以随意插入新的工作表的，但是，可以修改工作簿中工作表的内容。

（5）取消口令：执行“工具”菜单“保护”中的“撤销工作簿保护”命令，在对话框中输入保护口令“China XBR”，单击“确定”按钮。

（6）删除工作簿中的工作表：选定“Sheet1”工作表标签，在快捷菜单中执行“删除”命令，删除这个工作表。

（7）异机保护：重新设置工作簿的口令，并将工作簿文件“保护工作簿.xls”复制到其他计算机上，当打开该工作簿文件时，系统将要求输入保护口令。

知识梳理

在“保护工作表”对话框中可以选择保护的选项，比如保护工作表的数据、插入的对象及工作表的结构格式等。口令规范与文件名规范相同，如“？”、“,”、“\”等都不是合法的口令成分。大写和小写字母在口令中被认为是两个不同的字符。

设置保护工作簿的口令时，系统自动把安装 Office 2003 时注册的用户名与该口令相联系，如果在其他用户名的计算机上打开该工作簿文件，将遭到拒绝。被保护的工作表可以在其他计算机中打开但不能修改，这一点是保护工作表和保护工作簿的唯一区别。在自己的计算机上删除被保护的工作簿文件，和删除普通文件一样容易，但是在其他计算机上连打开工作簿都做不到，删除更不可能了。

自主学习

1. 选择题

（1）设置了口令的工作簿和工作表对用户操作采取了不同方式的保护措施。设置了口令的工作表用户（　　）修改，设置了口令的工作簿文件用户（　　）删除。

A. 可以，可以　B. 可以，不可以　C. 不可以，可以　D. 不可以，不可以

（2）大写字母和小写字母在口令中被认为是两个（　　）的字符，（　　）在口令中出现字符“？”。

A. 相同，允许　B. 相同，不允许　C. 不同，允许　D. 不同，不允许

2. 简答题

（1）怎样设置工作簿及工作表的口令？怎样取消保护口令？

（2）能否在自己的计算机上删除设置了口令的工作簿文件？删除其中的工作表呢？在其他计算机上能否删除被设置了口令的工作簿文件？

第8节　管理工作簿窗口

管理工作簿窗口包括新建、重排、拆分、隐藏窗口以及冻结窗格。训练中不会实质性地改变工作簿，只是为创造特有的操作环境而改变窗口。

实训任务 1：在一个工作簿窗口中有区别地显示窗口信息

任务描述

在 Excel 2003 窗口中新建 3 个工作簿文件，并在其中一个工作簿的工作表中输入保密提示性文字。接着新建两个窗口，然后对上述窗口进行管理性操作。通过上述工作使窗口布局适应表格处理的需要，达到如下要求：只能看见所有窗口的标题，防止用户看到有保密提示的工作表内容；另外，要求能够同时查看当前窗口当前工作表的 4 部分内容，并防止 A1 单元格滚动。

任务分析

训练分解为 5 个子任务：❶按要求新建两个窗口，为训练增加素材；❷开始先叠层排列窗口，有时还需要平铺排列窗口；❸找到需要保密的窗口后要暂时隐藏这个窗口；❹将窗口拆分为 4 部分；❺冻结窗格防止某些信息移动。

上机指导

（1）新建工作簿：启动 Excel 2003，新建 3 个工作簿文件，文件名分别是“File-A.xls”、“File-B.xls”和“File-C.xls”。

（2）输入文字：在 File-C.xls 工作簿当前工作表中输入“内部资料，禁止查看”。

（3）新建窗口：从“窗口”菜单下方的工作簿列表中，选择 File-A.xls 为活动窗口，然后，执行两次“窗口”菜单的“新建窗口”命令，利用 File-A.xls 工作簿窗口新建两个相同的窗口，临时文件名为 File-A.xls:2 和 File-A.xls:3。

（4）重排窗口：执行“窗口”菜单的“重排窗口”命令，在“重排窗口”对话框中选中“叠层”单选框，把 Excel 2003 应用程序窗口中的所有窗口叠层排列。

（5）切换工作簿：单击 File-C.xls 工作簿窗口，使该窗口成为当前窗口。

（6）隐藏窗口：执行“窗口”菜单的“隐藏”命令，令 File-C.xls 工作簿窗口在屏幕中消失，暂时隐藏起来。

（7）拆分窗口：打开“重排窗口”对话框，选中“叠层”单选框，重新排列窗口。然后，选定一个单元格，从“窗口”菜单选择“拆分”，把当前窗口分割成 4 部分。拖曳“十字”拆分条的中点，使 A1 单元格单独占左上方的区域。

（8）冻结窗格：光标置入 A1 单元格中，执行“窗口”菜单的“冻结窗格”命令，冻结 A1 单元格。点动水平和垂直滚动条，A1 单元格保持静止状态。

实训任务 2：利用“窗口”菜单重新排列工作簿文件窗口

任务描述

在打开的 Excel 2003 窗口中，完成有关窗口排列的综合练习。利用默认工作簿文件复制两个新工作簿文件，接着，为这两个工作簿窗口分别新建两个窗口，最后，使工作簿中的 3 个窗口水平排列，使另外 3 个窗口垂直排列。

任务分析

有选择地排列窗口，为充分地利用有限的窗口面积，增加操作者的视野范围提供便利。这项工作与“重排窗口”对话框中的选项关系密切。为了突出不同窗口排列方式的效果，暂时关闭了 Excel 2003 窗口中的一些部件，甚至将菜单栏移到窗口的外面，但各种菜单命令的功能仍然有效。

上机指导

（1）新建工作簿文件：首先，将默认工作簿以“另存为”命令保存，文件名为“高窗口.xls”。再“另存为”一个文件，文件名为“宽窗口.xls”。

（2）新建工作簿窗口：从“窗口”菜单中选择“新建窗口”，针对“宽窗口.xls”工作簿窗口再新建两个窗口，默认的名字为“宽窗口.xls：2”和“宽窗口.xls：3”。

（3）缩小窗口：首先，取消所有操作部件，如工具栏、状态栏、编辑栏等（在“选项”对话框中取消）。然后，使窗口面积适当缩小。

（4）排列工作簿窗口：从“窗口”菜单中选择“重排窗口”，在对话框中选择“水平排列”，使“宽窗口.xls”工作簿的 3 个窗口水平排列，如图 8-20 所示。

（5）垂直排列窗口：关闭“宽窗口.xls”，打开“高窗口.xls”，从“窗口”菜单中选择“新建窗口”，再新建两个窗口。采取与“宽窗口.xls”相同的做法，使“宽窗口.xls”的 3 个窗口垂直排列。

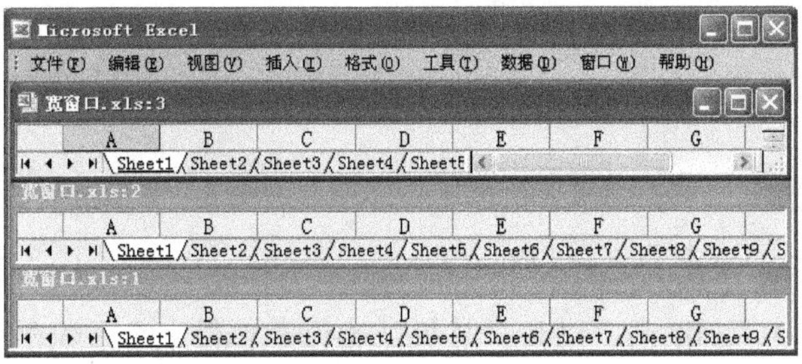

图 8-20 水平排列的窗口

知识梳理

新建工作簿文件和新建窗口具有本质的差别，前者是利用“文件”菜单来实现的老问题，后者是涉及“窗口”菜单命令的新问题。新建的工作簿文件是物理意义上的建立，可以在磁盘上占领一席之地；新建窗口是逻辑上的建立，出现的是当前工作簿窗口的影子，其目的是为操作面积较大的工作表提供分块操作的便利条件。重排窗口便于编辑一个较大的工作表，也便于同时编辑多个工作簿或工作表。利用“当前活动工作簿的窗口”选项，可以使重排效应只发生在围绕当前工作簿所打开的所有“影子”窗口上。

自主学习

1. 填空题

（1）如果只关注所有窗口的标题栏，在“重排窗口”对话框中应该选中________单选框；如果想看到每个窗口的全貌，应该选中________单选框。

（2）初次启动 Excel 2003 后，单击“常用”工具栏上的“新建”按钮，新建窗口的标题是_______；执行一次“窗口”菜单的“新建”命令，新建窗口的标题是_________。

2. 简答题

（1）拆分窗口和冻结窗口有什么实际意义？

（2）新建窗口与原窗口相比较，外观方式有哪些变化？

第9节 综合训练

实训任务：利用“名称框”定位单元格并设置格式及计算数据

任务描述

本任务有 3 个小任务：第一，选定距离很远的两个单元格，输入数据，计算乘积并四舍五入，结果在 A1 单元格中；第二，计算多行和多列交叉区域的单元格个数；第三，选定工作表的最后一个单元格，输入计算 A1 和 B1 平均值的公式，能看到最后一个单元格公式计算的结果。

任务分析

分析任务：❶在 A1 中输入乘法公式，相乘的单元格是 HK5421 和 HP5398；❷交叉的区域是 6 688~10 000 行和 C~IK 列，利用“替换”选项卡求得交叉区域单元格的个数；❸先计算一个工作表的总行数和总列数，然后定位到最后一个单元格，输入公式并拆分和冻结该单元格。

上机指导

分 3 大步骤完成任务。

第一步，选定两个单元格，并计算其数据的乘积。

（1）选定远处的单元格：在工作表的“名称框”中输入 HK5421，按回车键，选定单元格 HK5421。接着，在“名称框”中输入“HP5398”，按住 Ctrl 键后回车，同时选定单元格 HP5398，松开 Ctrl 键。输入数字“62.35”，按住 Ctrl 键再回车，数字被同时输入到两个选定的单元格中。

心灵手巧：如果换算成数字，HK 是 219，这么远的列，再加上第 5 421 行，如果利用滚动条找到这个单元格，需要足够的耐心，利用“名称框”可以一步到位。

（2）建立公式：返回 A1 单元格，输入公式“=ROUND（HK5421* HP5398，0），计算两个单元格中数字的乘积，并且四舍五入，只保留整数，结果是“3888”。

心灵手巧：要想知道 HK 列究竟是多少列，可以选定第 HK 列，打开“选项”对话框的“常规”选项卡，选中“R1C1 引用样式”复选框，能显示 HK 列的列数。

第二步，计算行列交叉区域中单元格的个数。

（3）在多行中插入数字：选定 A1 单元格，按“Ctrl+V”组合键，复制其中的数据。在“名称框”中输入“6688:10000”并按回车键，选定多行。打开“选择性粘贴”对话框，选择“数值”单选框，甩掉公式，只将一个乘积的数值“3888”粘贴到被选定多行的所有单元格中。

（4）设置多列字符的颜色：在“名称框”中输入“C:IK”，回车后选定 C~IK 列。单击“格式”工具栏上的“字体颜色”按钮，设置单元格的字符颜色为“红色”，只有行列交叉区域中的单元格数字被设置为红色。

（5）求得红色数字单元格的个数：从“编辑”菜单打开“替换”选项卡，在“查找内容”框中输入“3888”，单击“选项”按钮扩展对话框。单击“格式”按钮，在“字体”选项卡中设置“查找内容”的颜色为“红色”。在“替换”选项卡中单击“全部替换”按钮，得到结果“805059”（需耐心等待），如图 8-21 所示。

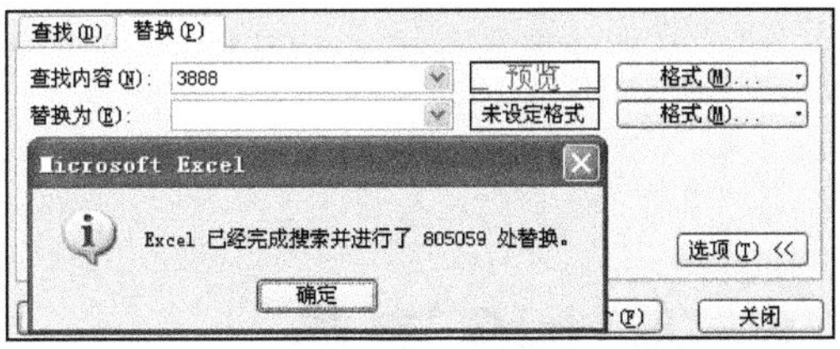

图 8-21 通过“替换”获得计数结果

心灵手巧：“替换”字符，意在“计数”。利用“替换”选项卡可以针对有特征的字符进行替换，同时显示被替换的字符数，这样，间接获得红色数字的个数，也就是行列交叉处单元格的总数。

第三步，选定工作表的最后一个单元格。

（6）求知工作表的总行数：激活一个工作表，选定 C 列，粘贴数字“3888”，然后，在 A5 单元格输入公式“=COUNT（C:C）”，计算出的总行数是“65536”。

（7）求知工作表的总列数：选定第 11 行，粘贴数字“3888”，然后，在 A6 单元格输入公式“=COUNT（11:11）”，计算出的总列数是“256”。

（8）定位最后单元格：在“名称框”中输入“R65536C256”，回车后，定位到工作表的最后一个单元格 IV65536。

（9）插入标注：在最后单元格中插入标注，文字内容是“这里是天涯海角，某某于某年某月某日到此一游”，并适当设置文字的格式。

（10）输入公式：在最后单元格中输入公式“=AVERAGE（A1:B1）”，并设置字符的字号为“20”磅，颜色为“绿色”。

（11）拆分窗口和冻结窗格：在选定最后单元格的基础上，从“窗口”菜单选择“拆分”，再选择“冻结窗格”，以便在 A1 和 B1 单元格中输入数据时能够看见最后单元格中的计算结果。

（12）在 A1 和 B1 单元格中输入数据：在“名称框”中输入“A1”并回车，在“编辑框”中输入“777”并回车；在“名称框”中输入“B1”并回车，在“编辑框”中输入“136”并回车，在最后单元格中显示计算的结果“456.5”，如图 8-22 所示。

图 8-22 在工作表的尾单元格中输入数据

第 9 章

管理数据清单

训练目标

- 建立和编辑数据清单；
- 筛选指定的数据；
- 数据排序；
- 分类汇总；
- 使用数据透视表。

建立和修饰 Excel 2003 表格主要是满足查阅的需要，本章即将进入数据处理阶段，重点任务是在工作表中完成数据的筛选、排序、汇总和透视操作。

第1节 创建与编辑数据清单

为了把数据库概念引入到数据清单中，对工作表元素的称谓可能要有所改变。比如，把表格的列称做字段，把行称做记录等。

实训任务 1：利用记录单创建“民族计算机学院毕业生登记表”

任务描述

参考如图 9-1 所示的题样，利用“记录单”创建一个“毕业生登记表”，熟悉“记录单”的使用方法。具体要求参见“操作方法”。

任务分析

这个数据表与以前所接触的表格并无两样，但其作用是为数据处理创建一个具有基本框架的表格，尤其是不能经过合并和拆分单元格的操作。

上机指导

（1）准备工作：启动 Excel 2003，打开默认的工作簿文件，在工作表标签的末尾处选定一个工作表并重新命名为“数据清单 1”。

（2）设计数据清单的结构：在“毕业生”工作表中选定一个 6 列 7 行的单元格区域作为

一个数据清单。

心灵手巧：设计数据清单的结构时，整个数据清单的结构应该具有3个层次：一是清单的标题，二是清单的字段名栏目，还有数据清单的数据区域。在创建字段名栏目时，系统自动把它建立到用户选定区域的第2行中，留出第1行插入标题。

（3）创建字段名：选定单元格区域后，执行“数据”菜单中的“记录单”命令，跨过系统提示，打开“记录单”对话框。在第1个输入框中输入清单的第1个字段名“姓名”，按Tab键，继续输入其他字段名“性别”、“年龄”等。

心灵手巧：第1次输入的数据被当做字段名添加到清单中，系统将把建立字段名之后输入的数据认做记录内容，添加到字段名栏的下一行中。

（4）输入记录内容：重新选定包括字段名在内的数据清单区域，当打开“数据清单”对话框后，发现在每一个输入框的左侧都增加了字段的名称。参考如图9-1所示的题样，在各个输入框中输入当前记录各个字段的具体数据。

民族计算机学院毕业生登记

姓名	性别	年龄	身高	体重	毕业成绩
上官求实	男	18	1.88	68.45	589.58
才旦文秘	女	18	1.82	62.5	590.52
斯琴朝阳	男	19	1.85	86.67	446.54
金哲珠	女	20	1.77	66.45	520.55
白族女	女	21	1.63	58.88	540.34
辛疆丁	男	17	2.05	78.54	480.68

图9-1 供数据处理使用的工作表

（5）修改记录内容。建立数据清单后，选定整个数据清单，再次打开“记录单”对话框修改某些数据，利用“上一条”和“下一条”按钮可以移动记录。

（6）完善数据清单：在第1行的上方插入2个空行，输入编制单位和建表日期。然后，设置单元格的数据、字体、对齐、边框和底纹等格式。

（7）保存工作簿文件：保存工作簿文件，文件名为“管理数据清单.xls”。

实训任务2：创建数据清单用来记录5天内天气变化的基本数据

任务描述

利用“记录单”在工作表中创建一个有关天气预报的数据清单，记录近日天气变化的数据。

任务分析

要求清单包括7列8行的单元格区域，可以连续记载5天内的天气变化数据。字段名包括日期、最高温度、最低温度、最大风力、最大湿度、最小湿度和空气质数，数据清单中各个记录的具体内容可以随意输入。

上机指导

（1）准备工作：打开“管理数据清单.xls”工作簿文件，激活一个工作表，并重新命名为“数据清单 2”。

（2）建立数据清单结构：在工作表中选定一个 8 列 7 行的单元格区域作为建立数据清单的单元格区域，并设置表格的边框线。

（3）建立字段名：选定空白单元格区域，选择“数据”菜单的“记录单”，打开“数据清单 2”对话框。在第 1 个框中输入清单的第 1 个字段名“记录\字段”，按 Tab 键，继续输入“日期”和“最高温度”等其他字段名后，关闭对话框。

（4）输入记录内容：选定数据清单，打开“数据清单 2”对话框，在“记录\字段”框中输入“第一天”，在“日期”输入框中输入“2011-11-1”，直到在“空气质数”框输入“良”为止，完成第 1 个记录的输入。接着，单击“新建”按钮，继续输入第 2 个记录的数据。输入完 5 个记录之后，结果如图 9-2 所示。

图 9-2　建立数据清单的情况

（5）修改记录内容：选定整个数据清单，打开“数据清单 2”对话框，利用“上一条”和“下一条”按钮可以移动记录，找到需要修改的记录。

（6）保存工作簿文件：保存工作簿文件“管理数据清单.xls”。

知识梳理

数据清单其实就是一个普通的表格，唯一的条件是表头必须是单层结构，不允许在这个表格中合并单元格。如果借鉴数据库的概念来理解，数据清单首行的内容就是字段名，以下每行都可以称为一个记录，可以用每个记录的第 1 个数据作为记录名。像数据库一样，在数据清单中可以实现对数据的编辑、检索、排序、汇总等操作。主要是利用“记录单”来创建和修改数据清单。

自主学习

1. 填空题

（1）建立数据清单，其中，3 行留给标题，1 行是字段名，其他 3 行是数据行。使用“记录单”创建字段名栏时应该选定____行；输入记录时应该选定____行。

（2）单击“记录单”对话框中的“新建”按钮，记录单中的数据将被添加到_______中；单击“删除”按钮将删除_______记录。

2. 简答题

（1）数据清单和数据库有什么联系？有什么本质区别？

（2）作为数据清单的表格必须满足哪些必要条件？

第2节 筛选数据

实训任务 1：通过筛选数据选拔奥运会田径项目服务志愿者

任务描述

参考如图 9-3 所示的表格建立数据清单，通过筛选数据挑选符合条件的志愿者，有两个条件：第一，挑选“身高”最高的 1 名报名者；第二，挑选“体重”在 75（含 75 千克）～85 千克之间的报名者。

	A	B	C	D	E	F	G
1	奥运会田径项目服务志愿者登记表						
2	姓名	服务项目	身高	体重	血压	心率	呼吸次数
3	刘星	短跑	1.73	72	80—130	65	20
4	高云	跳高	1.86	76	80—131	76	18
5	万斤	举重	1.66	75	80—132	68	15
6	沙玉	游泳	1.78	77	80—133	65	21
7	高鸣	铅球	1.68	120	80—134	65	16
8	陶太	体操	1.8	180	80—135	77	28

图 9-3 身体情况数据清单

任务分析

根据实际情况，应该先按第 2 个条件筛选。第 2 个条件是组合筛选，应该采用“自定义”筛选方式，在符合第 2 个条件的人群中再挑选符合第 1 个条件的运动员。第 1 个条件要挑选“身高”最高的 1 名报名者，意味着要挑选“身高”字段中最大的数据；可以采用“自动筛选前 10 个”方式。

上机指导

（1）创建数据清单：打开工作簿文件“管理数据清单.xls”，激活一个工作表并重新命名为“筛选 1”。参考题样，在工作表中输入数据，并设置表格的边框。

（2）安装筛选工具：选定除标题以外的其他数据，从“数据”菜单“筛选”中选择“自动筛选”，在每一个字段名的左侧安装 1 个“筛选箭头”按钮。

（3）设定第 2 个筛选条件：单击“体重”字段名上的“筛选箭头”按钮，选择“自定义”筛选方式，在对话框中，按照图 9-4 所示设定筛选条件。

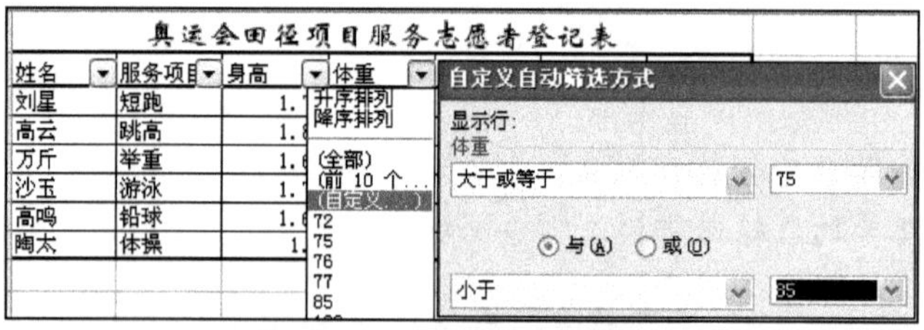

图 9-4　设定“体重”的筛选条件

（4）设定第 1 个筛选条件：单击“身高”字段名中的“筛选箭头”按钮，选择“前 10 个”方式，在“自动筛选前 10 个”对话框中，从左侧的列表框中选择“最大”，在中间的调整框中输入“1”，确定后，得到如图 9-5 所示的最后筛选结果。

	A	B	C	D	E	F	G
1	奥运会田径项目服务志愿者登记表						
2	姓名	服务项目	身高	体重	血压	心率	呼吸次数
4	高云	跳高	1.86	76	80—131	76	18

图 9-5　最后筛选结果

实训任务 2：经过筛选数据评选出最宜居城市

任务描述

参考图 9-6 新建一个数据清单，挑选符合条件的最宜居城市，条件 1 是，挑选“绿化面积比”在 30%~45%之间的城市；条件 2 是，人均收入接近 2 000 元/月，允许浮动值为 ±5%；条件 3 是，不要生产汽车的城市。

	A	B	C	D	E	F	G
1	参加最宜居城市评选登记表						
2	城市名称	空气质量	人均收入	绿化面积比	噪音指标	私人汽车比例	生产汽车的城市
3	古镇市	230个优	2050	30%	30分贝	2%	不生产
4	平原市	120个优	2100	32%	45分贝	25%	生产汽车
5	山林市	320个优	1950	43%	40分贝	5%	不生产
6	沙漠市	40个优	2500	5%	15分贝	13%	不生产
7	现代市	250个优	3800	40%	75分贝	85%	不生产

图 9-6　挑选城市的数据清单

任务分析

根据题样可知，数据清单的结构为 7 行 7 列。分析挑选最宜居城市的条件，第 1 个条件是“绿化面积”问题，可以采用“自定义”筛选方式完成组合筛选；第 2 个条件是在两个数据之间（包含这两个数据）筛选，大数是 2 100 元，小数是 1 900 元；第 3 个条件是简单的“是/否”筛选，可以直接在筛选列表中选择。

上机指导

（1）准备工作：打开工作簿文件“管理数据清单.xls”，激活一个工作表并重新命名为“筛选2”。

（2）创建数据清单：选定7行7列的单元格区域，设置表格的边框线，接着，参考题样建立数据清单，在第1行中输入标题“参加最宜居城市评选登记表”。

（3）安装筛选工具：选定除标题以外的数据，从“数据”菜单选择“筛选”中的“自动筛选”，安装“筛选箭头”按钮。

（4）设定第1个筛选条件：单击“绿化面积”字段名上的“筛选箭头”按钮，选择“自定义”方式，打开对话框。在第1个条件框的左框中选择“大于”，在右框中选择“30%”。同样，在第2个条件框中选择“小于”和“45%”。

（5）设定第2个筛选条件：单击“人均收入”字段名中的“筛选箭头”按钮，选择“自定义”筛选方式，在第1个条件框的左框中选择“大于或等于”，在右框中输入“1900”。在第2个条件框中选择“小于或等于”和“2100”，如图9-7所示。

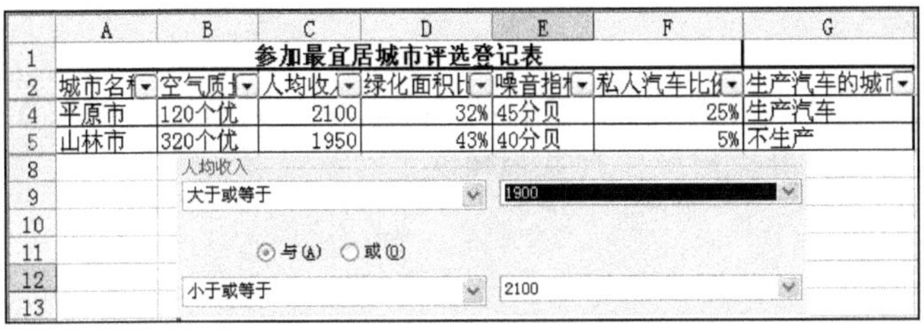

图9-7　设定“人均收入”的筛选条件

（6）设定第3个筛选条件：单击“生产汽车的城市”字段名中的“筛选箭头”按钮，直接在列表中选择“不生产”，最后选出来的“最宜居城市”是“山林市”。

知识梳理

筛选是Excel 2003数据处理的重要功能之一。利用“筛选箭头”按钮，在“筛选条件”列表框中可以选择多种筛选方式。再次执行“筛选”子菜单的“自动筛选”命令，可以取消工作表的筛选状态。下面着重介绍常用的几种筛选方式的含义：

❶全部：数据清单“筛选箭头”以下的所有数据都被筛选出来，产生类似于取消筛选的效果；❷前10个：当前字段中的前10个数据都入选，不足10个，将入选所有数据；❸自定义：设定模糊筛选条件，甚至可以编制出类似数学不等式的筛选条件，适合筛选条件比较苛刻的记录；❹其他数据项：其他数据项是存在于“筛选箭头”所在字段中的全部记录。如果指定300，奖金是300的所有记录都被筛选出来。

自主学习

1. 判断题

（1）选定包括标题在内的数据清单后，“筛选按钮”将安置在每个字段名上。（□正确，□错误）

（2）有3个人，最高的最黑，最矮的最白，如果两个筛选条件分别是“最高的”和“最白的”，符合筛选条件的记录是两个。（□正确，□错误）

2. 设计题

自己创建一个数据清单，并设定筛选条件。要求筛选条件不少于两个，其中一个必须是“自定义”筛选方式，另外的筛选方式自行设定。

第3节 数据排序

实训任务 1：利用排序挑选出最高和最矮的两名学生

任务描述

通过对工作表中的数据清单进行排序，从“奥运会田径项目服务志愿者登记表”中挑选最高和最矮的两名学生，并记载他们的基本情况。

任务分析

筛选出最高和最矮的两名运动员，可以先按递减排序，然后找到首记录（最高的）和尾记录（最矮的）。但是，当有相当多的记录时，首尾相距太远，比较恰当的做法是分别按递增和递减进行两次排序，每次取出首记录就可以了。

上机指导

（1）准备工作：打开“管理数据清单.xls”工作簿文件，然后，将“筛选 1”工作表的内容复制到一个空白工作表中，并命名该工作表为“简单排序”。

（2）选定排序范围：选定除标题之外的整个“登记表”作为排序的范围。

（3）禁止字段名参加排序：在“排序”对话框中选择“有标题行”单选项，目的是防止“姓名”、“性别”等字段名也混入排序的数据中，造成表格混乱。

（4）按身高递减排序：从“数据”菜单中选择“排序”，在对话框的“主要关键字”列表框中选择“身高”，并选中“递减”单选框。

> **心灵手巧**：“排序”对话框中的“有标题行”选项中的“标题”指的是清单中的字段名，并不是指清单的标题，注意不要混淆。

（5）保存递减排序的结果：排序条件成熟后，单击“确定”按钮，数据清单将按“身高”递减排序。把末记录（最矮的）的数据复制到其他单元格中保存。

（6）递增排序：仿照递减排序的操作过程，对数据清单进行递增排序。将末记录（最高的）复制到指定的位置保存。两次复制的排序结果如图 9-8 所示。

	姓名	服务项目	身高	体重	血压	心率	呼吸次数
最矮：	万斤	举重	1.66	75	80－132	68	15
最高：	高云	跳高	1.86	76	80－131	76	18

图 9-8　保存两次排序的末记录

实训任务 2：通过复杂排序改变“诗歌获奖作品登记表”中数据位置

任务描述

参考图 9-9，创建“参赛的绘画作品登记表”数据清单，通过进一步设置排序的选项，训练 3 种复杂排序的方法，然后，观察数据清单，分析清单发生了哪些变化，并说明变化的原因。

参赛的绘画作品登记表					
题目	序号	代码	类别	作者	地区
江河流翠	一	B	水粉画	小岛	江苏
鹰叼群山	二	A	油画	大山	湖南
心酿珍珠	三	a	素描	血含	海南
一桥飞架	四	b	国画	铁良	辽宁
葡萄梦	五	D	抽象画	魏酸	新疆
眼前的炊烟	六	C	水粉画	思绪	黑龙江

图 9-9　“参赛的绘画作品登记表”数据清单

上机指导

（1）创建清单：打开“管理数据清单.xls”工作簿，激活一个工作表，重新命名为“复杂排序”。创建一个 8 行 6 列的数据清单（包括标题），输入标题为“参赛的绘画作品登记表”，再参考题样输入具体的数据。

（2）针对一列排序：选定“序号”字段，执行“数据”菜单的“排序”命令，显示“排序警告”对话框，选中“以当前选定区域排序”单选项。

（3）设定排序参数：在“排序”对话框中，先单击“选项”按钮，在“排序选项”对话框中选中“按列排序”和“笔画排序”。返回“排序”对话框后，选择“序号”和“升序”，再选择“有标题行”单选框。

（4）区分大小写排序：选定数据清单的“代码”字段，采取与“序号”排序相同的做法，在“排序选项”对话框中选中“字母排序”和“区分大小写”选项，如图 9-10 所示。

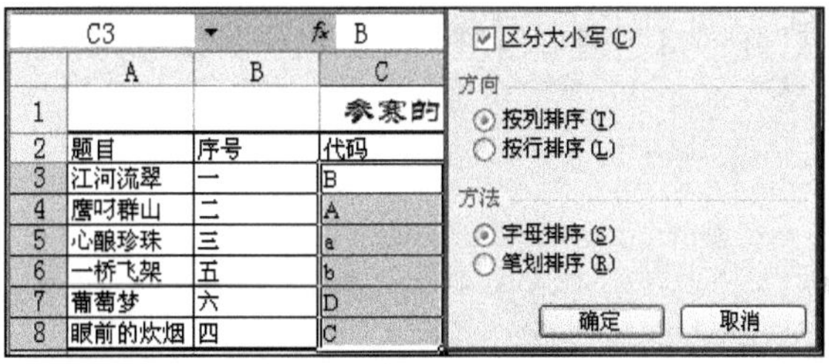

图 9-10　设置排序选项

（5）按行排序：选定整个数据清单（不包括清单的标题），然后，在“排序选项”对话框中选择“按行排序”和按“字母排序”，默认其他选项，单击“确定”按钮。经过上述排序后，“参赛的绘画作品登记表”如图 9-11 所示（有底纹的列是经过“按行”排序后发生位置变化的列，底纹是人为设置的）。

	A	B	C	D	E	F
1	参赛的绘画作品登记表					
2	代码	地区	类别	题目	序号	作者
3	a	江苏	水粉画	江河流翠	一	小岛
4	A	湖南	油画	鹰吋群山	二	大山
5	b	海南	素描	心酿珍珠	三	血含
6	B	辽宁	国画	一桥飞架	五	铁良
7	C	新疆	抽象画	葡萄梦	六	魏酸
8	D	黑龙江	水粉画	眼前的炊烟	四	思绪

图 9-11　经过排序后的“参赛的绘画作品登记表”

心灵手巧：观察图 9-11，分 3 部分分析其变化的依据：第一，“代码”列的变化，该列排序的原则是“字母排序”、递增排序、区分大小写，那么，由于“A”的机内代码比“a”大，“b”的机内代码比“A”大，以此类推，得出这样的排序结果；第二，“序号”列的变化，按“笔画排序”排序后，由于“四”的笔画比“五”和“六”都多一，所以，“四”排在了最后；第三，字段名行的变化，选定整个清单后，采取“按行排序”的作用是以字段名所在的行为排序区域，以“题目”、“序号”、“代码”等字段名为排序依据，采取按“字母排序”的方法。排序的结果是，“代码”排在第一（最左侧），因为“代”字汉语拼音的第一个字母“D”在英文字母表中排在前面，其次是“地区”（虽然“地区”与“代码”汉语拼音的首字母相同，但“区”在“码”后面），最后是“作者”（zuo zhe）。

知识梳理

排序的主要目的是从工作表中找出最大值或最小值，另外，排序可以使数据之间的规律更加明朗化，有利于进行数据分析。下面，解释排序的几个重要概念：

❶选定排序的区域：如果选中“扩展选定区域”，排序的结果将影响到所有列；如果选中“以当前选定区域排序”，排序的结果只影响被选定的列。❷排序的规则：参加排序的数据可以是数字、字母或汉字。在各种数据混杂的情况下，阿拉伯数字排在最前面，其次是英文字母组合，最后是汉字（用汉语拼音中的第 1 个发音的字母参加排序）。❸排序的关键字：排序的关键字就是排序的依据，最多可以采用 3 个关键字。首先确定主关键字，如果在同一列中存在相同的数据，再按次关键字或第三关键字排序。❹排序选项：利用“排序”对话框中的“选项”按钮可以打开“排序选项”对话框，进一步设定按行、列、字母、笔画排序，还可以区分大小写。

自主学习

1. 判断题

（1）在“排序警告”对话框中，如果选中“扩展选定区域”，排序只影响到选定列。（□

正确，☐错误）

（2）在“排序选项”对话框中，选中“按列排序”后，整列数据可能发生水平方向的移动，选中“按行排序”后，数据可能发生垂直方向的移动。（☐正确，☐错误）

2. 简答题

（1）举例说明如何通过排序来筛选一个数据清单中的最大值和最小值。

（2）在“排序”对话框中，如果选中“无标题行”，字段名是否参加排序？

第4节　分类汇总

分类汇总的操作比较复杂，所涉及的知识也比较广泛，是排序和筛选的联合性的变相应用。本节训练的主要内容是创建和使用分类汇总。

实训任务1：按台式机和笔记本电脑分类汇总

任务描述

参考图9-12，在工作表中建立一个“神舟现代设备公司产品性能表”数据清单，然后对产品性能指标进行分类汇总，要求把台式机和笔记本电脑划分在两组中，分别汇总数据。最后，对汇总结果做出必要的分析。

神舟现代设备公司产品性能表

品名	类别	价格(元)	重量(公斤)	无故障时间(天)	计算速度(次/秒)
飞毛腿	台式机	13,867	10.52	20,236	3.50E+07
画中神	笔记本	8,750	2.80	18,400	1.65E+07
顺风耳	台式机	12,898	12.50	10,200	1.50E+07
铁算盘	笔记本	9,898	2.35	15,336	2.80E+07
千里眼	台式机	11,600	13.44	10,350	1.35E+07
常有理	笔记本	9,250	1.86	8,236	1.40E+07

图9-12　“神舟现代设备公司产品性能表”数据清单

任务分析

本任务需要本章多种知识的支持，比如，用“记录单”建立数据清单。另外，虽然指定对数据清单进行汇总，但一般都需要用“排序”来为“汇总”奠定基础。因为还要求把笔记本电脑和台式机分别汇总，所以，在“分类汇总”对话时，应该先选择“类别”字段为“分类字段”。

上机指导

（1）建立数据清单：打开“管理数据清单.xls”工作簿，激活一个空白工作表，重新命名为“汇总1”。参考题样，利用“记录单”建立数据清单。

（2）对数据清单排序：利用掌握的排序知识，把“神舟现代设备公司产品性能表”中的数据按“类别”进行排序，目的是使“台式机”和“笔记本”分别集中排列，以便汇总。

（3）确定分类字段：选定整个数据清单（不包括标题），从“数据”菜单选择“分类汇总”，在“分类汇总”对话框中，选择“分类字段”列表框中的“类别”。

（4）确定汇总项：在“选定汇总项”列表框中，选中“价格”为汇总项。

（5）确定汇总方式：选择“汇总方式”列表框中的“平均值”作为汇总方式，汇总的结果是对台式机和笔记本电脑的汇总项分别求平均值。

（6）确定显示位置：取消“汇总结果显示在数据下方”复选项，以便使汇总结果显示在数据清单之中。经过上述操作后，“神舟现代设备公司产品性能表”将发生如图 9-13 所示的变化，加粗字体的 3 行显示的是汇总值。

	A	B	C	D	E	F
1	神舟现代设备公司产品性能表					
2	品名	类别	价格(元)	重量(公斤)	无故障时间(天)	计算速度(次/秒)
3		**总计平均值**	11,044		13,793	
4		**台式机 平均值**	12,788		13,595	
5	飞毛腿	台式机	13,867	10.52	20,236	3.50E+07
6	顺风耳	台式机	12,898	12.50	10,200	1.50E+07
7	千里眼	台式机	11,600	13.44	10,350	1.35E+07
8		**笔记本 平均值**	9,299		13,991	
9	画中神	笔记本	8,750	2.80	18,400	1.65E+07
10	铁算盘	笔记本	9,898	2.35	15,336	2.80E+07
11	常有理	笔记本	9,250	1.86	8,236	1.40E+07

图 9-13　经过“分类汇总”的数据清单

（7）分析结果：在数据清单内部，新增了加粗字体的汇总结果，包括：所有电脑的“总计平均值”、3 种台式机的“台式机平均值”汇总和 3 种笔记本电脑的“笔记本平均值”汇总。汇总表左侧的“1 2 3”是“汇总级别”按钮，1 级汇总是“总计平均值”，2 级汇总是“台式机平均值”和“笔记本平均值”，3 级汇总是所有台式机和笔记本电脑的全部数据。如果单击“汇总级别”按钮，可以展开或收缩某些级别的汇总数据，实现筛选数据的功能。

实训任务 2：采取多条件分类汇总方式处理“运动员比赛成绩记录单”

任务描述

在空白工作表，参考图 9-14 建立运动员成绩数据清单，然后，按照下面的要求分类汇总：第一，按性别汇总；第二，要求将汇总结果显示在汇总类别的上方；第三，采用复合汇总方式，计算运动会各赛项的总分数，男运动员和女运动员的总分数，并求出“100 米”和“铁饼”第一名的成绩。

	A	B	C	D	E	F	G
1	运动员比赛成绩记录单						
2	编号	姓名	性别	跳高(米)	100米(秒)	铁饼(米)	总分
3	30601	高粱饴	男	2.05	12.24	38.35	6
4	30602	麦道田	女	1.78	13.55	33.77	4
5	30603	吴谷弟	男	1.99	11.98	41.67	5
6	30604	白彩	女	1.67	12.89	30.84	5
7	30605	朴桃	男	2.13	13.01	43.55	8

图 9-14　运动员成绩及得分表

任务分析

要求以“性别”为“分类字段”进行汇总，所以，应该首先将数据清单按“性别”进行排序。本题采用两种汇总方式。在第2次汇总时，必须取消“分类汇总”对话框中的“替换当前分类汇总”复选项，否则，后面的汇总将清除前一次汇总的结果。另外，求第一名的成绩就是求“最大值”，其中，“总计最大值”不是将男、女运动员的最大值相加，而是不分性别找出男、女运动员中的最大值。

（1）准备工作：打开“管理数据清单.xls”工作簿，激活一个空白工作表，重新命名为“汇总2”。

（2）按性别汇总：选定整个数据清单，从“数据”菜单打开“排序”对话框，从“主要关键字”列表框中选择“性别”，确定排序。

（3）男女总分汇总：选定整个数据清单，从“数据”菜单打开“分类汇总”对话框，从“分类字段”列表框中选择“性别”，从“汇总方式”列表框中选择“求和”，从“选定汇总项”列表框中选择“总分”，确定汇总。

（4）求最大值汇总：选定整个数据清单，从“数据”菜单打开“分类汇总”对话框，从“分类字段”列表框中选择“性别”，从“汇总方式”列表框中选择“最大值”，从“选定汇总项”列表框中选择“100米”和“铁饼”，确定汇总，最后的结果如图9-15所示。

2	编号	姓名	性别	跳高(米)	100米(秒)	铁饼(米)	总分
3			**男 最大值**		**13.01**	**43.55**	
4			**总计**				**28**
5			**男 汇总**				**19**
6	30601	高粱饴	男	2.05	12.24	38.35	6
7	30603	吴谷弟	男	1.99	11.98	41.67	5
8	30605	朴桃	男	2.13	13.01	43.55	8
9			**女 汇总**				**9**
10			**女 最大值**		**13.55**	**33.77**	
11	30602	麦道田	女	1.78	13.55	33.77	4
12	30604	白彩	女	1.67	12.89	30.84	5

图9-15　求最大值汇总

（5）分析结果：男运动员总分为19分，女运动员总分为9分，运动会各赛项的总分数为28分，男子“100米”第一名的成绩是13.01秒，男子“铁饼”第一名的成绩是43.55米，女子“100米”第一名的成绩是13.55秒，女子“铁饼”第一名的成绩是33.77米。

知识梳理

分类汇总是针对数据清单的某一列或多列数据所进行的数学运算，其实质还离不开对数据进行排序和筛选。实施分类汇总的关键是正确设置“分类汇总”对话框中的选项。下面介绍一些选项的基本含义。

❶分类字段：比如选择“职称” 作为分类字段，分类汇总后，工程师和技术员将被划分在两组中分别进行某种运算。❷汇总方式：决定所采用的算法。❸汇总项：指参加运算的项目，比如“跳高”、“铁饼”等。❹替换当前分类汇总：选中该复选框意味着下一次汇总将清除前一次汇总的结果。❺每组数据分页：在大量数据汇总时，选中该选项可以将分类汇总的数据分页显示。❻汇总结果显示在数据下方：如果取消该复选框，将在清单中显示汇总值。❼全部删除：利用这个按钮可以清除数据清单中的所有汇总数据，清单恢复原貌。

自主学习

1. 判断题

（1）汇总前应该先对数据进行排序，目的是把数据分类放置。（□正确，□错误）

（2）如果要进行两次汇总，必须选中“替换当前分类汇总”复选框，目的是防止第 2 次汇总的结果覆盖第 1 次汇总的结果。（□正确，□错误）

2. 简答题

（1）简述利用“汇总级别”按钮筛选数据的过程。

（2）汇总的关键是如何正确选择“分类字段”，简述选择“分类字段”的原则。

第5节 使用数据透视表

数据透视表是 Excel 2003 数据处理中的一个难点，涉及多方面知识和操作技能。本节训练内容是对前面所学习知识的综合性、全面性的复习和检验。

实训任务 1：使用数据透视表分析计算机新产品的利润

任务描述

参考图 9-16，利用“记录单”新建一个“计算机新产品统计表”数据清单，然后，创建该清单的数据透视表，并使用数据透视表分析产品利润。

	A	B	C	D	E	F
1	计算机新产品统计表（2011年）					
2	季度	产品名称	型号	单价(元)	产量(台)	利润(万元)
3	一季度	神舟一号	CY4908	6,303	1,200	113.45
4	一季度	神舟二号	CR5407	8,040	2,400	289.44
5	一季度	神舟笔记本	BK1949	12,846	1,528	490.72
6	二季度	神舟二号	CR5407	5,650	280	237.30
7	二季度	航宇二号	YH1978	7,800	3,856	541.38

图 9-16 计算机新产品统计表

任务分析

建立与使用数据透视表有两项重点工作：第一，确定数据透视表的位置；第二，把字段名分配到数据透视表中，此项工作必须遵循既定的分配原则，要想真正做到得心应手，还需要反复进行实际操作，积累一定的实践经验。

上机指导

（1）新建数据清单：打开“管理数据清单.xls”工作簿，激活一个空白工作表，重新命名为“透视 1”。然后，参考题样建立数据清单。

（2）创建数据透视表：选定整个数据清单（不包含标题），从“数据”菜单中选择“数据透视表和数据透视图”，跟随“向导”，头两步默认系统提问。

（3）第 3 次对话：在“3 步骤之 3”对话框中，选中“现有工作表”单选项，单击工作表区域中的 A11 单元格，在此处安放数据透视表。

心灵手巧：在确定数据透视表的安放位置时，如果选中“新建工作表”单选项，数据透视表将被安放在一个新建的工作表中，这样对分析数据不方便。选中“现有工作表”单选框可以把数据透视表安放在原数据清单所在的工作表中。

（4）选择参加“透视”的字段：单击“3 步骤之 3”对话框中的“布局”按钮，打开对话框，完成另一项重要工作，把对话框右侧的“季度”、“产品名称”、“型号”和“利润”拖曳到如图 9-17 所示的指定的矩形区域中，分配字段名。

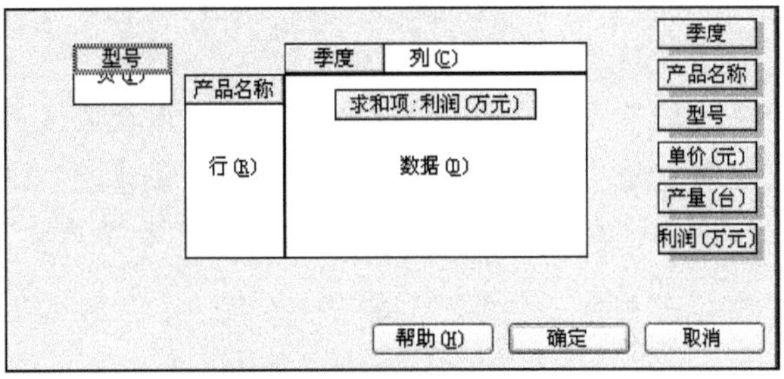

图 9-17　分配透视表的数据字段

心灵手巧：把字段名分配到数据透视表中应该遵循以下原则：把能够控制所有记录的字段名（如“型号”）放到“页”区域中；把能代表记录名称的字段名（如“产品名称”）放到“行”区域中；把能够将记录划分为组的字段名（如“季度”）拖动到“列”区域中；在“数据”区域中应该放置用户最关注的、可以计算的数据字段名（如“利润”等）。允许将多个字段名拖曳到同一个区域中进行分析。

（5）生成透视表：单击“布局”对话框中的“确定”按钮，返回向导对话框中，单击“完成”按钮，在 A11 单元格处生成如图 9-18 所示的数据透视表。在透视表中，所有数字都是各种产品的利润值，纵向的总计是各种电脑利润的合计值，横向总计分别是一季度和二季度的利润合计值，以及前两季度的利润合计值。

9	型号	(全部)		
10				
11	求和项:利润(万元)	季度		
12	产品名称	二季度	一季度	总计
13	航宇二号	541.38		541.38
14	神舟笔记本		490.72	490.72
15	神舟二号	237.30	289.44	526.74
16	神舟一号		113.45	113.45
17	总计	778.68	893.61	1,672.29

图 9-18　生成的产品利润数据透视表

（6）使用数据透视表分析产品利润：单击数据透视表中的“型号”下拉按钮，选择“CR5407”，以便通过数据清单的筛选功能，只显示CR5407型号电脑的利润。单击“季度”下拉按钮，只选中“二季度”，以便单独查看二季度的产品利润情况。

实训任务2：利用数据透视表对计算机的产值和利润进行分析

任务描述

创建一个数据透视表，并使用该表对产值和利润进行分析，具体要求如下：第一，在设置数据透视表的“版式”时，将“型号”和“季度”的位置互换；第二，把“产量”和“利润”都拖曳到“数据”矩形区域中，作为数据分析的对象；第三，求产值的合计值，求利润的平均值；第四，使用数据透视表分析一季度的产量。

任务分析

建立数据透视表的关键环节是完成设置版式的对话。使用数据透视表分析一季度的产量的做法是：单击数据透视表中的“季度”下拉按钮，选择“一季度”选项。单击数据透视表中的“数据”下拉按钮，取消“求和项：利润”选项，只显示“产量”的求和项。

上机指导

（1）新建数据清单：打开“管理数据清单.xls”工作簿，复制“透视 1”工作表，并把复制的工作表重命名为“透视 2”。

（2）创建数据透视表：选定整个数据清单，跟随创建“透视表”的“向导”，在“3 步骤之 3”对话框中，选中“现有工作表”单选项，选择工作表中的A10单元格为数据透视表的左上角。

（3）分配“透视”字段：在“3 步骤之 3”对话框中，单击“布局”按钮，打开对话框，按照任务的要求，把“季度”拖曳到“页”区，把“型号”拖曳到“列”区，把“产品名称”拖曳到“行”区，把“产量”和“利润”拖曳到“数据”区。

（4）求利润的平均值：在“布局”对话框中，双击对话框“数据”区中的“求和项：利润”按钮，打开“数据透视表字段”对话框，从“分类汇总”列表框中选择“平均值”，把“求和”计算改为计算“平均值”，如图9-19所示。

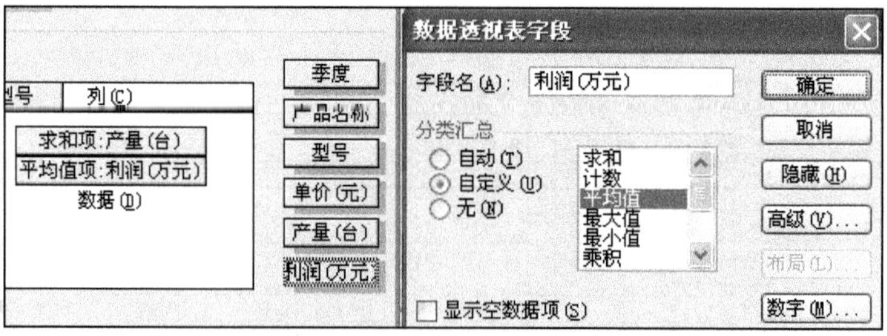

图9-19 修改算法的对话框

（5）生成透视表：单击“布局”对话框中的“确定”按钮，返回到向导对话框中，单击“完成”按钮，在 A10 单元格处生成如图 9-20 所示的数据透视表。在透视表中，第 22 行的数据是各种型号电脑“产量”合计值的汇总，第 23 行的数据是各种型号的电脑“利润”平均值的汇总。

10	季度	(全部)					
11							
12			型号				
13	产品名称	数据	BK1949	CR5407	CY4908	YH1978	总计
14	航宇二号	求和项:产量(台)				3,856.00	3,856.00
15		平均值项:利润(万元)				541.38	541.38
16	神舟笔记本	求和项:产量(台)	1,528.00				1,528.00
17		平均值项:利润(万元)	490.72				490.72
18	神舟二号	求和项:产量(台)		2,680.00			2,680.00
19		平均值项:利润(万元)		263.37			263.37
20	神舟一号	求和项:产量(台)			1,200.00		1,200.00
21		平均值项:利润(万元)			113.45		113.45
22	求和项:产量(台)汇总		1,528.00	2,680.00	1,200.00	3,856.00	9,264.00
23	平均值项:利润(万元)汇总		490.72	263.37	113.45	541.38	334.46

图 9-20　产品产量和利润数据汇总

（6）使用数据透视表分析“产量”：单击数据透视表中的“数据”下拉按钮，取消“平均值项：利润”，只显示“产量”的合计值，如图 9-21 所示。

10	季度	(全部)				
11						
12	求和项:产量(台)	型号				
13	产品名称	BK1949	CR5407	CY4908	YH1978	总计
14	航宇二号				3,856.00	3,856.00
15	神舟笔记本	1,528.00				1,528.00
16	神舟二号		2,680.00			2,680.00
17	神舟一号			1,200.00		1,200.00
18	总计	1,528.00	2,680.00	1,200.00	3,856.00	9,264.00

图 9-21　分析“产量”数据

（7）使用数据透视表分析“利润”：把光标置入数据透视表中，就会显示“数据透视表字段列表”对话框，首先选择“利润”，然后从“添加到”列表框中选择“数据区域”，并单击“添加到”按钮，在数据透视表中消失了的“利润”数据又重新显示。这时，单击“数据”下拉按钮，取消“求和项：产量”，只显示“利润”的平均值，如图 9-22 所示。

10	季度	(全部)				
11						
12	平均值项:利润	型号				
13	产品名称	BK1949	CR5407	CY4908	YH1978	总计
14	航宇二号				541.38	541.38
15	神舟笔记本	490.72				490.72
16	神舟二号		263.37			263.37
17	神舟一号			113.45		113.45
18	总计	490.72	263.37	113.45	541.38	334.46
19						

图 9-22　分析“利润”数据

知识梳理

使用数据透视表的过程实质是数据计算和数据管理的联合应用。制作数据透视表的过程就是从原数据清单中挑选一些将要用到的数据，重新组合成一个具有筛选功能的数据表。数据透视表的作用就是分析数据，可以分析全部数据、一批数据或是个别记录中的数据，究竟分析多少数据、分析哪些数据，取决于对“布局”对话框的操作。在“布局”对话框中，通过简单而直观的操作就能够将指定的数据添加到数据透视表中，同时完成多种方式的数学计算。实践证明，越是复杂的数据关系越能够体现数据透视表的强大功能。

自主学习

1. 判断题

（1）新创建的数据透视表既可以在原工作表中显示，又可以在新建的工作表中显示。（□正确，□错误）

（2）在“布局”对话框的左侧显示了数据透视表的4个板块，右边的字段按钮名称与原数据清单中的字段名一一对应。（□正确，□错误）

（3）双击“布局”对话框中的字段按钮能够更改算法，数据透视表一共有11种算法，其中“平均值”是默认的算法。（□正确，□错误）

2. 简答题

（1）举例说明数据透视表的主要功能和关键操作环节是什么。

（2）举例说明透视表具有筛选数据的作用。

第6节 综合训练

实训任务：通过数据处理从七种珠宝中挑选出一种珠宝

任务描述

根据珠宝商店提供的“七种珠宝参数细化表”，采取汇总、排序和筛选等手段，从七种珠宝（金、银、琉璃、水晶、砗磲、赤珠、玛瑙）中挑选一种符合多种要求的一种珠宝。

任务分析

如果把“细化表”看做“数据清单”，七种珠宝的名字就是记录名，诸如颜色、硬度和比重等参数就是字段名。首先明确，不要最贵的和最便宜的珠宝；其次，珠子必须是纯天然的；除此之外，要求所挑选珠子的直径不超过平均值的±10%；最后，以价格作为条件，在入选的几种珠子中确定一种价格最低的珠子。根据这样的要求，应该对“价格”两次排序，一次是去除两头的珠子，另一次排序为分类汇总做准备。然后，对数据清单进行分类汇总（以“处理方式”分类），目的是把经过“染色”处理过的珠子排除在外，并计算“直径”的平均值。最后，通过多次筛选，得到符合要求的珠子。

上机指导

分 3 步进行。

第一步，数据排序。

（1）建立数据清单：打开“管理数据清单.xls”工作簿，激活一个空白工作表，重新命名为“综合训练题”。参考图 9-23 建立“七种珠宝参数细化表”。

	A	B	C	D	E	F	G
1	七种珠宝参数细化表						
2	种类\参数	处理方式	颜色	比重	硬度	直径(cm)	单价(元/颗)
3	紫金	无处理	黄色	3.55	3.51	10.0	13,000.0
4	白银	无处理	白色	1.87	2.51	25.0	5,000.0
5	缟玛瑙	染色	红白相间	2.91	6.64	18.0	250.0
6	蓝玛瑙	染色	蓝色	2.85	6.52	16.0	88.0
7	闪光水晶	染色	黄色	2.25	5.61	26.0	55.0
8	赤珠	无处理	红色	1.18	1.55	20.0	34.0
9	玛瑙	无处理	灰色	2.75	6.91	18.0	20.0
10	水晶	无处理	无色	2.45	5.57	19.0	22.0
11	红砗磲	染色	红色	1.55	1.51	22.0	18.0
12	砗磲	无处理	白色	1.15	1.62	10.0	15.0
13	琉璃	无处理	彩色	2.35	5.51	14.0	12.0
14	无色玛瑙	无处理	无色	2.85	6.52	16.0	3.5

图 9-23 “七种珠宝参数细化表”

（2）对“单价”排序：选定数据清单（标题除外），从“数据”菜单打开“排序”对话框，确定“单价”为排序的主要关键字，选择“降序”，确定后，删除排在最前面的“紫金”和排在最后面的“无色玛瑙”两个记录。

（3）对“处理方式”排序：在“排序”对话框中，确定“处理方式”为排序的主要关键字，确定后，染色的珠子和没有经过任何处理的珠子分类排列。

第二步，分类汇总。

（4）按“处理方式”分类汇总：选定数据清单，从“数据”菜单打开“分类汇总”对话框，确定“分类字段”是“处理方式”，“汇总方式”是求“平均值”，选择“直径”为“汇总项”，取消选中“汇总结果显示在数据下方”复选框。

（5）分类显示：单击“染色平均值”的“汇总级别”按钮，使凡是经过染色处理的珠子暂时隐藏起来，汇总表的“无处理”部分如图 9-24 所示。

	A	B	C	D	E	F	G
1	七种珠宝参数细化表						
2	种类\参数	处理方式	颜色	比重	硬度	直径(cm)	单价(元/颗)
3		总计平均值				18.8	
4		无处理 平均值				17.7	
5	白银	无处理	白色	1.87	2.51	25.0	5,000.0
6	赤珠	无处理	红色	1.18	1.55	20.0	34.0
7	水晶	无处理	无色	2.45	5.57	19.0	22.0
8	玛瑙	无处理	灰色	2.75	6.91	18.0	20.0
9	砗磲	无处理	白色	1.15	1.62	10.0	15.0
10	琉璃	无处理	彩色	2.35	5.51	14.0	12.0
11		染色 平均值				20.5	

图 9-24 按“处理方式”分类汇总

第三步，数据筛选。

（6）对“直径”筛选：选定数据清单，从“数据”菜单选择“筛选”中的“自动筛选”，在数据清单上安放“筛选”按钮。单击“直径”列的“筛选”按钮，在列表中选择“自定义”，打开“自定义自动筛选方式”对话框，在第 1 个条件框中建立筛选条件“大于或等于 15.7”，在第 2 个条件框中建立筛选条件“小于或等于 19.2”。“无处理”类中只有“水晶”和“玛瑙”被选中。

心灵手巧：在分类汇总中已经求得每种珠子的直径，在这里，要求所挑选珠子的直径不超过“无处理”珠子平均值的 ± 10%，所以上限值是 19.2（“平均值”乘以 1.1），下限值是 15.7（“平均值”乘以 0.9）。

（7）对“单价”筛选：单击“单价”列的“筛选”按钮，选择“前 10 个”，打开“自动筛选前 10 个”对话框，设定筛选条件为“最小 1 项”，确定后，只有“灰色”的玛瑙符合条件而被选中，如图 9-25 所示。

1	七种珠宝参数细化表						
2	种类\参数	处理方式	颜色	比重	硬度	直径(cm	单价(元/颗)
8	玛瑙	无处理	灰色	2.75	6.91	18.0	20.0

图 9-25　挑选的最后结果

第 10 章

完成复杂计算

训练目标

- 创建与编辑公式；
- 单元格引用；
- 使用普通函数和专用函数；
- 建立数组；
- 审核公式。

第1节 创建与编辑公式

实训任务 1：在“文明班级检查记录表”中建立简单公式

任务描述

在工作表中创建一个“文明班级检查记录表”，并通过创建及编辑公式进行数值计算，评选出获得“文明流动红旗”的班级。

任务分析

首先求出一个班级的总分（比如“高一 1 班”），总分=室内卫生+分担区卫生+个人卫生-仪容扣分-迟到扣分，其中，迟到扣分=迟到人数×3。然后再把公式复制到其他班“总分”单元格。最后，通过排序求出最高分。

上机指导

（1）准备工作：新建一个工作簿文件“完成复杂计算.xls”，激活一个空白工作表，并重新命名为“编辑公式 1”，然后，参照图 10-1 输入数据。

（2）计算高一 1 班的总分：首先选定存放“高一 1 班”总分的单元格 G3，然后输入“=B3+C3+D3-E3-F3*3”，按回车键结束创建公式。

（3）复制求总分的公式：首先复制单元格 G3 的内容，然后，选定 G4:G11 单元格区域，接着，从“编辑”菜单打开“选择性粘贴”对话框，从中选择“公式”，确定后，在选定的单元格区域中粘贴的是适合本行数据的求总分的公式。

（4）通过排序评选出优胜班级：选定 G2:G11 单元格区域，从“数据”菜单打开“排序”对话框，从“主要关键字”列表框中选择“总分”，指定排序方式为“降序”，确定后，高二1 班排在第一位，总分是 46 分。

	A	B	C	D	E	F	G
1	文明班级检查记录表						
2	班级	室内卫生	分担区卫生	个人卫生	仪容扣分	迟到人数	总分
3	高一1班	15	20	17	9	2	
4	高一2班	15	18	12	7	3	
5	高一3班	15	19	13	6	5	
6	高二1班	16	17	20	4	1	
7	高二2班	16	21	7	8	2	
8	高二3班	14	17	15	12	1	
9	高三1班	14	19	11	3	6	
10	高三2班	15	18	10	8	2	
11	高三3班	15	22	6	6	3	

图 10-1　文明班级检查记录表

实训任务 2：在“工资月报表”中建立公式

任务描述

在工作表中创建一个“在职教师工资月报表”，并通过创建及编辑公式进行数值计算，求每位教师的“实发工资”，并求各款项的平均值。

任务分析

首先求出一位教师的实发工资，实发工资=基本工资+课时费+教案费-扣款，然后，采用拖动填充柄的方法把公式复制到其他人的“实发工资”单元格中。创建“求平均值”公式的思路与此相同。

上机指导

（1）准备工作：打开工作簿文件“完成复杂计算.xls”，激活一个空白工作表，并重新命名为“编辑公式 2”，然后，参照图 10-2 所示输入数据（不输入“实发工资”和“平均值”）。

（2）计算一名教师的实发工资：首先选定存放“赵一鸣”实发工资的单元格 F3，然后输入“=”，接着输入“B3+C3+D3-E3”，按回车键结束创建公式。

（3）复制求实发工资公式：选定 F3 单元格并向下拖动填充柄，直到 F7 单元格为止，将计算“实发工资”的公式复制到其他教师的“实发工资”单元格中。

（4）计算“基本工资”平均值：首先选定存放“基本工资”平均值的单元格 B8，然后输入公式“=（B3+B4+B5+B6+B7）/5”，按回车键结束创建公式。

（5）复制求平均值公式：选定 B8 单元格并向右拖动填充柄，直到 F8 单元格为止，将计算“基本工资平均值”的公式复制到其他单元格中，结果如图 10-2 所示。

	A	B	C	D	E	F
1	在职教师工资月报表					
2	姓名	基本工资	课时费	教案费	扣款	实发工资
3	赵一鸣	385	1234	123.4	38.5	1,703.90
4	钱新来	433	1543	154.3	43.3	2,087.00
5	孙光梅	280	890	89	28	1,231.00
6	李归一	532	980	98	53.2	1,556.80
7	周宝来	677	2500	250	67.7	3,359.30
8	平均值	461.40	1,429.40	142.94	46.14	1,987.60
9						

图 10-2　建立计算公式后的工资月报表

知识梳理

下面简要说明公式的组成成分和操作方法，重点介绍复制公式的方法。

❶公式内容的约定：公式由等号、函数、括号、参数、变量、数学表达式、逗号等组成，所有的公式必须以等号（“=”）开始；公式中的数据可以是常量，也允许引用单元格名称。

❷改变公式的显示方式：默认情况下，在活动单元格中显示公式计算的结果，公式本身在编辑栏上显示，可以在单元格中直接显示公式，设置方法如下：在“选项”对话框的“视图”选项卡中，选中“窗口选项”复选项中的“公式”复选项。

❸复制公式：在单元格中编写一个正确的公式后，采用 3 种方法之一都可以把公式复制到其他单元格中，这些方法是利用“Ctrl+C”和“Ctrl+V”快捷键、使用填充柄和利用“选择性粘贴”对话框复制。

自主学习

1. 填空题

（1）公式的第一个字符是________，完成公式的输入后应该按________键才生效。

（2）复制公式后，选择性粘贴可以进行________种计算方式。

2. 判断题

（1）判断公式“=(B4+HK1000−100+K32*ab5) / 8”正确与否。（□正确，□错误）

（2）判断公式“= ((B4−K3) +G6，12D，A7)”正确与否。（□正确，□错误）

第2节　单元格引用

本节主要训练在公式中引用其他单元格的数据，一个是引用不同工作表中的相同位置的单元格数据，另一个是引用不同工作表中的不同位置的单元格数据。

实训任务 1：引用不同工作表中的相同单元格数据计算工资累计值

任务描述

在工作表中建立“网络工程师第一季度工资汇总表”，并进行二维引用的计算，对各个月的工资表中的数据求 1～3 月份的累计值。需要计算的累计值有基本工资、岗位工资、奖励工资和实发工资。

任务分析

关于表格计算的许多知识和技能，已经在 Word 表格计算中接触过，本任务的重点是建立“二维引用”的概念并将其应用到工资数据的计算中。一是要明白“引用”的概念，另外，还要掌握在同一个工作簿的不同工作表之间引用数据的操作要领。

上机指导

（1）准备工作：打开工作簿文件“完成复杂计算.xls”，激活一个空白工作表，并重新命名为“一月份工资表”，接着，参考图 10-3 所示输入表格数据。

	A	B	C	D	E
1	网络工程师一月份工资表				
2	姓名	基本工资	活动工资		实发工资
3			岗位工资	奖励工资	
4	单思维	1024.00	66.25	1238.7	
5	秦动手	2048.00	77.55	1034.35	
6	仲创新	4096.00	88.75	1450.53	
7	魏中生	8192.00	99.95	1100.23	
8	常惭愧	890.00	120.55	800.00	
9	本月合计				
10	上半年累计				

图 10-3　一月份工资表

（2）计算个人实发工资：在“一月份工资表”中，先选定 E4 单元格，输入“=SUM（”，然后，选定 B4:D4 单元格区域，引用其中的数据，接着输入右括弧“)”，按回车键，编辑栏中的公式是 SUM(B4:D4)。

（3）复制公式：单击 E4 单元格，向下拖曳其填充柄到达 E8 单元格，把计算“单思维”实发工资的公式复制到其他人的“实发工资”单元格中。

（4）计算本月合计：选定 E9 单元格，输入 SUM(E4:E8)，按回车键。

（5）复制工作表：利用“一月份工资表”复制 3 个工作表，分别命名为“二月份工资表”、“三月份工资表”和“第一季度工资汇总表”，并适当修改每个表中的数据。

（6）建立二维引用：在“第一季度工资汇总表”工作表中选定单元格 E10，输入“=SUM（”，接着，先单击“一月份工资表”标签，按住 Shift 键后，再单击其他两个工作表的标签，把“一月份工资表”、“二月份工资表”和“三月份工资表”，一共 3 个工作表编成一组，接着，单击 E9 单元格，引用其中的数据作为求和的参数，最后输入右括弧“)”，按回车键后，返回“第一季度工资汇总表”工作表中，在 E10 单元格中建立了计算第一季度实发工资累计值的二维引用公式，如图 10-4 所示。

E10	fx =SUM(一月份工资表:三月份工资表!E10)				
	A	B	C	D	E
1	网络工程师第一季度工资汇总表				

图 10-4　在 E10 单元格中建立二维引用公式

（7）复制二维引用公式：利用填充柄将“实发工资”累计值单元格（E10）中的公式复

制到“奖励工资”、“岗位工资”和“基本工资”单元格中。

心灵手巧： 上述操作方法只适用于引用不同工作表中的相同单元格位置，如果被引用的单元格在每个工作表中的位置不同，不需要给工作表编组，应该分别选定不同工作表中的不同单元格，此时，公式栏中的公式结构有一定的差异。

实训任务 2：引用不同工作表中的不同单元格数据计算打字平均速度

任务描述

新建两个表格，登记两个班级学生的基本情况，如图 10-5 所示。为了分析男、女生的差别，需要重新建立一个打字速度“分类计算表”，将两个班的男生和女生分别排列，采用二维引用统计某些数据的平均值。

	A	B	C	D	E	F
1	二年1班学生情况统计表					
2	序号	姓名	性别	年龄	身高	打字速度
3	B11	吴奇	男	17	1.8	120
4	B12	刘水	女	18	1.7	115
5	B13	冬冰	男	16	1.85	135
6	B14	江河	女	19	1.65	100
7	B15	杨海	男	14	1.76	150

	A	B	C	D	E	F
1	二年2班学生情况统计表					
2	序号	姓名	性别	年龄	身高	打字速度
3	B21	蒙谷	女	16	1.6	145
4	B22	晁先	男	18	1.7	120
5	B23	回卒	女	17	1.8	135
6	B24	苗卒	男	15	1.7	105
7	B25	白卒	女	18	1.76	110

图 10-5 两个班级的学生统计表

任务分析

本题面对的是从两个工作表中提取一些数据，并经过求平均值的计算后添加到第 3 个工作表中，所以，这是一个典型的在不同工作表的不同区域中进行二维引用的计算问题。基本思路是建立“打字速度分析表”，表格只包括“男生”和“女生”两个记录。

上机指导

（1）建立统计表：打开“完成复杂计算.xls”工作簿文件，分别命名两个空白工作表为“二年 1 班”和“二年 2 班”。然后，参考题样，在两个工作表中建立学生情况统计表。最后，再命名一个工作表为“分类计算表”，参考图 10-6 输入数据。

	A	B	C	D
1	按男女生分类计算打字平均值			
2	性别	平均年龄	平均身高	平均打字速度
3	男			
4	女			

图 10-6 分类计算表

（2）计算男生平均年龄：在“分类计算表”工作表中选定 B3 单元格，输入“=AVERAGE（”，然后，单击“二年 1 班”工作表标签，单击 D3 单元格（男生 B11 年龄），按住 Ctrl 键，再单击 D5 单元格（男生 B13 年龄），再单击 D7 单元格（男生 B15 年龄）。接着，先输入一个逗号（必须的），再单击“二年 2 班”工作表标签，单击 D4 单元格（男生 B22 年龄），按住 Ctrl 键，单击 D6 单元格（男生 B24 年龄）。最后，输入右括弧“)”，形成一个完整的求平均值函数的公式。回车确认，返回“分类计算表”，在B3单元格建立如图10-7所示的公式。

=AVERAGE(二年1班!D3, 二年1班!D5, 二年1班!D7, 二年2班!D4, 二年2班!D6)

	A	B	C	D	E	F	G
1	按男女生分类计算打字平均值						
2	性别	平均年龄	平均身高	平均打字速度			
3	男	16					
4	女						

图10-7 计算男生平均年龄的公式

心灵手巧： 如果要选取多个不连续的区域参加二维引用计算，一种方法是如上所述在每个单元格位置之间插入逗号，另一种方法是按住Ctrl键后，分别单击被引用的单元格，系统就会在需要的地方自动插入一个逗号。但是，如果要转移到另外一个单元格去引用数据，则必须输入一个“逗号”，再单击另一个单元格的标签。

（3）复制公式：在“分类计算表”工作表中，向右拖曳B3单元格的填充柄，将公式复制到C3和D3单元格中，计算男生的平均身高和平均打字速度。

（4）计算女生的平均年龄：在“分类计算表”中，选定B4单元格，准备建立二维引用公式。采取与男生相似的做法建立计算女生平均年龄的公式。

（5）复制女生公式：向右拖曳B4单元格的填充柄，将公式复制到C4和D4单元格中，计算女生的平均身高和平均打字速度。最后计算的结果如图10-8所示。

=AVERAGE(二年1班!D4, 二年1班!D6, 二年2班!D3, 二年2班!D5, 二年2班!D7)

	A	B	C	D	E	F	G
1	按男女生分类计算打字平均值						
2	性别	平均年龄	平均身高	平均打字速度			
3	男	16	1.762	126			
4	女	17.6	1.702	121			
5							

图10-8 计算女生平均年龄的公式

知识梳理

单元格引用运算符有3种：第一种是区域运算符“冒号”，引用由多个连续单元格组成的矩形区域，如引用“A5:F5”；第二种是合集运算符“逗号”，引用几个断续的单元格（区域），如引用“F8，D3:D8”；第三种是交集运算符“空格”，引用公共单元格（区域），如引用“A2:E2 D2:G2”，实质只引用单元格D2和E2。

二维引用在一个工作簿的不同工作表之间进行数据共享，格式是：“工作表名字！单元格引用位置”，多个引用之间用逗号分隔。例如引用工作表Sheet7中的A2单元格中的数据，该二维引用的格式为Sheet7 ！ A2 。如果被引用的工作表相邻，引用可以简化为“工作表M1:工作表M*n*! 单元格引用位置”，例如Sheet1 : Sheet5 ! E8。

自主学习

1. 选择题

（1）“B1:C2”代表4个单元格，“B1,C2”代表________个单元格，“A3:D3, C1:C5”代

表________个单元格。

（2）利用________键可以同时选定多个不连续的单元格区域。

2. 简答题

（1）建立二维引用公式时有两种引用单元格位置的方法，一种是手工输入单元格的名称，另一种方法是利用鼠标来引用，举例说明这两种不同方法的优缺点。

（2）虽然没有进行三维引用的训练，但是，沿着二维引用的思路可以在不同工作簿之间建立单元格位置的引用，请你通过试验写出三维引用公式的基本格式。

第3节　在公式中使用函数

实训任务1：使用查找函数VLOOKUP抽查电脑的配置和价格

任务描述

首先，在工作表中建立“计算机配置及价格表”，然后，利用查找函数VLOOKUP建立3组公式，分别显示“CPU”与价格、“内存”与价格和“硬盘”与价格的抽查结果数据。

任务分析

VLOOKUP函数在表格的首列查找指定的数值，并由此返回表格当前行中指定列处的数值。根据这个函数的功能，可以在指定单元格中输入计算机的编号（首列），然后显示该编号所在一行中某列中的数据，具体显示哪一列的数据，可以在公式中指定。首先，建立“显示CPU和整机价格”的公式，然后，利用这个公式再复制两个公式。需要注意的是，公式中的“原表格数据区域”必须采取绝对引用方式，否则复制产生错误。

上机指导

（1）建立表格：打开工作簿文件“完成复杂计算.xls”，激活一个工作表，并命名为“应用VLOOKUP函数”，参考图10-9，建立“计算机配置及价格表”。

	A	B	C	D	E	F
1	编号	计算机型号	CPU（GB）	内存（GB）	硬盘（GB）	价格（元）
2	23	CAB11	2.5	8	500	6,800
3	128	MKH123	2.6	4	300	5,900
4	324	CBF40	3.2	16	1000	8,500
5	33	MND44	1.8	16	2000	8,800
6	87	KST63	2.2	2	350	5,600

图10-9　计算机配置及价格表

（2）确定输入“编号”的位置：选定A9单元格，输入“计算机编号”，再选定C9单元格，设置粗线外边框，准备在该处输入被抽查的计算机编号。

（3）建立抽查表格：参考图10-10建立抽查“CPU”和整机价格的表格。

（4）建立公式：在 B11 单元格输入“=VLOOKUP(C9,$A$2:$F$6,1,FALSE)”公式。

心灵手巧：在上述公式中，“C9”是输入编号“×××”的单元格名字，“$A$2:$F$6”是“数据”区域的绝对地址，“1”指定显示该编号所在行中第 1 列的数据，“FALSE”是开关符号，该参数为“TRUE”时，首列数值必须按升序排列，为“FALSE”时，数据表的首列不必进行排序。

（5）继续建立公式：在 C11 单元格输入相同公式，只是第 3 个参数是“2”。在 D11 单元格输入相同公式，第 3 个参数是“3”。在 E11 单元格输入相同公式，第 3 个参数是“6”。

（6）复制抽查表：选定单元格区域 A9:E11，复制表格内容。选定 A13 单元格，粘贴表格文字和公式。再选定 A17 单元格，粘贴表格文字和公式。

（7）修改抽查表及公式：把第 2 个抽查表的“CPU”改为“内存”，修改对应公式的第 3 个参数为“4”。把第 3 个抽查表的“CPU”改为“硬盘”，修改对应公式的第 3 个参数为“5”。

（8）抽查数据：选定 C9 单元格，输入被抽查的计算机编号“128”，确定后，在抽查表中显示与编号对应的整机价格和“CPU”的参数。在 C13 单元格中输入“23”，显示对应的整机价格和“内存”的参数。在 C17 单元格中输入“87”，显示整机价格和“硬盘”的参数。抽查的结果如图 10-10 所示。

	A	B	C	D	E
9	输入计算机编号：		128		
10	抽查结果：	编号	计算机型号	CPU	整机价格
11		128	MKH123	2.6	5,900
12					
13	输入计算机编号：		23		
14	抽查结果：	编号	计算机型号	内存	整机价格
15		23	CAB11	8	6,800
16					
17	输入计算机编号：		87		
18	抽查结果：	编号	计算机型号	硬盘	整机价格
19		87	KST63	350	5,600

图 10-10　显示 3 次抽查的结果

实训任务 2：使用专用函数计算一年定期存款的贷款利息

任务描述

利用财务专用函数 ISPMT 计算贷款利息，如果贷款的期限是 3 年，年利率为 10%，按月支付，贷款额是 8 000 000 元人民币，在上述条件下，对这么多的贷款，建立公式计算第 1 个月应该支付的利息。

任务分析

在财务专用函数中，有一个“普通（无担保）贷款的利息偿还”函数 ISPMT。在任务描述中，要求按月支付，日期的单位是月，而贷款利率 Rate 的默认单位是“年”，所以，必须除以 12。同理，贷款期限是 3 年，而还款期限 Nper 默认的单位是“月”，所以，必须乘以 12，按月还款。

上机指导

（1）打开对话框：打开“完成复杂计算.xls”工作簿，激活一个工作表并命名为“专用函数”。在 D3 单元格中输入“=”，从“插入”菜单打开“插入函数”对话框，从“或选择类别”列表框中选择“财务”，从“选择函数”列表框中选择“ISPMT”函数，确定后，打开“函数参数”对话框。

（2）输入参数：在 Rate（贷款利率）文本框中输入贷款利率 10%/12；在 Per（利息的期数）文本框中输入利息的期数 1（一个月）；在 Nper（贷方固定的还款期限）文本框中输入最大限度的还款期限 3*12（月）；在 Pv（贷款数额）文本框中输入贷款的数额 8 000 000 元，如图 10-11 所示。

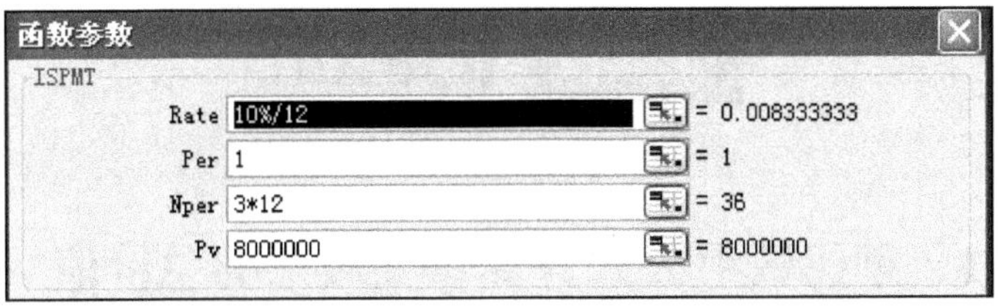

图 10-11 输入“贷款利息偿还额函数”的参数

（3）产生函数值：输入正确的参数之后，单击“确定”按钮，在工作表的当前单元格中将插入一个包括全部参数在内的函数“=ISPMT（10%/12，1，3*12，8 000 000”，计算的结果是“−64,814.81”元（负号表示还款），如图 10-12 所示。

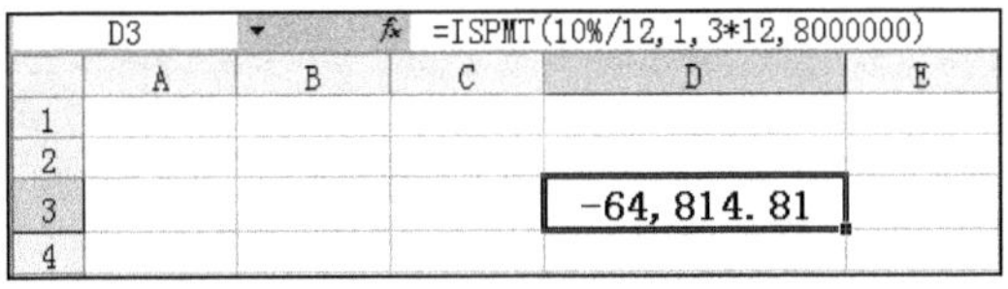

图 10-12 利用 ISPMT 函数计算的结果

知识梳理

创建的公式如果有错误，便会显示错误值。错误值大部分是以“#”号开头，以“!”号结束，含义详见图 10-13。出现错误时，应该利用编辑栏修改公式。

错误信息	公式不正确的原因
#DIV / 0 !	试图除以零。
#N /A	引用了当前不能使用的数值。
#NAME?	使用了 Microsoft Excel 不能使用的名字。
#MULL!	指定两个区域的交集时，该指定无效。
#NUM!	使用数的方式不正确。
#REF!	引用了无效的单元格。
#####	运算结果太长或常量数值太长，单元格中放不下。
#VOLUE!	使用了不正确的参数或运算对象。

图 10-13 常见公式错误信息表

自主学习

1. 填空题

（1）函数可以大写，也可以________，函数中的括弧可以是半角，也可以是________。

（2）对 A5～B8 单元格中的数据求平均值后再与 D2～F6 区域中的数据之和相减，完成这个算法的公式是______________________________。

2. 判断题

（1）有公式：=SUM(A1,C7。D8：E19)，判断正确性。（□正确，□错误）

（2）有公式：=SUM(A1,AVERAGE(D8:E19),E19))，判断正确性。（□正确，□错误）

第4节 使用数组

实训任务 1：创建数组公式计算每支股票的总价值

任务描述

根据股票的价格和股份，计算一组股票中每支股票的总价值。要求不是使用一行单元格来计算，而是使用数组公式计算，提高工作效率。

任务分析

利用数组公式可以代替多个不同的公式，简化工作表的计算过程。针对如图 10-14 所示的股票情况表，当将公式“={B3:F3*B4:F4}”作为数组公式输入时，该公式将每支股票的“股份”和“价格”相乘，存放在对应的单元格中。

上机指导

（1）建立表格数据：打开“完成复杂计算.xls”工作簿，激活一个工作表并命名为“数组公式 1”。选定单元格区域 A1:F5，参考图 10-14 输入表格数据。

	A	B	C	D	E	F
1	股票总价值计算表					
2		飞人	胡人	火箭	西部联合	民间组合
3	股份	600	500	300	400	250
4	价格	18	10	15	20	25
5	总价值					

图 10-14 股票情况表

（2）输入数组公式：选定单元格区域 B5:F5 存放“总价值”的计算结果。输入“=”之后，拖曳鼠标引用单元格区域 B3:F3 中的数字作为被乘数，接着输入乘号（*），再引用单元格区域 B4:F4”中的数字作为乘数，数组公式是“=B3:F3*B4:F4”。

（3）建立数组公式：接着前面的操作，按“Ctrl+Shift+Enter”组合键，在空白单元格中正式建立数组公式，并得到计算结果，如图 10-15 所示。

B5　{=B3:F3*B4:F4}

	A	B	C	D	E	F
1	股票总价值计算表					
2		飞人	胡人	火箭	西部联合	民间组合
3	股份	600	500	300	400	250
4	价格	18	10	15	20	25
5	总价值	10800	5000	4500	8000	6250

图 10-15　建立数组公式

实训任务 2：使用数组常量计算大型商场的商品销售总额

任务描述

参考图 10-16 在工作表中建立商场的商品销售表，然后，采用数组公式来提高计算销售总额的效率。然后，改变商品销售表的内容，并修改数组公式。

	A	B	C	D	E
1	重光百货商店商品销售表				
2	商品名	产地	单价	数量	销售额
3	DVD机	常州	428	35	
4	计算机	重庆	6500	28	
5	自行车	北京	480	23	
6	冰箱	天津	1650	43	
7	MP4	台湾	235	108	

图 10-16　商品销售表

任务分析

建立数组公式的关键操作技术是选定指定的参加运算的数据区域后按“Ctrl+Shift+Enter”组合键。建立公式之后，再插入一个新列，比如“打折”列，对商品的单价进行打折，然后，还需要修改数组公式。

上机指导

（1）建立报表：打开“完成复杂计算.xls”工作簿文件，激活一个工作表，并命名为“数组公式 2”。参考题样建立“重光百货商店商品销售表”。

（2）选定存放结果的区域：选定 E3:E7 单元格区域，用来存放 DVD 机、计算机、自行车、冰箱和 MP4 的销售额，如图 10-17 左图所示。

（3）建立数组公式：在 E3 单元格中输入乘法算式“=C3:C7*D3:D7”，如图 10-17 中图所示。完成上述准备后，按组合键“Ctrl+Shift+Enter”，就可以在选定的单元格区域中生成一个数组公式，显示在编辑栏上，如图 10-17 右图所示。

（4）插入一个“打折”列：在“单价”的右侧插入一列，输入某些商品打折的额度。

（5）修改数组公式：选定 F3 单元格后，在“编辑栏”中修改数组公式为“=C3:C7*D3:D7*E3:E7”，然后，按“Ctrl+Shift+Enter”组合键，修改生效。

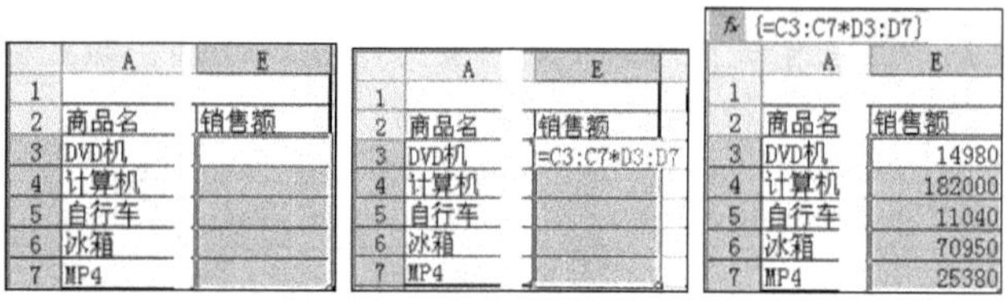

图 10-17　建立数组公式的 3 个步骤

心灵手巧：在编辑栏中修改数组公式时，花括号不出现在公式中，只有按下组合键之后，才重新显现出来。另外，修改一个单元格中的数组公式，其他相关单元格中的数组公式同时发生变化，体现数组公式的一脉相通特性。

知识梳理

一维数组公式计算的对象是一行或一列中的数据，而二维数组公式计算的对象是多行和多列中的数据。可以在编辑栏上修改已经建立的数组公式，或者直接在存放数组公式的单元格中修改，按“Ctrl+Shift+Enter”组合键生效。

自主学习

1. 选择题

（1）用 B5 ~ B8 单元格中的数据分别乘以 D5 ~ D8 区域中的数据，同时计算多项乘积，完成这个算法的公式是________________________________。

（2）把多个不连续的工作表编组时需要按住________键，再单击每个工作表标签。

2. 判断题

（1）乘法算式“=C4:H12*B3:D7”是合法的数组公式。（□正确，□错误）

（2）输入乘法算式“=C4:C12*B4:B12”后，按组合键“Ctrl+Alt+Enter”，能够完成编组计算。（□正确，□错误）

第5节　审核公式

实训任务 1：通过审核公式追踪产生“#Div/0!”错误的根源

任务描述

首先建立一个报表，然后，在表中人为制造一个“除以零”的错误，并对产生的错误进行追踪审核，完成审核公式的训练任务。

任务分析

审核公式的难点在于如何根据箭头迅速找到产生公式错误的根源，即追踪（被）引用单元格。错误有指定的代码，以 0 作为除数时将显示“#Div/0!”。

上机指导

（1）建立销售表：打开“完成复杂计算.xls”工作簿文件，激活一个空白工作表，重新命名为“审核公式 1”。参考图 10-18，建立“商品销售表”，已知商品的“销售额”和“数量”，建立除法公式计算各种商品的“单价”。

1	红光商场商品销售表				
2	商品名	产地	单价	数量	销售额
3	DVD机	山海	460.4	50	23,020
4	计算机	北京	3,082.7	13	40,075
5	自行车	重庆	315.3	108	34,050
6	冰箱	天津	1,704.2	12	20,450
7	MP3机	香港	249.4	33	8,230

图 10-18　正确的商品销售表

（2）修改数据：把 D4 单元格中的计算机销售的数量改为 0，其他数据不变。回车后，将产生用 0 作为除数的错误，错误代码在 C4 单元格中，为“#DIV/0!”。

（3）追踪引用单元格：选定 C4 单元格，确定被审核的对象是计算机的“单价”，然后，选择“工具”菜单“审核”中的“追踪引用单元格”，追踪到错误的根源是作为除数的计算机“数量”为 0，如图 10-19 所示。

	A	B	C	D	E
1	红光商场商品销售表				
2	商品名	产地	单价	数量	销售额
3	DVD机	山海	460.4	50	23,020
4	计算机	北京	#DIV/0!	0	40,075
5	自行车	重庆	315.3	108	34,050
6	冰箱	天津	1,704.2	12	20,450
7	MP3机	香港	249.4	33	8,230

图 10-19　公式错误以及追踪错误

实训任务 2：在“商品销售表”中追踪与错误有关联的从属单元格

任务描述

建立一个“商品销售表”，输入数据，并创建公式计算商品的单价、平均单价和最贵的商品。当受欢迎的自行车脱销后，该商品的数量为 0，相关公式产生错误。通过审核公式追踪引用自行车“数量”单元格数据的从属单元格。

任务描述

建立公式，计算各种商品的“单价”，计算单价的平均值，求单价的最大值。然后，令“自行车”的数量为 0，审核公式。在训练之前，首先要清楚“引用单元格”和“从属单元格”的不同概念。比如，C4 单元格中的除法公式引用了 D4 单元格中的数据作为除数，那么，D4 叫做引用单元格，C4 叫做从属单元格。从数值为 0 的单元格出发，追踪直接或间接引用该单元格数据的其他单元格。

上机指导

（1）建立销售表：打开“完成复杂计算.xls”工作簿文件，激活一个空白工作表，重新命名为“审核公式 2”。参考图 10-20，建立“商品销售表”。

	A	B	C	D	E
1	红光商场商品销售表				
2	商品名	产地	单价	数量	销售额
3	DVD机	山海		50	23,020
4	计算机	北京		28	40,075
5	自行车	重庆		108	34,050
6	冰箱	天津		12	20,450
7	MP3机	香港		33	8,230
8	平均值				
9				最大值：	

图 10-20　原始的“商品销售表”

（2）建立公式：把光标置入 C3 单元格中，输入公式“=E3/D3”，求 DVD 机的单价。向下方拖曳 C3 单元格的填充柄，将公式复制到其他单元格中。把光标置入 C8 单元格中，输入公式“=AVERAGE（C3:C7）”，计算各种商品“单价”的平均值。向右侧拖曳 C8 单元格的填充柄，将公式复制到其他单元格中。

（3）建立求最大值的公式：把光标置入 E9 单元格中，输入公式“=MAX（C3:C7）”，求得商品单价的最大值是“1,704.2”。

（4）制造错误：将存放自行车数量单元格 D5 中的数值改为 0，在 C5 单元格、C8 单元格和 E9 单元格中同时显示错误代码“#DIV/0!”。

（5）追踪从属单元格：选定 D5 单元格后，从“工具”菜单选择“审核公式”中的“追踪从属单元格”，再一次选择“审核公式”中的“追踪从属单元格”，两次追踪的结果如图 10-21 所示，自行车数量为 0 时，将影响到这些单元格中的数据。

4	计算机	北京	1,431.3	28	40,075
5	自行车	重庆	#DIV/0!	0	34,050
6	冰箱	天津	1,704.2	12	20,450
7	MP3机	香港	249.4	33	8,230
8	平均值		#DIV/0!	24.6	25,165.0
9				最大值：	#DIV/0!

图 10-21　追踪从属单元格的结果

知识梳理

在审核公式的时候，如果选择“追踪引用单元格”，可以追踪参加计算的错误参数。以公式“=AVERAGE（A10，B20，H3:H5）为例，如果公式发生错误，单元格 A10、B20、H3、H4 和 H5 叫做“引用单元格”，都是被怀疑的对象。如果选择“追踪从属单元格”，追踪的目标是存放公式的那个单元格，而不是参加运算的单元格。

自主学习

1. 填空题

在审核公式“=SUM（D10,E3:E8）”时，D10 和 E3:E8 区域中的单元格叫做________单元格，保存公式的单元格叫做________单元格。

2. 简答题

说明追踪引用单元格错误和追踪从属单元格错误，其操作方法有什么区别。

第6节　综合训练

实训任务：使用常用函数计算教师工资表中的主要数据

任务描述

首先，参考图 10-22 建立工资表，然后，利用常用函数建立公式，计算教师本月“实发工资”的总额和平均值，计算本季度“实发工资”的合计值。

	A	B	C	D	E	F	G
1	教师工资月报表						
2	姓名	基本工资	课时费	教案费	住房公积金	扣款	实发工资
3	朱希	385.00	1,234.00	123.40		38.50	
4	李柏	433.00	1,543.00	154.30		43.30	
5	杜富	280.00	890.00	89.00		28.00	
6	苏动魄	532.00	980.00	98.00		53.20	
7	陆幽	677.00	2,500.00	250.00		67.70	
8	平均值						
10						工资总额:	

图 10-22　原始教师工资表

任务分析

住房公积金是基本工资的 5%，再利用 SUM 函数计算各位教师的“实发工资”，然后，利用 AVERAGE 函数计算“基本工资”、“课时费”等平均值。接着，计算所有教师的“工资总额”，并采取另外一种方法计算“实发工资”的平均值，要求精确到 3 位小数，并四舍五入，可以利用 COUNT 函数求得教师总数，再除“实发工资”的总额。最后，求本季度“实发工资”的总额。

任务操作

分 3 大步骤进行。

第一步，计算实发工资和平均工资。

（1）准备工作：打开工作簿文件“完成复杂计算.xls”，激活一个工作表，并命名为“综合训练”。在工作表中建立“教师工资月报表”，参考题样输入数据。

（2）求住房公积金：选定 E3 单元格（朱老师的住房公积金），输入“=B3*0.05”，按回车键后，计算的结果是 19.25。向下拖曳 E3 单元格的填充柄，将公式复制到 E4~E7 单元格中。

（3）计算实发工资：选定 G3 单元格（朱老师的实发工资），输入“=SUM（B3:D3）- E3-F3”，按回车键后，产生计算结果 1 684.65。打开“单元格格式”对话框，切换到“数字”选项卡，从列表框中选择“数值”，再选中“使用千位分隔符”复选框，确定 2 位小数，如图 10-23 所示。单击“格式”工具栏上的“货币样式”按钮，在数字中插入人民币符号。

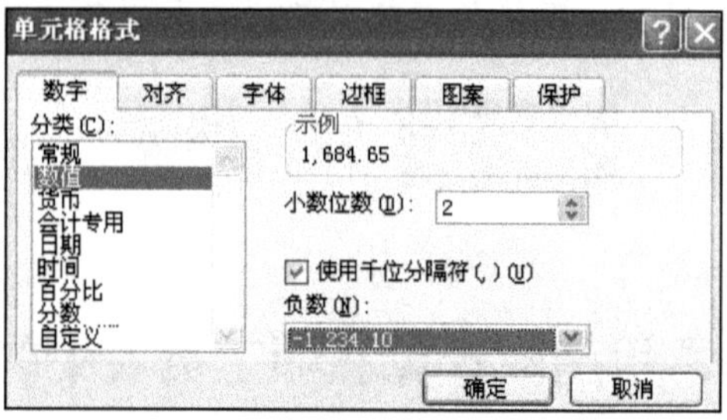

图 10-23　设置数值样式的对话框

（4）复制公式：选定 G3 单元格，向下拖曳填充柄，直到 G7 单元格时松开鼠标键，将计算公式复制到其他单元格中。

（5）计算“基本工资”平均值：选定 B8 单元格，输入“= AVERAGE（”，接着用鼠标拖曳 B3:B7 单元格区域，自动获取被引用单元格的名称，再输入“）”，输入完整的公式。回车后，在 B8 单元格中计算出各位教师“基本工资”的平均值。

（6）复制公式：选定 B8 单元格，向右拖曳填充柄，将公式复制到 C8:F8 单元格区域中，求得课时费、教案费等其他各项数据的平均值。

第二步，以另外一种方式计算实发工资的平均值。

（7）计算工资总额：选定 G10 单元格，输入“=SUM(G3:G7)”，回车后，在 G10 单元格中求得所有教师“实发工资”的合计值。

（8）求得教师总数：在 A10 单元格中输入公式“=COUNT（B3:B7），计算出教师总数为 5。

（9）计算实发工资平均值：在 G8 单元格中输入公式“=ROUND（G10/A10，3）”，求得精确到 3 位小数的商值。

（10）设置数字格式：选定保存“实发工资平均值”的单元格 G10，从“格式”菜单打开“单元格格式”对话框的“数字”选项卡，从“分类”列表框中选择“数值”，在右侧的“小数位数”增值框中输入“3”，确定后，显示的结果是保留 3 位小数的实发工资平均值“1 964.530”。

第三步，计算本季度“实发工资”总额。

（11）准备工作：首先，利用当前的“教师工资月报表”复制两个工作表，分别命名为“上月工资表”和“下月工资表”，并适当修改一些数据。然后，把光标定位到当前工作表的 D10 单元格中，准备保存计算结果。

（12）引用其他工作表的数据：在“编辑栏”中输入“=”后，单击本月“工资总额”单元格 G10，然后，单击“上月工资表”工作表标签，接着单击上月“工资总额”单元格 G10，再单击“下月工资表”工作表标签，接着单击下月“工资总额”单元格 G10，最后按回车键结束编辑公式。二维引用的公式是“=G10+上月工资表!G10+下月工资表!G10”，最后的计算结果是“9, 822.65”，如图 10-24 所示。

D10　fx　=G10+上月工资!G10+下月工资表!G10

	A	B	C	D	E	F	G
1	教师工资月报表						
2	姓名	基本工资	课时费	教案费	住房公积金	扣款	实发工资
3	朱希	385.00	1,234.00	123.40	19.25	38.50	￥ 1,684.65
4	李柏	433.00	1,543.00	154.30	21.65	43.30	￥ 2,065.35
5	杜富	280.00	890.00	89.00	14.00	28.00	￥ 1,217.00
6	苏动魄	532.00	980.00	98.00	26.60	53.20	￥ 1,530.20
7	陆幽	677.00	2,500.00	250.00	33.85	67.70	￥ 3,325.45
8	平均值	461.40	1,429.40	142.94	23.07	46.14	1,964.530
9							
10	5		本季合计：	35,811.350		工资总额：	9,822.65

图 10-24　完成所有计算的工资表

第11章

图表与图形对象

训练目标

- 创建图表；
- 编辑与修饰图表；
- 用图表进行数据分析。

图表是进入读图时代应运而生的新的数据表达形式，是Excel表格的图形化身，是文字意义的升华。图表可以方便用户查看数据的差异、数据的关系和预测趋势。

第1节 创建图表

实训任务1：利用“向导”建立“打印机销售”的三维柱形图表

任务描述

参考如图11-1所示的题样，建立“打印机销售量统计表”，并根据这个数据表建立反映销售情况的图表。要求分别建立内嵌式图表和工作簿图表。

	A	B	C	D	E
1	打印机销售量统计表				
2	打印机型号	北京	广州	大连	天津
3	HP-1200C	380	120	257	673
4	EPSON-77	456	760	245	102
5	佳能1800	234	304	112	87
6	HONGKA	567	213	98	128

图11-1 打印机销售统计表

任务分析

“柱形图”比较适合反映销售的情况，为了醒目，可以用纵向的三维“柱形图”来反映打印机的销售情况。

上机指导

（1）准备工作：新建一个工作簿文件“图表.xls”，激活一个工作表，命名为“创建图表

1”，然后，参考题样建立“打印机销售量统计表”。

（2）选择图表类型：选定工作表中的所有数据作为建立图表的依据（标题除外）。单击“常用”工具栏上的“图表向导”按钮，从“图表类型”列表框中选择“柱形图”，在“子图表类型”列表框中选择“三维簇状柱形图”。

（3）建立内嵌式图表：单击“完成”按钮，直接在原工作表中建立一个内嵌式图表，如图 11-2 所示。

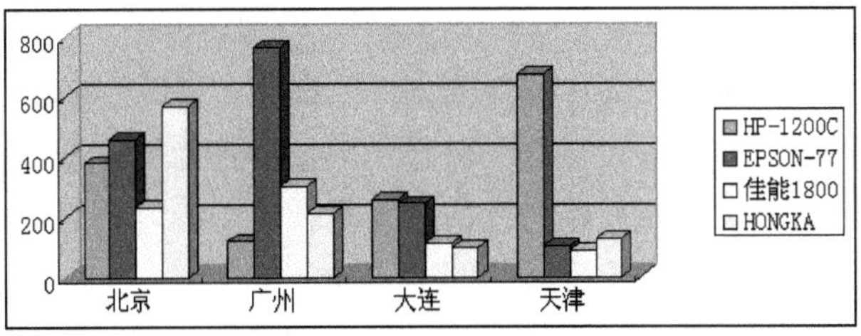

图 11-2 建立的内嵌式图表

（4）建立工作簿图表：重复进行第（1）步和第（3）步的操作过程，打开“图表向导-4 步骤之 4”对话框时，选择“作为新工作表插入”单选项，并在文本框中输入工作簿图表的名字“统计表”，单击“完成”按钮，建立一个工作簿图表。

心灵手巧： 如果要把一个已经存在的内嵌图表改变成工作簿图表，应该先选定该图表，然后从“图表”菜单打开“图表位置”对话框修改。

实训任务 2：利用“图表”工具栏创建“打印机销售趋势”图表

任务描述

在工作簿文件“图表.xls”的工作表中，参考图 11-3 建立一个数据表，并利用向导建立图表，类型是“数据点折线图”。然后，修改数据表中的数据，使“便携打印机”的销售呈现上升趋势，使“针式打印机”的销售呈现持平状态。

	A	B	C	D	E	F	G
1	打印机销售趋势表（台）						
2	打印机类别	一月份	二月份	三月份	四月份	五月份	六月份
3	喷墨打印机	800	120	257	673	100	200
4	针式打印机	456	480	450	320	465	440
5	激光打印机	234	304	112	300	300	40
6	便携打印机	280	213	250	170	170	150

图 11-3 打印机销售趋势表

任务分析

为了反映销售的趋势，用“折线图”比较合适，因为数据比较多，不必用“三维”表示，以免线条交叉显得混乱。修改数据表的目的是感受表和图像关联的特点，增加数据表中某个单元格中的数值，折线就会在该点上升。

上机指导

（1）选定数据：打开工作簿文件“图表.xls”，激活一个工作表，命名为“创建图表 2”，然后，参考题样输入数据，建立“打印机销售趋势表”。拖曳鼠标，选定工作表中除标题外的所有数据，作为建立图表的数据依据。

（2）选择图表类型：打开“图表类型”对话框，从“图表类型”列表框中选择“折线图”，在“子图表类型”列表框中选择“数据点折线图”，单击“完成”按钮。

（3）修改数据表：修改数据表中“针式打印机”每个月的销售量，使 1~6 月的数据基本相等。修改数据表中“便携打印机”每个月的销售量，使 1~6 月的数据逐渐增加。当数据表变化时，图表中对应的“数据系列”的现状跟随变化。

（4）改变“数据系列”的数值：在图表中，找到“喷墨打印机”折线中“一月份”的数据点，先单击选定这条折线，再单击选定“一月份”数据点，鼠标对准该点时呈现双向箭头（↕）的样子，此时向下拖曳鼠标，将该数据点移到“400”（台）线处，如图 11-4 左图所示；松开鼠标键时，折线如图 11-4 中图所示；数据表的变化如图 11-4 右图所示。

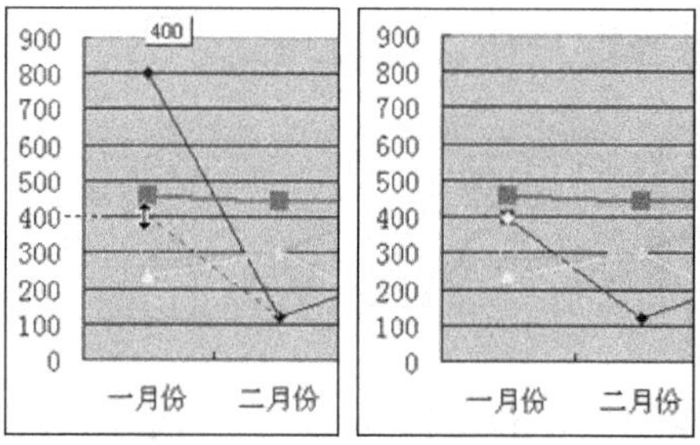

打印机类别	一月份
喷墨打印机	800
针式打印机	456
激光打印机	234
便携打印机	280

打印机类别	一月份
喷墨打印机	399
针式打印机	456
激光打印机	234
便携打印机	280

图 11-4　图表与数据表的关联特性

知识梳理

当工作表的数据发生变化时，图表也跟随它自动更新。图表有两种类型，一种是以该工作表中的数据为依据，建立在当前工作表中的图表，叫做内嵌式图表。当工作表被激活时，内嵌式图表就变成可操作的，打印工作表时，内嵌式图表也随着一起打印。另一种是在同一个工作簿中，新建一个与工作表地位平等的图表，该图表也有一个标签，被安插在原工作表标签的右侧。

中文 Excel 2003 提供了 10 余种图表类型。创建图表之前，必须选择一种最恰当的图表类型，能够清楚而有效地反映数据的特性。由于图表的种类繁多，所以，如何选用图表至关重要。下面，介绍几种常用的图表类型并说明适用的场合。

① 柱形图。显示一段时间内的变化或项目之间的比较情形，其中，三维透视柱形图更容易比较数据系列中的数据。

② 条形图。平面条形图强调项目之间的比较而不是时间，三维条形图可以显示条形图的三维视图。它强调在特定数据内的单个项目的数值，或做项目之间的比较。

③ 折线图。显示一段固定时间内时间的趋势或变动情形。它强调的是时间性与变动率，

而不是变动量，与面积图形成鲜明的对比，这种图表经常用于数据简报。

④ 饼图。显示部分对整体的关系或比例，这种图表类型强调重要的元素，平面圆饼图只包含一种数据系列（如北京），三维圆饼图强调实心扇形的数据值。

⑤ *XY*散点图。显示多个图表中数据系列的数值之间的关系或相关程度，或者作为一个*X*、*Y*坐标系绘制两组数。这种类型的图经常用于科学数据的分析。

⑥ 面积图。显示在一段时间内数值的相对重要性，面积图强调的是变动量（积分），而不是时间和变动率（微分），三维面积图强调绘制数值的总和。

⑦ 圆环图。圆环图与圆饼图的主要差别在于它可以显示多个数据系列，如显示北京、上海等多个城市的多种电脑的销量。

⑧ 雷达图。显示数据系列相对于中心点以及相对于彼此数据的变动和频率。在雷达图中，每一种分类的数值轴都从中心点射出，而相同系列的所有数据皆由折线连接。

⑨ 曲面图（又称三维曲线图）。三维曲线图用于寻找两组数据之间的最佳组合，这种图可以显示通常很难看出来的大量数据之间的相互关系。

⑩ 气泡图。比较成组的 3 个数值，类似于散点图，且第 3 个值被显示为气泡数值点的大小。

⑪ 股价图。按照股盘排列的顺序不同，可以把股价图分为盘高－盘低－收盘图、开盘－盘高－盘低－收盘图、成交量－盘高－盘低－收盘图等类型。

⑫ 立体图。3 种立体图表的数据标记具有生动的效果，其功能介于柱形图和条形图两者之间。

自主学习

1. 判断题

（1）图表有两种类型，一种是内嵌式图表，另一种是工作簿图表。（□正确，□错误）

（2）创建图表有两种常用的方法，一种是从“插入”菜单选择“图表”，另一种是单击“常用”工具栏上的“图表向导”按钮。（□正确，□错误）

（3）利用“图表位置”对话框能把工作簿图表改变为内嵌式图表。（□正确，□错误）

2. 简答题

（1）简述内嵌式图表和工作簿图表的产生过程有什么不同，各有什么长处。

（2）工作表和图表之间存在怎样的关系？如果增加原来的数据表中的数据，图表将发生怎样的变化？

第2节　编辑与修饰图表

清楚图表及图表元素的称谓是正确操作图表的前提。因此，应该在训练之前认真预习有关“图表的结构及组成”的概念。

实训任务 1：通过编辑图表元素改变图表的布局和组成

任务描述

在工作簿文件“图表.xls”的工作表中建立“计算机销售统计表”，并按照“上机指导”中的具体要求对图表元素进行编辑，改变图表的布局和组成。

任务分析

任务要求改变图表的布局和组成，可以从以下 4 方面考虑。一是增减图表元素，比如在图表中增加“数据标志”；二是改变图表元素（如图例）的位置和尺寸；三是改变图表类型；四是改变数据系列。

任务操作

（1）准备工作：打开工作簿文件“图表.xls”，激活一个空白工作表，并命名为“编辑和修饰图表 1”。参考图 11-5 在工作表中建立“计算机销售统计表”。

	A	B	C	D	E
1	计算机销售统计表（台）				
2	计算机类型	华南	东北	华北	西藏
3	台式机	380	120	257	673
4	笔记本	456	760	245	102
5	上网本	234	304	112	87
6	平板电脑	567	213	98	128
7	掌上电脑	120	200	250	300

图 11-5　计算机销售统计表

（2）建立图表：选定工作表中除标题外的所有数据，从“插入”菜单打开“图表向导”对话框，从“图表类型”列表框中选择“柱形图”，在“子图表类型”列表框中选择“簇状柱形图”，单击“完成”按钮，建立图表。

（3）改变文字的字体：单击图表的空白区选定图表，按右键显示快捷菜单，从中选择“图表区格式”，在打开的“图表区格式”对话框中，切换到“字体”选项卡，选择“12”磅字号，确定后，图表如图 11-6 所示。

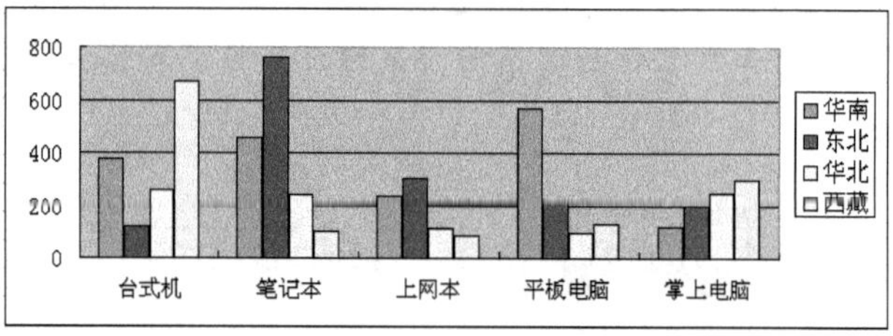

图 11-6　建立“计算机销售统计”图表

（4）增减图表元素：单击图表，利用快捷键打开“图表选项”对话框，切换到“标题”选项卡，输入图表标题“计算机销售情况”，输入数值轴标题“销量（台）”。

（5）改变图表元素的位置和尺寸：利用鼠标把新建的图表拖到“计算机销售量统计表”的下方，然后，拖曳图例的尺寸控点改变其尺寸，并调整图例的位置。拖曳绘图区的尺寸控制块，增加绘图区的高度。

（6）添加“系列名称”：选定“台式机”中的“华南”，从快捷菜单中选择“数据点格式”，切换到“数据标志”选项卡，选中“系列名称”复选框，在这个数据系列的上方添加文字“华南”。采取相同做法，添加“华北”、“东北”和“西藏”。

心灵手巧： 单击两次鼠标可以选定数据系列中的一个数据图形，选定的元素名称显示在编辑栏左侧的名字框中，可以验证自己选定的元素是否正确。

（7）改变图表类型：在“图表类型”对话框中，选择“棱锥图”中“堆积柱形棱锥图”，选中“默认格式”复选框，确定后，更改类型的图表如图 11-7 所示。

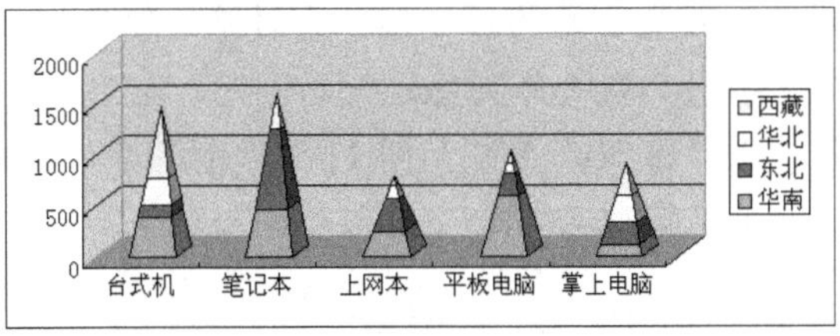

图 11-7　更改图表类型

心灵手巧： 选中“默认格式”复选框，能够使新更改的图表延续原图表的多种格式，避免从头开始设置和编辑图表的麻烦。

（8）隐藏数据系列：选定数据表中的 E 列（西藏），执行快捷菜单中的“隐藏”命令，图表中的这组数据序列也随同隐藏。

实训任务 2：通过设置图表格式突出图表的直观表现作用

任务描述

以“数码照相机销售量调查表”为数据表，建立“条形图”图表，并对这个图表设置多种格式，使图表的作用更加突出。

任务分析

格式化包括：设置文字或数据序列格式，改变分类位置和图表类型，添加数据标志，改变数据序列颜色，以及设置图例、坐标轴和网格线的格式等。

上机指导

（1）准备工作：打开工作簿文件“图表.xls”，激活一个空白工作表，命名为“编辑和修饰图表 2”，在工作表中建立“数码照相机销售量调查表”，如图 11-8 所示，并利用原数据表创建一个簇状条形图表。

	A	B	C	D	E	F
1	数码照相机销售量调查表					
2	照相机名称	山东	河北	江西	湖北	合计（台）
3	康佳照相机	380	120	257	673	1430
4	日晖照相机	456	490	245	102	1293
5	本列照相机	234	304	112	87	737
6	佳迪照相机	567	213	98	128	1006
7	名闻照相机	120	120	250	300	790

图 11-8　数码照相机销售量调查表

（2）设置图表的文字格式：打开“图表区格式”对话框，在“字体”选项卡中，设置图表中文字为楷体、11 号、深蓝色；设置图例为“深红色”、宋体、10 磅。

（3）设置数据序列的格式：双击“康佳照相机”数据序列，打开“数据序列格式”对话框，切换到“图案”选项卡，设置图形的填充颜色为过渡的颜色。

（4）改变分类的位置：打开“数据序列格式”对话框，在“选项”选项卡中，设置各分类的间距为 100％磅，重叠比例为 50，效果如图 11-9 所示。

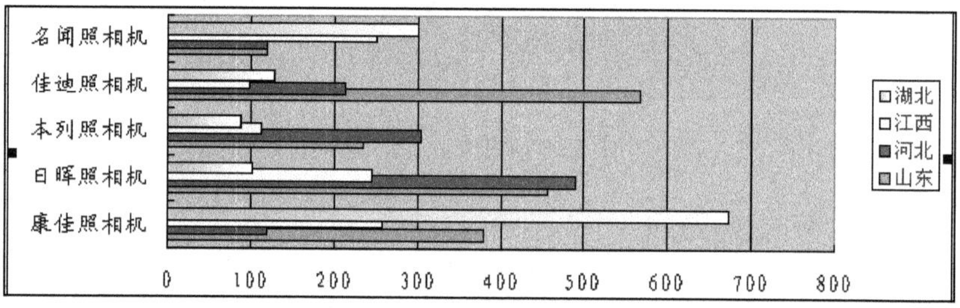

图 11-9　设置 3 种格式的图表

（5）改变图表的类型：选定图表后单击右键，选择快捷菜单中的“图表类型”选项，在对话框中选择“百分比堆积柱形圆锥图”。

（6）添加数据标志：双击图表中“山东”销售照相机的数据系列图形，打开“数据序列格式”对话框，在“数据标志”选项卡中，选择“值”复选框，就可以在山东省销售的各种照相机系列上添加销售的台数，如图 11-10 所示。

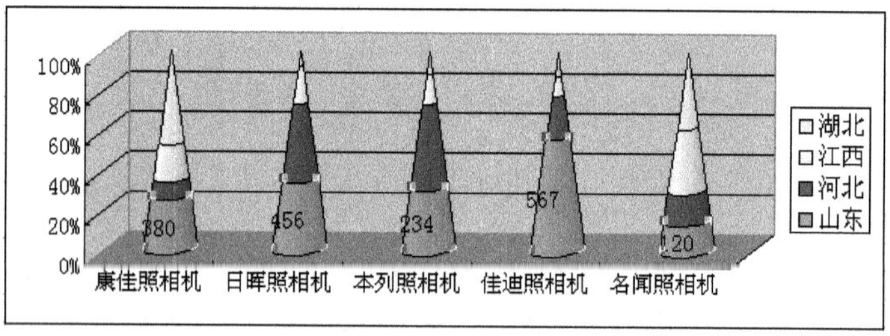

图 11-10　改变图表类型

（7）改变数据序列颜色：两次单击“日晖照相机”数据系列中的“河北”段，选定这段图形，从快捷菜单中打开“数据点格式”对话框，设置边框颜色为“鲜绿色”。

（8）设置图例的格式：双击图表的图例，打开“设置图例格式”对话框，把图例放置于底部，并设置图例的图案为“浅蓝色”。

（9）设置坐标轴的格式：重新改变图表的类型为平面条形图，双击图表的 *Y* 轴，打开“坐标轴格式”对话框，设置文字垂直放置。再设置数字为百分比方式。

（10）设置网格线的格式：双击“网格线”，打开“网格线”对话框，设置网格线的颜色为深绿色，刻度的最大值是 800 磅，最小值为 200 磅。

知识梳理

图表的组成结构比较复杂，给操作图表带来困难。下面，对照如图 11-11 所示的具体图表，熟悉各个要素的名称，以便能够准确、快速地选定要操作的图表元素。

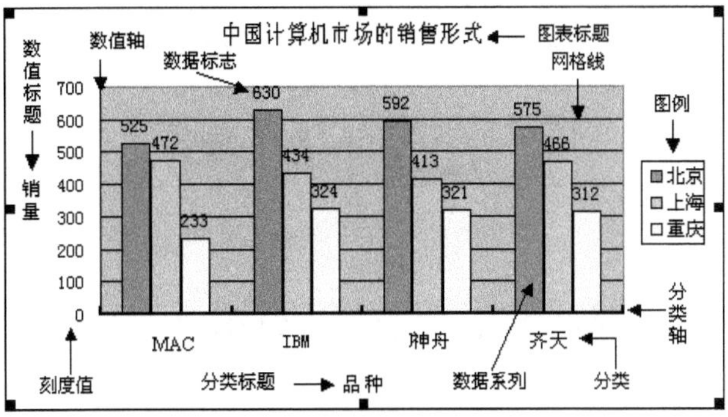

图 11-11　二维图表的基本要素

二维图表的基本要素如下：

- *Y* 坐标轴：一般作为数值轴使用，标示产值、产量和温度等；
- *X* 坐标轴：一般作为分类轴使用，标示品种、地名和型号等；
- 数据系列：用来表示工作表数据的图形元素，如长条、方柱和曲线等；
- 数据标志：对数据系列进行量化的数字，如 120、35%等；
- 图例：用来标识数据系列或分类的比较小的矩形区域；
- 图表标题：图表的标题文字，如“中国计算机市场的销售形式”；
- 分类标题：标明在 *X* 轴上列出的项目种类，如品种、型号等；
- 分类名：分类名是具体的项目名称，如电脑名称、城市名称等；
- 数值标题：标明在 *Y* 轴上列出的项目种类，如产值、销量等；
- 刻度线：坐标轴的刻度，用来表明数据量值；
- 网格线：作为二维图表的背景，有利于对准要观察的数值；
- 图形区：在图表中，除了图例区域以外的所有区域都属于图形区范畴。

在二维图表的基础之上，三维图表增加了以下基本要素：

- *Y* 轴坐标，或叫系列轴，*X* 轴坐标，或叫分类轴，*Z* 轴坐标，或叫数值轴；
- 角点：在三维图表中，两个平面的相交线的端点叫做角点；
- 基底：在三维图表中，支撑数据系列的底面；
- 背景墙：在三维图表中，衬托数据系列的正面。

自主学习

1. 判断题

（1）选定一种图表元素后，它的名字显示在编辑栏中。（□正确，□错误）

（2）更改图表的数据序列高度有两种方法，一种方法是拖曳数据序列图形的尺寸控点，另一种方法是直接修改数据表中的数据。（□正确，□错误）

2. 简答题

（1）举例说明选定图表中一个数据点的操作手法。

（2）如果在数据表中增加了一行数据，怎样处理才会使图表做出相应的反应？

第3节 数据分析

实训任务1：使用趋势线反映数码照相机的销售情况

任务描述

根据“数码照相机销售表”数据表建立条形图表，为图表的所有数据系列建立趋势线，并设置相应的格式。

任务分析

建立不同的分析曲线，选定的对象也不同。比如，建立趋势线可以选定整个图表或选定数据序列，而建立误差线必须选定某一组数据序列。

上机指导

（1）准备工作：打开“图表.xls”工作簿文件，激活一个工作表，并命名为“分析线1”。然后，参考图11-12建立“数码照相机销售表”，并创建平面条形图表。

（2）加入趋势线：选定图表后，在“图表”菜单中选择“添加趋势线”。在“类型”选项卡中，选择“对数”型曲线，并在“选择数据系列”列表框中选择“日立”。切换到“选项”选项卡，定义趋势线的名称为“日立相机走向”，并设置“前推2周期”，“倒推0.5周期”，截距为1.5，“显示公式”，如图11-13所示。

厦阳公司进口数码照相机销售表

	日立	松下	科达
蓝天	128	213	344
海鸥	211	122	321
大雁	234	341	233
双龙	343	334	453

图11-12 数码照相机销售表

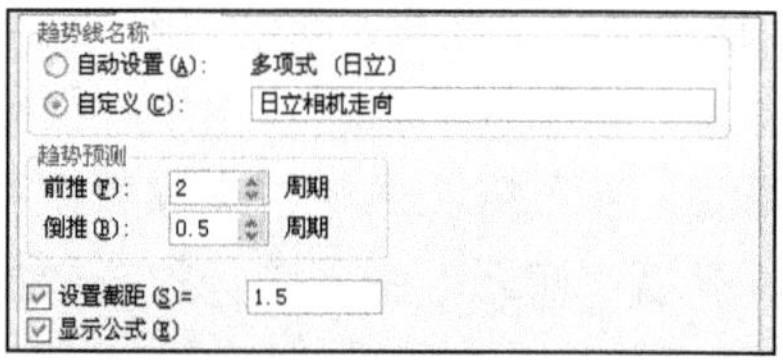

图11-13 设置图表趋势线的对话框

心灵手巧：不是所有图表都能建立趋势线或误差线。比如在面积图上只能建立误差线，不能建立趋势线。在圆饼图中既不能建立误差线，又不能建立趋势线。

（3）设置趋势线的格式：双击新添加的趋势线，打开“趋势线格式”对话框，在“图案”选项卡中，设置趋势线的颜色为蓝色，线条为粗线。

（4）设置公式的边框：双击公式的边框线，在“数据标志格式”对话框中，设置公式的边框为蓝色细线，有阴影，如图 11-14 所示。

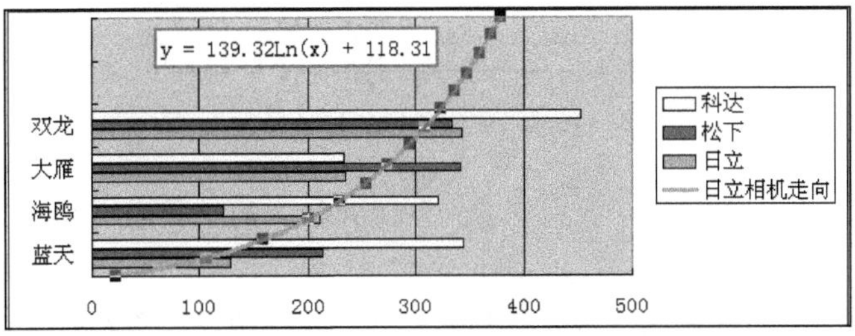

图 11-14　为“日立”数据系列建立趋势线

（5）为数据系列加入误差线：选中图表中的“科达”数据序列，从“格式”菜单打开“数据序列格式”对话框，切换到“误差线 Y”选项卡，选中“正偏差”，设置误差量的定值为“100”，“百分比”值为“7%”，“标准偏差”为“1”。

（6）设置误差线的格式：双击误差线，打开“误差线格式”对话框，在“图案”选项卡中，设置“刻度线标志”为“T”形，设置误差线的线条为红色粗线，如图 11-15 所示。

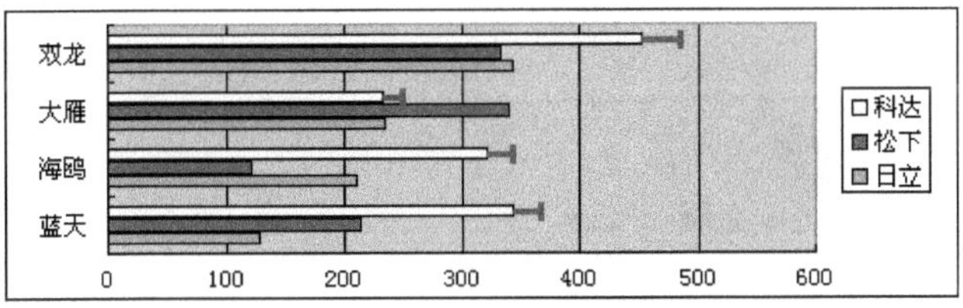

图 11-15　为“科达”数据系列建立误差线

实训任务 2：分别建立趋势线和误差线分析计算机销售情况

任务描述

建立“计算机销售量统计表”数据表，并依据数据表建立柱形图表。针对“彩云”牌计算机建立趋势线和误差线，并设置相应的格式。

任务分析

在数据系列中加入趋势线，趋势线类型为“指数”，趋势线名称是“形势好转”，趋势预测为“倒推 0.5 周期”，设置截距等于 2。在数据系列中加入误差线。误差线显示正负偏差，标准偏差的误差量=2。

上机指导

（1）准备工作：打开“图表.xls”工作簿文件，激活一个工作表，并命名为“分析线 2”。然后，参考图 11-16 建立数据表。

	A	B	C	D	E
1	计算机销售量统计表				
2	型号\季度	一季度	二季度	三季度	四季度
3	大地	1280	2340	3420	850
4	群山	1100	2130	1200	2440
5	金星	2340	1240	2100	1280
6	彩云	560	550	850	4330

图 11-16　计算机销售量统计表

（2）创建图表：选定数据表，利用“常用”工具栏上的“图表向导”工具建立一个平面“柱形图”图表。

（3）添加趋势线：单击选定“彩云”数据系列，从“图表”菜单打开“添加趋势线”对话框。选择趋势线类型为“线性”。在“选项”选项卡中，设置趋势线的名称是“形势好转”，趋势预测为“倒推 0.5 周期”，设置截距等于 2。

（4）设置趋势线的格式：双击趋势线，在打开的“趋势线格式”对话框中，设置趋势线的颜色为绿色，线条为粗线。

（5）在数据系列中加入误差线：选定“彩云”数据系列后，从“格式”菜单打开“数据系列格式”对话框，切换到“误差线 Y”选项卡，选择误差线的显示方式为“正负偏差”，设置误差线的“定值”为“1000”，“百分比”为“5%”，“标准偏差”为“2”，设置误差线的对话框如图 11-17 所示。

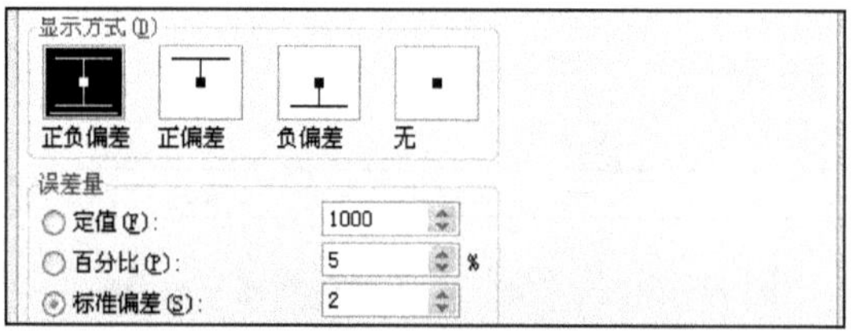

图 11-17　添加误差线的对话框

（6）设置误差线的格式：双击图表中的误差线，打开“误差线格式”对话框，切换到“图案”选项卡，设置误差线的线条样式是“网状”，颜色是“红色”，粗线条。为“彩云”数据系列设置的趋势线和误差线的最后效果如图 11-18 所示。

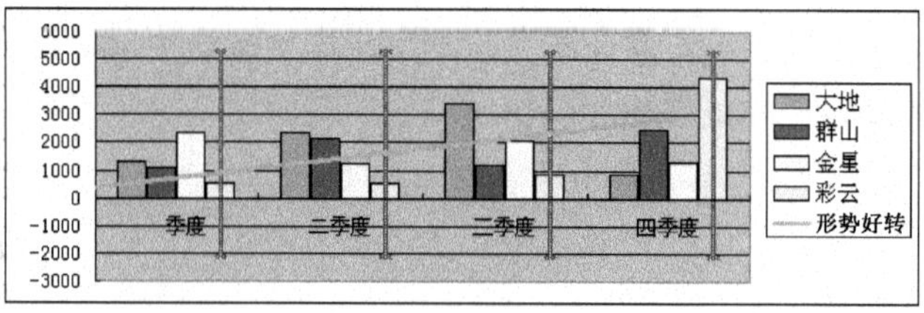

图 11-18　添加的趋势线和误差线

知识梳理

在图表中加入趋势线能够显示这个数据系列的数据趋势或走向，进行“回归分析”。趋势线一旦加入到数据系列以后，就一直与该数据系列保持密切的联系，数据表和图表的变化都会引起趋势线的自动更新。在实际工作中，建立趋势线或误差线的约束条件比较复杂。更接近实际需要的图表分析线需要有比较复杂的数据表相配合，比如建立股票走势表的趋势线就非常有实际意义。能够添加趋势线的图表很多，可以添加误差线的图表有面积图、条形图、柱形图、折线图和 *XY* 散点图。

自主学习

1. 判断题

（1）趋势线显示数据系列的走向，通常用来研究预测问题。（□正确，□错误）

（2）在圆饼图中既能建立误差线，又能建立趋势线。（□正确，□错误）

2. 简答题

（1）建立趋势线有什么作用？怎样设置趋势线的格式？

（2）建立误差线有什么作用？当数据表发生变化时，误差线是否产生反应？

第4节 综合训练

实训任务：用图片填充图表反映电风扇销售随季节变化的规律

任务描述

根据季节的需要，建立盛夏电器公司 2003 年“电风扇销售计划表”，依据这个数据表建立一个三角形的柱形图表，并设置图片型的填充颜色，用以反映电风扇生产随季节变化的规律。

任务分析

报表只涉及一种产品，所以只有一个记录，图表也只有一个数据系列。“电风扇销售计划表”中的数据可以分别从键盘输入，这些数据的规律是最大值在中间，向两边越来越小，形成三角形。填充的图片最好与气候有关。

上机指导

（1）建立数据表：打开”图表.xls”工作簿文件，激活一个工作表，并命名为“三角图表”。在工作表中选定一个 3 行 13 列的第一个区域，设置表格线后，参考图 11-19 输入表格数据。报表只包括两行，第 1 行是表头，输入的是一年中的 12 个月份，第 2 行是各个月份计划生成的电风扇产量，单位是“台”。

	A	B	C	D	E	F	G	H	I	J	K	L	M
1	电风扇销售计划表												
2	月份	1	2	3	4	5	6	7	8	9	10	11	12
3	电风扇产量	2	20	40	60	80	100	133	99	70	45	20	2

图 11-19　电风扇销售计划表

（2）建立图表：选定数据表中的“电风扇产量”一行数据，单击“常用”工具栏上的“图表向导”按钮，打开“图表类型”对话框，根据“电风扇销售计划表”建立一个“簇状柱形图”，图表中有 12 个柱形图，从中间向两边逐渐降低，形成一个三角形。

（3）设置图表的文字格式：双击图表区，打开“图表区格式”对话框，在“字体”选项卡中，设置图表中所有文字的字体为楷体、11 号、深蓝色。

（4）改变绘图区的背景颜色：双击绘图区，在打开的“绘图区格式”对话框中，选择“图案”的颜色为“浅蓝色”，边框线为“深绿色”的粗线。

（5）添加标题并设置格式：在“图表选项”对话框中，切换到“标题”选项卡，输入图表的标题“电风扇销售计划表”，输入“分类轴”的标题“月份”，输入“数值轴”的标题“台数”。

（6）改变标题的位置及方向：选定“数值轴”的标题“台数”，从快捷菜单中打开“坐标轴标题格式”对话框，切换到“对齐”选项卡，改变原来的“90° ”为“0° ”，标题由竖向变为横向。然后，拖曳“分类轴”的标题“月份”到右下角。

（7）改变数据系列的填充色：双击数据系列图形，打开“数据系列格式”对话框。利用“填充效果”按钮插入图片，用图片充当柱形图。

（8）改变“分类间距”：在“数据系列格式”对话框的“选项”选项卡中，改变“分类间距”为“50”，减小系列之间的间距，并删除图例，如图 11-20 所示。

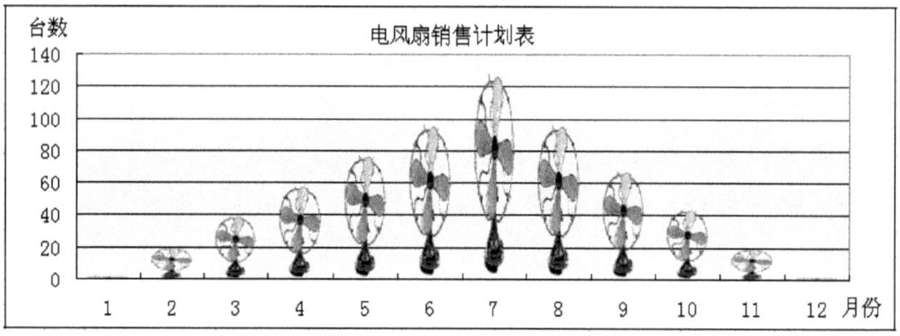

图 11-20　用图片填充数据序列

（9）添加“数据标志”：在“图表选项”对话框中，切换到“数据标志”选项卡，选中“值”复选框，在数据系列图形的上方添加表示“台数”的数字。

（10）在数据表中添加记录：参考图 11-21，在数据表的下方添加一个记录，反映“电暖气”在 12 个月中销售的数量。

电风扇和电暖气销售计划表												
月份	1	2	3	4	5	6	7	8	9	10	11	12
电风扇产量	2	20	40	60	80	100	133	99	70	45	20	2
电暖气产量	130	100	80	62	50	30	5	29	58	82	98	132

图 11-21　新添加的记录

（11）更新图表：选定图表后按右键，从快捷菜单中选择“数据源”，在“数据源”对话框中，修改“数据区域”框中的数据“$A$3:$M$3”为“$A$3:$M$4”，把后添加在第 4 行中的数据作为图表的数据源。

（12）添加图例：在“图表选项”对话框中切换到“图例”选项卡，选中“显示图例”复选框。

（13）设置数据系列图形的颜色：选定“电暖气产量”的数据系列，在“数据系列格式”对话框中，设置图形的颜色为“浅蓝色”，并具有“阴影”效果。

（14）改变图例区域：通过拖曳鼠标增加图例区域的高度，并减小其宽度，使图例竖立在图表的右侧。

（15）添加趋势线：选定“电暖气产量”数据系列，从快捷菜单中打开“添加趋势线”对话框，在“类型”选项卡中选择“多项式”类型，在“选项”选项卡中选择“显示公式”复选框，把公式移到图表区的右上角，最终结果如图 11-22 所示。

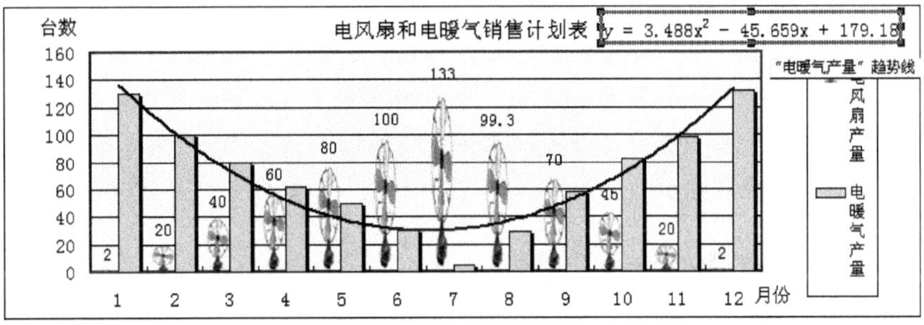

图 11-22　图表的最终效果

第 12 章

PowerPoint 2003常用功能

训练目标

- 创建演示文稿；
- 幻灯片设计；
- 幻灯片动画和动作设置；
- 幻灯片的放映和输出。

项目描述

本章以项目方式训练，在每节中完成“实训任务”，最后创建演示文稿“《自然多好》电子画册”。一共需要 17 张幻灯片，包括首页、主页（3 张）、子页（12 张）和尾页 1 张。要求恰当应用设计模板、配色方案和背景图案；在幻灯片中插入图片、文字和声音，并实现动作设置和自定义动画；主页幻灯片与子页幻灯片之间由图片、按钮或文字实现链接；设置多种切换方式和放映方式；最后，要求在投影机上实际反映演示文稿，并打印各个幻灯片的缩略图。

第1节 PowerPoint 2003简介

自主学习

1. 填空题

（1）在幻灯片中可以插入文字、表格、图表、图片、组织结构图及________信息。

（2）为了保证幻灯片外观的统一性，经常采用 3 种幻灯片设计方案，包括设计模板、配色方案和________。

（3）在 PowerPoint 2003 窗口中，利用“视图”菜单可以切换 3 种视图模式，包括“普通”视图、“幻灯片浏览”视图和________视图。

2. 简答题

（1）如果已经建立了演示文稿，如何应用设计模板？

（2）“配色方案”的作用与设计模板有哪些区别？

（3）简述 3 种视图模式的外观和主要功能的区别。

第2节 创建演示文稿

实训任务 1：奠定应用设计模板创建演示文稿的基础

任务描述

采用设计模板新建一个演示文稿，文件名是“基础训练.ppt”。该演示文稿由 3 张幻灯片组成，1 张作为主页，可以插入标题和图片；另外两张作为子页，主要插入标题和文字。根据不同的要求为 3 张幻灯片选用统一的版式。

任务分析

本任务的目的是为创作“《自然多好》电子画册”奠定基础，所建演示文稿的主页幻灯片可以选用“垂直排列标题与文本”版式，但需要缩小文本占位符的宽度；两个子页可以选用“两栏文本”版式，但需要删除其中的一栏，这两种做法都是为了让出空间。

上机指导

（1）启动程序：单击 Windows 的“开始”菜单，指向菜单中的“程序”，选择“Microsoft PowerPoint 2003”程序，启动制作演示文稿的程序。

（2）选择幻灯片版式：在“演示文稿”窗口中，单击“常用”工具栏上的“新建”按钮，打开“幻灯片版式”窗格，在窗格中选择“垂直排列标题与文本”版式。然后，从“插入”菜单选择“新幻灯片”，插入一张新幻灯片，在窗格中选择“标题和两栏文本”版式。

（3）选择设计模板：从“演示文稿”窗口的“格式”中选择“设计模板”，打开“幻灯片设计”窗格。在“应用设计模板”列表框中选择“Balloons.pot”。

（4）复制幻灯片：从“编辑”菜单选择“复制”，然后再选择“粘贴”，在第 2 张幻灯片的下方复制一张相同的幻灯片，结果如图 12-1 所示。

（5）保存演示文稿文件：执行“文件”菜单的“保存”命令，在“另存为”对话框中，为建立的演示文稿文件命名为“基础训练.ppt”。

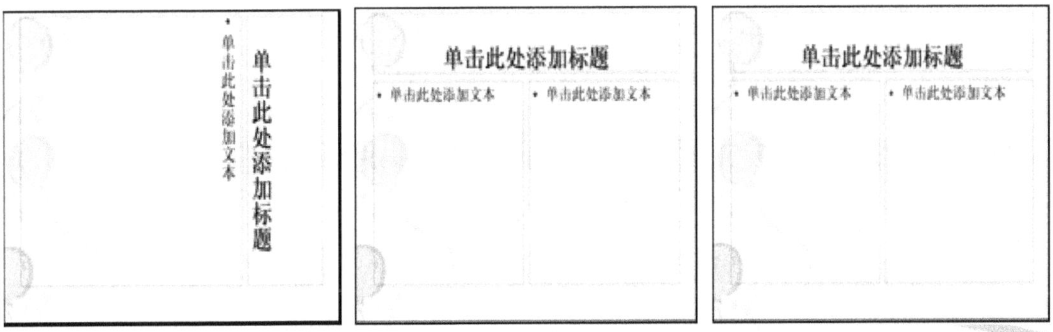

图 12-1 插入不同版式的幻灯片

实训任务 2：应用设计模板创建“电子画册”演示文稿

任务描述

本节的任务是根据“项目描述”中的要求，在空白演示文稿中插入 16 张幻灯片，可以采用“Pixel.pot”为统一的设计模板。幻灯片版式统一确定为简单的“垂直排列标题与文本”。

任务分析

开始选择“Pixel.pot”为演示文稿的统一模板，是为了幻灯片格式的统一。在操作过程中，需要重新改变首页的模板和版式，或者需要修改某些幻灯片的版式，这些都可以灵活处理。应用配色方案的问题将在后续任务中接触。

上机指导

（1）选择幻灯片版式：打开默认演示文稿的窗口，单击“常用”工具栏上的“新建”按钮，打开“幻灯片版式”窗格。在窗格中，选择“垂直排列标题与文本”版式，应用到当前的空白幻灯片中。

（2）选择设计模板：从“演示文稿”窗口的“格式”中选择“幻灯片设计”，打开“幻灯片设计”窗格。选择“设计模板”，在“应用设计模板”列表框中选择“Pixel.pot”模板，应用到当前的空白幻灯片中。

（3）插入新幻灯片：从“插入”菜单选择“新幻灯片”，插入一张新幻灯片，在“幻灯片版式”窗格中，仍然选择“垂直排列标题与文本”版式。

（4）复制幻灯片：单击选定新插入的幻灯片，从“编辑”菜单选择“复制”，然后，再选择“粘贴”，在第 2 张幻灯片的下方复制一张相同的幻灯片。连续按“Ctrl+V”组合键，直到在演示文稿中一共创建了 16 张幻灯片为止。

（5）改变首页幻灯片的版式和模板：选定首页幻灯片，从“格式”菜单打开“幻灯片版式”窗格，重新选择列表框中的“空白”版式。然后，从“格式”菜单打开“幻灯片设计”窗格，单击列表框中“西厢记.pot”右侧的下拉按钮，从中选择“应用于选定幻灯片”，将该模板应用到首页幻灯片中。

（6）保存演示文稿文件：执行“文件”菜单的“保存”命令，在“另存为”对话框中，为建立的演示文稿文件命名为“《自然多好》电子画册.ppt”。

实训任务 3：奠定在幻灯片中插入文本和图片的基础

任务描述

在演示文稿“基础训练.ppt”的第 1 张幻灯片中插入艺术字标题，在第 2 张幻灯片中插入剪贴画，在第 3 张幻灯片中插入剪贴画，并插入对图片进行说明的文字，同时，设置文字的格式和图片的格式。

任务分析

在“基础训练”演示文稿中的幻灯片，已经被设置了版式，以此提供了两个“占位符”（类似文本框）。插入剪贴画或其他图片时可以删除这些占位符。另外，如果在占位符中插入文字，还需要消除默认的“项目符号”格式。如果不使用“标题”占位符，也可以将其删除。

上机指导

（1）在幻灯片中插入艺术字：打开演示文稿“基础训练.ppt”，单击窗口左侧的“幻灯片”选项卡，从中选定第1张幻灯片。然后，从“插入”菜单打开“艺术字库”对话框，从中选择右侧一列中的“竖向”样式，确定后打开“编辑艺术字文本”对话框，输入“《唐代文物》现代画展”。最后，适当设置艺术字的格式。

（2）插入剪贴画：单击幻灯片左侧的占位符，按Delete键删除这个占位符，为插入剪贴画准备空间。在“幻灯片”选项卡中，选定第2张幻灯片。然后，从“插入”菜单选择“图片”中的“剪贴画”，把“古塔”图片插入到幻灯片中。

（3）插入图片文件：选定第3张幻灯片，先删除右侧的占位符，再打开“插入图片”对话框，选择保存在电子资料包“PowerPoint”文件夹中的图片文件“文物展览馆.jpg”，插入到幻灯片中，并调整图片尺寸和位置。

（4）在幻灯片中插入文字：切换到第2张幻灯片，在右侧的“占位符”中输入文字，对幻灯片中的剪贴画做出简单的说明。然后，单击“格式”工具栏上的“项目符号”按钮，取消文字的项目符号。同样，在第3张幻灯片的左侧“占位符”中也插入对图片的文字说明，并取消项目符号，结果如图12-2所示。

图12-2　在幻灯片中插入图片和文字

实训任务4：在“电子画册”演示文稿中插入文字及图片

任务描述

在“《自然多好》电子画册.ppt”演示文稿中，按照“画册”中图片的分类，在不同的幻灯片中插入相应的图片，并调整图片的尺寸和位置。再输入一些文字，作为对图片的简单介绍，并设置文字的格式。

任务分析

在“电子画册”中，图片被划分为 3 类，包括“树类”、“花类”和“景类”。其中，“树类”主页占用 1 张幻灯片，并可以链接 5 张子页幻灯片；“花类”主页占用 1 张幻灯片，并可以链接 3 张子页幻灯片；“景类”主页占用 1 张幻灯片，并可以链接 4 张子页幻灯片。按照这样的顺序插入图片。

上机指导

（1）插入艺术字：打开“《自然多好》电子画册.ppt”演示文稿，选定第 1 张幻灯片，跨过“艺术字库”对话框，在“编辑艺术字文本”对话框中，输入“《自然多好》电子画册”，选择“华文琥珀”字体。然后，插入 3 个艺术字“树”、“花”和“景”，作为“电子画册”的小标题，适当修饰艺术字。

（2）输入“树类”图片标题和子页标题：选定第 2 张幻灯片，在标题占位符中输入分类标题“树类图片”。然后，在文本占位符中输入与本页有链接关系的子页标题“儿子”、“祈盼”、“和睦”、“游子”和“回家”。

（3）输入“花类”标题：采取相同做法，在第 3 页中输入两级标题文字，主页标题是“花类图片”，子页标题是“丁香花”、“黄色兰花”和“向日葵”。

（4）输入“景类”标题：采取相同做法，在第 4 页中输入两级标题文字，主页标题是“景类图片”，子页标题分别是“沙漠观海”、“等待日落”、“小雨涓涓”和“雪山耕云”。首页和 3 个主页幻灯片的样子如图 12-3 所示。

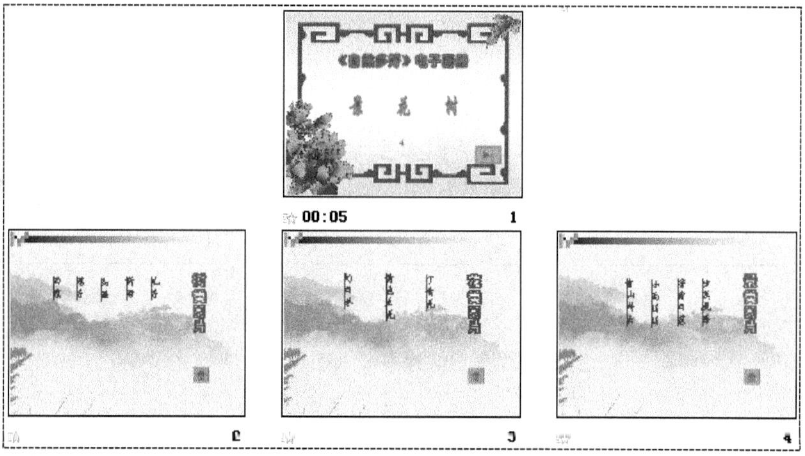

图 12-3　前 4 页幻灯片

（5）插入图片：选定第 5 张幻灯片，并删除标题占位符，然后，打开“插入图片”对话框，从中选择电子资料包“PowerPoint”文件夹“树”子文件夹中的“儿子.jpg”，插入到幻灯片中，并调整图片尺寸和位置，设置图片的边框线。

（6）在其他幻灯片中插入图片：采取相同做法，分别在第 6~16 张幻灯片中，逐一从电子资料包插入不同的图片文件。“树类”其余 4 张图片的文件名是“祈盼.jpg”、“和睦.jpg”、“游子.jpg”和“回家.jpg”；“花类”3 张图片的文件名是“丁香花.jpg”、“黄色兰花.jpg”和“向日葵.jpg”；“景类”4 张图片的文件名是“沙漠观海.jpg”、“等待日落.jpg”、“小雨涓涓.jpg”和“雪山耕云.jpg”。最后，设置图片的边框线。

（7）在幻灯片中输入文字：打开电子资料包“PowerPoint”文件夹中的文档文件“电子画册图片附文.doc”，复制第 1 段附文“儿子”。然后，切换到第 5 张幻灯片，在文本占位符中粘贴附文的内容：“我是大地的儿子，现在已长大成人。我用肩扛起苍天，还用臂保护母亲。”，如图 12-4 所示。

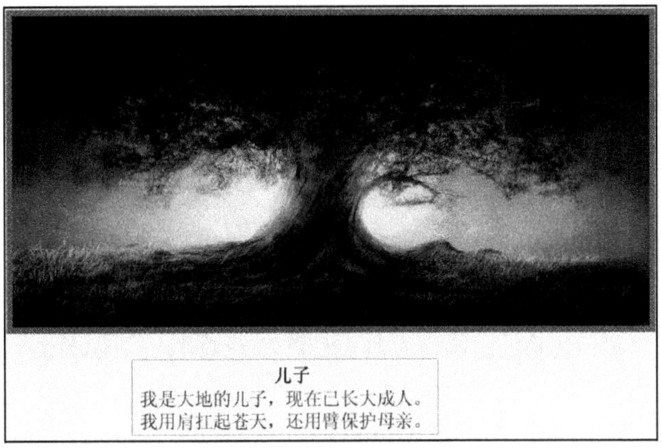

图 12-4 “儿子”图片及附文

（8）在其他幻灯片中插入文字：采取相同的做法，把附文（2）~附文（12）的内容陆续粘贴到幻灯片 6~幻灯片 16 的文本占位符中。其中“花类图片”3 张幻灯片的版面样子如图 12-5 所示。

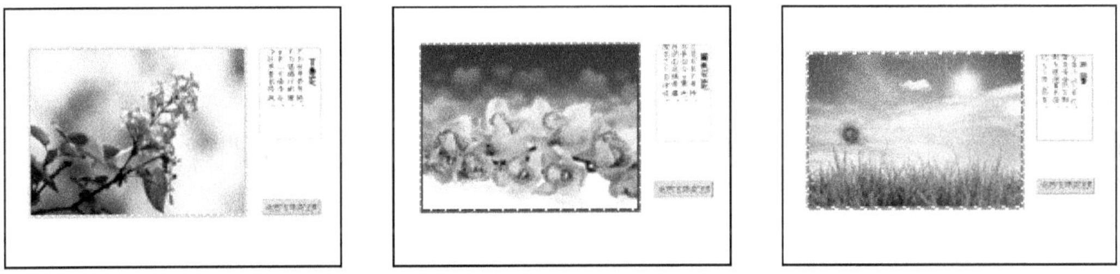

图 12-5 “花类图片”的版面

（9）保存演示文稿文件：单击“常用”工具栏上的“保存”按钮，将演示文稿“《自然多好》电子画册.ppt”文件内容存盘。

知识梳理

演示文稿中的每一“页”称之为一张幻灯片，一篇演示文稿中可以有许多张幻灯片。占位符是一个经常用到的新名词，指创建新幻灯片时出现的虚线方框，实质就是文本框。这些文本框作为输入对象的位置，可以容纳标题、文本、图表、表格、组织结构图和剪贴画等。可以像其他图形一样设置占位符的填充色和边框格式。

自主学习

1. 填空题

（1）单击“常用”工具栏上的“新建”按钮，在“幻灯片版式”窗格中显示多种版式，前4种版式的名称是________、________、________、________。

（2）________可以被应用在一个演示文稿中，使所有幻灯片具有统一的外观。

2. 简答题

（1）能够改变演示文稿整体外观的是哪些方案？它们的作用有什么区别？

（2）插入一张新幻灯片时可以同时选择哪种设计方案？

第3节 设置演示文稿的格式

实训任务1：奠定设定幻灯片配色方案和背景的基础

任务描述

在演示文稿“基础训练.ppt”中，为第1张幻灯片设置背景。同时，改变后两张幻灯片的配色方案。如果需要，重新设置标题、文本和占位符的颜色。

任务分析

题目要求添加背景的是首页幻灯片，前提是首先选定这张幻灯片。在结束设定之前，应该单击“背景”对话框中的“应用”按钮，而不是“全部应用”按钮，否则，即使只选定了1张幻灯片，演示文稿中的所有幻灯片的背景也都会发生变化。

上机指导

（1）添加幻灯片背景：打开“基础训练.ppt”演示文稿，选定第1张幻灯片，从“格式”菜单打开“背景”对话框，选中“忽略母版的背景图形”复选框。利用“填充效果”按钮打开“纹理”选项卡，选择“水滴”作为幻灯片的背景。情况如图12-6所示。返回“背景”对话框，单击“应用”按钮，公用设计模板的图案被背景淹没。

（2）修饰艺术字的颜色：选定第1张幻灯片中的艺术字标题，打开“设置艺术字格式”对话框，设置艺术字的颜色为双色“过渡色”，边框线为“绿色”。

（3）打开“编辑配色方案”对话框：从“格式”菜单打开“幻灯片设计”窗格，选择“配色方案”，单击列表框底部的“编辑配色方案”，打开对话框。

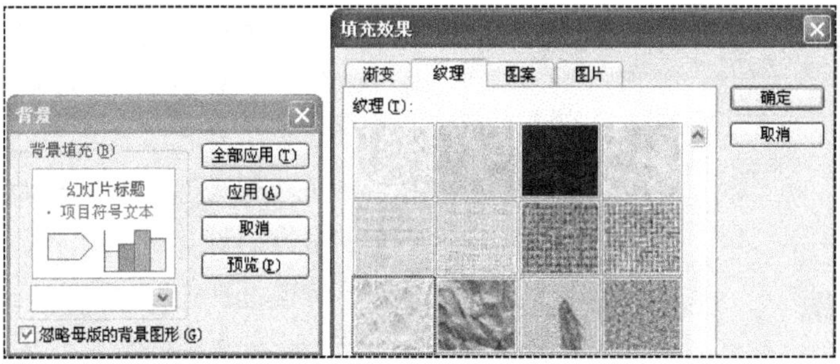

图 12-6　设置幻灯片背景

（4）自定义配色方案：在“编辑配色方案”对话框中，切换到“自定义”选项卡，双击选定“文本和线条”颜色块，打开“文本和线条颜色”对话框，从中选择文字的颜色为“深绿色”；返回“编辑配色方案”对话框，双击“强调文字和超链接”颜色块，设定没有被访问的超链接文字为“橘黄色”；采取相同做法，设定“强调文字和已访问的超链接”的颜色为“淡黄色”（每当超链接被访问后，文字就改变颜色）。单击“应用”按钮，完成配色方案的设定。

实训任务 2：设定“电子画册”演示文稿的背景和配色方案

任务描述

在演示文稿文件“《自然多好》电子画册.ppt”中，改变 3 张主页幻灯片的背景，重新设定所有幻灯片的配色方案。

任务分析

本任务有两项工作，一是改变个别幻灯片的背景，要注意在对话过程中选择背景应用的范围。二是设定配色方案，由于“配色”工作将涉及许多对象的颜色，究竟怎样改变某种颜色，还要根据幻灯片原来的外观灵活处理。由于幻灯片的背景变化可能使某些图片的底色显得太扎眼，必要时对图片进行再处理。

上机指导

（1）选定幻灯片：打开“《自然多好》电子画册.ppt”演示文稿，按住 Ctrl 键以后，分别单击第 2、第 3 和第 4 张幻灯片，同时选定这些幻灯片。

（2）更改背景：从“格式”菜单打开“背景”对话框，利用“填充效果”对话框中的“图片”选项卡，选择图片“幻灯片背景.jpg”作为背景。返回“背景”对话框后，取消“忽略母版的背景图形”复选框，否则，设计模板的效果将被淹没。

（3）打开“编辑配色方案”对话框：从“格式”菜单打开“幻灯片设计”窗格，单击“配色方案”，在列表框中显示 14 种配色方案。从列表框的底部选择“编辑配色方案”，打开“编辑配色方案”对话框，如图 12-7 所示。

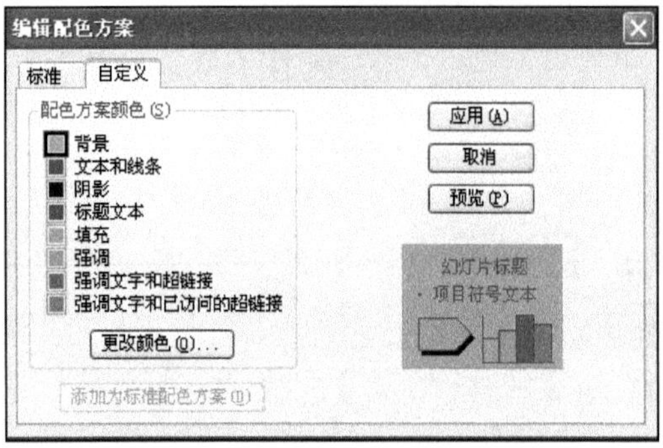

图 12-7 “编辑配色方案”对话框

（4）设定背景的颜色：在对话框中，切换到“自定义”选项卡，显示 9 项可修改的颜色。选定“背景”颜色块，再单击“更改颜色”按钮，打开“背景颜色”对话框，从中选择“淡黄色”作为幻灯片背景颜色，返回“编辑配色方案”对话框。

（5）设定文字的颜色：在“编辑配色方案”对话框的“自定义”选项卡中，双击“文本和线条”颜色块，打开“文本和线条颜色”对话框，从中选择文字的颜色为“深蓝色”，单击“应用”按钮，设定文本占位符中的字符颜色。

（6）设定没有被访问的超链接颜色：采取相同的做法，设定“强调文字和超链接”颜色为“深绿色”，单击“应用”按钮。

（7）设定已访问超链接的颜色：采取相同的做法，设定“强调文字和已访问的超链接”颜色为“淡紫色”。

心灵手巧：如果在设定“配色方案”之前，已经手工改变了某些对象的默认颜色，那么，之后设定的“配色方案”就不会对这个对象产生作用。

（8）应用配色方案：返回“编辑配色方案”对话框后，单击“添加为标准配色方案”按钮，再单击“应用”按钮，返回“幻灯片设计”窗格。在“应用配色方案”列表框中，添加了一个新的“配色方案”的图标。单击这个图标右侧的下拉按钮，从中选择“应用于所有幻灯片”，刚才设定的各种颜色将应用到所有幻灯片中。

（9）保存演示文稿文件：单击“常用”工具栏上的“保存”按钮，将演示文稿“《自然多好》电子画册.ppt”文件内容存盘。

知识梳理

默认的配色方案有 14 种，利用“编辑配色方案”对话框可以自行新建。在对话框的“自定义”选项卡中，有 8 种“配色方案颜色”，可以分别应用到幻灯片的不同对象上。下面，以图示说明各项的含义及作用，如图 12-8 所示。

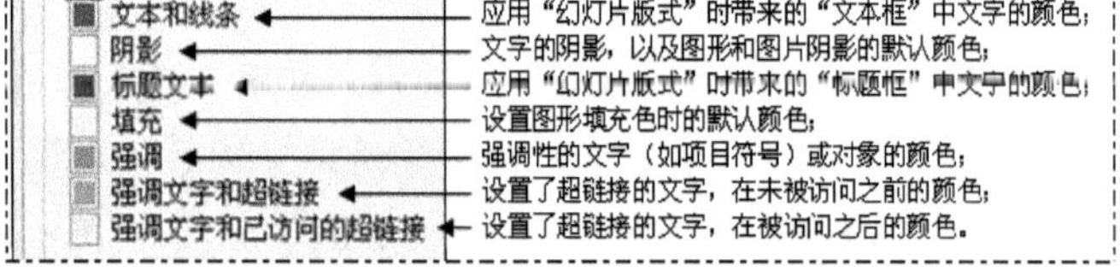

图 12-8 对“配色方案颜色”的说明

自主学习

1. 判断题

（1）设计模板、自动版式、配色方案和幻灯片背景是改变幻灯片统一外观的4种方案。（□确定，□错误）

（2）在一个演示文稿中有两张幻灯片，可以在两张幻灯片中应用不同的设计模板（□确定，□错误）；可以在两张幻灯片中添加不同的背景（□确定，□错误）。

2. 简答题

（1）在演示文稿中，如何创建"标准配色方案"？

（2）打开"编辑配色方案"选项卡，动手试一试，如何在修改"配色方案"之后，使该方案仅应用于部分幻灯片？

第4节　设置幻灯片动画和动作及放映幻灯片

实训任务1：奠定设置幻灯片动画和动作的基础

任务描述

在演示文稿"基础训练.ppt"中，再插入4张新幻灯片。设置动画，使第2张幻灯片中的图片产生由远处走近的效果，使第3张幻灯片中文本框的文字逐渐显示出来。然后，进行动作设置及幻灯片之间链接的训练。

任务分析

可以为"古塔"图片选用逐渐放大的动画效果，为文本框选用"菱形"动画效果。然后，以文字和插入的按钮作为链接的源对象，链接到新插入的幻灯片。在确定链接关系的同时，可以设置一些辅助功能，如声音提示或突出显示等。

上机指导

（1）准备工作：打开演示文稿"基础训练.ppt"，选定最后一张幻灯片之后，连续4次从"插入"菜单选择"新幻灯片"，在当前幻灯片的后面插入4张新幻灯片。然后，在每张幻灯片中输入标题文字，分别为"第四张幻灯片"、"第五张幻灯片"、"第六张幻灯片"和"最后一张幻灯片"。

（2）设置图片的动画：选定第2张幻灯片，单击"古塔"图片，从"幻灯片放映"菜单中打开"自定义动画"窗格。单击"添加动画"按钮，在列表中选择"强调"中的"放大/缩小"，修改"尺寸"为"200%"，"速度"为"非常快"。

（3）设置文本框动画：选定第 3 张幻灯片中的文本框，在“自定义动画”窗格中，单击“添加动画”按钮，在列表中选择“进入”中的“菱形”。然后，在“开始”列表框中选择“之前”，在“速度”列表框中选择“快速”。

心灵手巧：设置动画方式时，在“开始”列表框中预设动画开始的时刻。其中，“单击”表示放映幻灯片后，需要单击鼠标动画才能产生效果；“之前”表示幻灯片播放时，动画将自动产生效果；“之后”表示在前一个动画播放之后播放。

（4）设置文字链接：切换到第 2 张幻灯片中，在“标题”占位符中输入“深山中的凌云古塔”。选定标题文字后，从快捷菜单选择“动作设置”，打开“动作设置”对话框的“单击鼠标”选项卡，选中“超链接到”单选框，从列表框中选择“最后一张幻灯片”，同时，选中“播放声音”复选框，并选择一种声音。

（5）制作返回按钮并设置动作：切换到最后一张幻灯片，单击“幻灯片放映”菜单，从“动作按钮”中选择“动作按钮：第一张”，拖曳鼠标画一个按钮。在插入动作按钮的同时，打开了“动作设置”对话框。在“超链接到”列表框中选择“幻灯片”，从“超链接到幻灯片”对话框中选择“2.深山中的凌云古塔”，如图 12-9 所示，单击“确定”按钮。最后，建立第 2 张幻灯片与第 6 张幻灯片的链接关系。

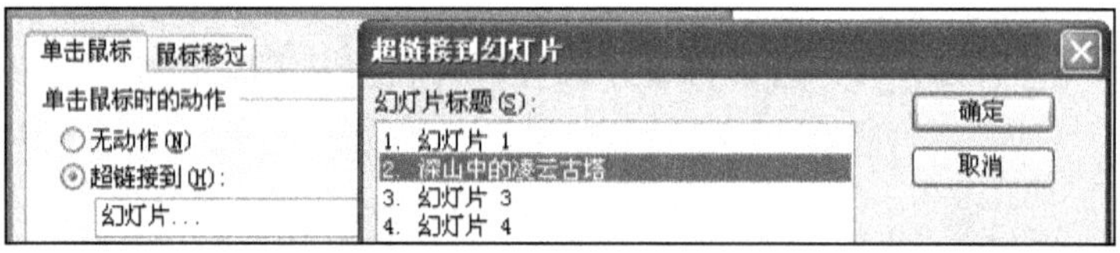

图 12-9 设置动作的对话框

（6）放映幻灯片：选定第 2 张幻灯片，单击“自定义动画”窗格底部的“幻灯片放映”按钮，观看第 2 张幻灯片的实际放映效果，并单击链接部件实现链接及返回。按 Esc 键停止放映。

实训任务 2：设置“电子画册”演示文稿中幻灯片的动画和动作

任务描述

在演示文稿“《自然多好》电子画册.ppt”中，为某些幻灯片中的标题文字设置动画，再为个别有图片的幻灯片设置动画。然后，通过“动作设置”来建立超链接功能，实现各层次之间有关系的幻灯片之间的链接，并在被链接的幻灯片中设置“返回”动作。在各种动作中，可以设置一些声音或光色变化的提示。

任务分析

全部任务分为两项，一项是设置动画。首先，为某些幻灯片中的标题文字设置动画，再为个别有图片的幻灯片设置动画。另一项是设置动作及链接，链接分两个层次进行。首先，设置第1层次的链接，为首页幻灯片中的3个“分类”标题设置动作，分别链接到本分类的幻灯片，同时在被链接的幻灯片中设置“返回”动作。然后，设置第2层次的链接，建立每个主页中的分类标题与对应的子页幻灯片之间的链接。在确定链接关系时，应该设置声音提示或突出显示等。

上机指导

分为动画设置和链接设置（包括动作设置）。

第一步，动画设置。

（1）准备工作：打开演示文稿“《自然多好》电子画册.ppt”，选定第5张幻灯片。

（2）设置文字动画：在第5张幻灯片中，单击图片“儿子”附文的文本框，选定此文本框来设置动画的效果。然后，从“幻灯片放映”菜单中打开“自定义动画”窗格。单击“添加效果”按钮，在列表中选择“进入”中的“出现”，在“自定义动画”窗格中添加“附文”的动画方案项目。从“开始”列表框中选择“之前”，确定动画播放的时刻。再从项目的列表框中选择“效果选项”，打开设置“出现”效果的对话框。在对话框的“效果”选项卡中，设定“动画文本”的显示方式为“按字/词”，“字/词之间延迟秒数”为“0.1”，其他选项取默认值，如图12-10所示。最后，单击“确定”按钮。

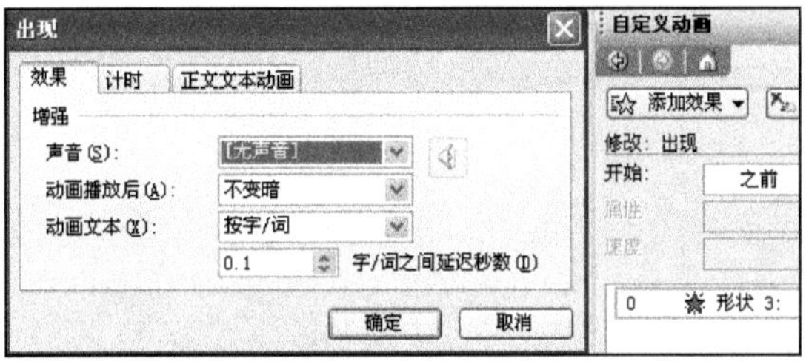

图12-10 为文字设置动画

（3）设置“自定义路径”动画：在第2张幻灯片中，选定“树类图片”文本框，从“幻灯片放映”菜单中打开“自定义动画”窗格。单击“添加效果”按钮，在列表中选择“动作路径”中“绘制自定义路径”中的“曲线”，从左下角到文本框的中心画一条曲线，作为“树类图片”文本框出现时移动的路径，如图12-11所示。采取相同做法，设置第3张和第4张幻灯片中文本框的“动作路径”动画。

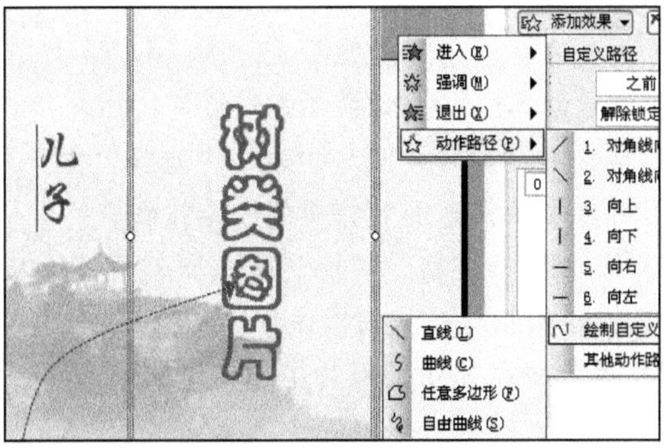

图12-11 自定义“曲线路径”动画效果

（4）设置图片的动画：在第 5 张幻灯片中，选定“儿子”图片后，单击“自定义动画”窗格的“添加效果”按钮，在列表中选择“进入”中的“十字形扩展”，修改“开始”为“之后”，让动画在文字动画之后播放，修改“速度”为“快速”。

（5）设置其他幻灯片图片的对话：采取相同的做法，可以随意为第 6 张到最后一张幻灯片中的图片或文字设置各种效果的动画效果。

第二步，链接设置。

（6）设置艺术字链接：切换到首页幻灯片中，选定“树类”的艺术字标题，在快捷菜单中选择“动作设置”，在“动作设置”对话框的“单击鼠标”选项卡中，选中“超链接到”单选框，在列表框中选择“幻灯片”，打开“超链接到幻灯片”对话框，从中选择“2.树类图片”。然后，切换到“鼠标移过”选项卡，从中选中“鼠标移过时突出显示”和“播放声音”复选框，并从列表框中选择“风铃”。采取相同做法为“花类”和“景类”的艺术字标题设置类似的链接方式，链接的对象分别是“3.花类图片”和“4.景类图片”。

（7）设置文字链接：切换到第 2 张幻灯片中，选定标题文字“儿子”，在快捷菜单中选择“动作设置”，在“动作设置”对话框的“单击鼠标”选项卡中，从“超链接到”列表框中选择“5.幻灯片 5”。采取相同做法，设置本幻灯片中其他 4 个子页标题的链接对象，分别是“6.幻灯片 6”、“7.幻灯片 7”、“8.幻灯片 8”和“9.幻灯片 9”。第 2 张幻灯片的情况如图 12-12 所示。

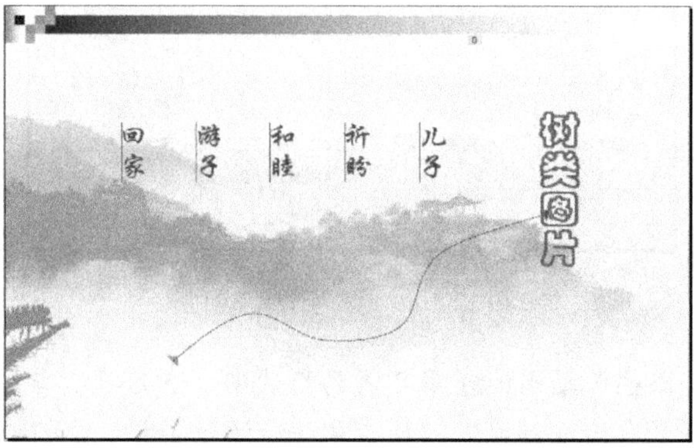

图 12-12　设置动画和超链接的幻灯片

（8）设置其他幻灯片的文字链接：切换到第 3 张幻灯片中，采取相同做法建立“花类”子页文字标题与对应的第 10、第 11、第 12 张幻灯片的链接。切换到第 4 张幻灯片中，采取相同做法建立“景类”子页文字标题与对应的第 13、第 14、第 15、第 16 张幻灯片的链接。

（9）制作返回按钮并设置动作：切换到第 2 张幻灯片，插入“动作按钮：第一张”动作按钮。在“动作设置”对话框的“超链接到”列表框中选择“第一张幻灯片”。采取相同做法，在第 3 张和第 4 张幻灯片中制作返回到首页的动作按钮。

（10）制作“返回主页”的动作按钮：切换到第 5 张幻灯片，从“幻灯片放映”菜单插入一个“动作按钮”，按钮链接的目标是“树类图片”，并在“动作按钮”中输入文字“返回主页”。采取相同做法，在其他每张子页幻灯片中制作返回到自己主页的按钮，并输入相应的文字。

（11）超链接到磁盘文件：切换到第 5 张幻灯片，在附文标题“儿子”的右侧输入文字

“儒家《孝经》白话文”，并选定这几个字符，在快捷菜单中选择“超链接”，在“插入超链接”对话框中，选择位于电子资料包中“PowerPoint”文件夹中的文件“儒家《孝经》白话文.doc”。然后，单击“屏幕提示”按钮，输入“孝亲不止在吃穿，爱亲敬亲孝乃全。”确定后，在幻灯片中建立文字链接，单击就能打开该文档文件。

（12）插入“结束”页幻灯片：选定最后一张幻灯片后，从“插入”菜单选择“新幻灯片”。在幻灯片的“标题”占位符中输入“谢谢观看”，并添加“退出”类中“渐变式收缩”动画效果。

（13）制作“结束”按钮：切换到首页幻灯片，从“幻灯片放映”菜单中插入一个动作按钮，并设置链接到最后一张幻灯片。

（14）放映幻灯片：从“幻灯片放映”菜单中选择“观看放映”（按F5键），观看幻灯片的放映效果，并单击链接部件实现链接及返回。按Esc键停止放映。

实训作务3：奠定设置幻灯片切换与放映方式的基础

任务描述

在“基础训练.ppt”演示文稿中，使用“设置放映方式”对话框和“幻灯片切换”窗格，先统一设定幻灯片的切换方式和放映方式，然后，再实际放映幻灯片观察设置的效果，在放映前合理设置指针的样式。

任务分析

幻灯片放映将涉及放映类型、放映范围、放映选项和换片方式等问题，要求按顺序来分项操作，否则，后项工作可能破坏前项工作的结果。

上机指导

（1）设置切换方式：打开“基础训练.ppt”演示文稿，选定第1张幻灯片，执行“幻灯片放映”菜单的“幻灯片切换”命令，在“幻灯片切换”窗格中，从切换方式列表框中选择“向右插入”，切换速度为“中速”，选定“单击鼠标时”复选框。在“声音”列表框中选择“单击”。最后，单击“应用于所有幻灯片”按钮。

心灵手巧：如果选中“单击鼠标时”复选框，幻灯片播放没有固定的间隔时间，只有用户单击鼠标或按键盘时，才会切换到下一张幻灯片播放，这种方式适合调试演示文稿，或正式放映幻灯片内容比较一致的演示文稿，如图片欣赏等。

（2）设置放映方式：选择“幻灯片放映”菜单的“设置放映方式”选项，在对话框中选中“全部”单选框，设定放映全部幻灯片，再选中“手动”单选框，选中“放映时不加动画”和“放映时不加旁白”两个复选框，单击“确定”按钮。

（3）放映幻灯片：执行“幻灯片放映”菜单的“观看放映”命令（或按F5键），从首页幻灯片开始放映。按右键后在快捷菜单中选择“指针选项”，选择“绘图笔颜色”为“红色”，然后，试着用绘图笔圈画讲演要点。

实训任务 4：设置“电子画册”演示文稿中幻灯片的切换与放映方式

任务描述

在“《自然多好》电子画册.ppt”中，利用“设置放映方式”对话框和“幻灯片切换”窗格，统一设定幻灯片的切换方式和放映方式，并实际放映幻灯片，观察各种设置的效果。在放映幻灯片时，练习讲演时如何合理用鼠标圈画某些标题或重点词句。

任务分析

有时，幻灯片放映之前应该提前进行设置，包括设置排练计时、录制旁白、放映类型、放映范围、循环放映和换片方式等问题。本任务不涉及计时和旁白问题，只是就放映的常见问题进行训练。

上机指导

（1）设置放映方式：打开演示文稿文件“《自然多好》电子画册.ppt”，选择“幻灯片放映”菜单的“设置放映方式”选项，在对话框中选中“全部”单选框，设定放映全部幻灯片，再选中“手动”单选框，默认其他选项，单击“确定”按钮。

心灵手巧：选择“人工”换片方式，幻灯片换片由讲演人自己决定；如果选择“如果存在排练时间，则使用它”，切换幻灯片将按照预定的排练时间表进行。

（2）设置切换方式：从“幻灯片放映”菜单中选择“幻灯片切换”，在“幻灯片切换”窗格中，向下拖曳列表框的滑块，从列表中选择“中央向左右扩展”，并选择切换速度为“慢速”。接着，设定自动切换幻灯片的时间为每隔“3s”，同时，允许“单击鼠标时”切换幻灯片。在“声音”列表框中选择“照相机”，单击“应用于所有幻灯片”按钮。设置情况如图 12-13 所示。

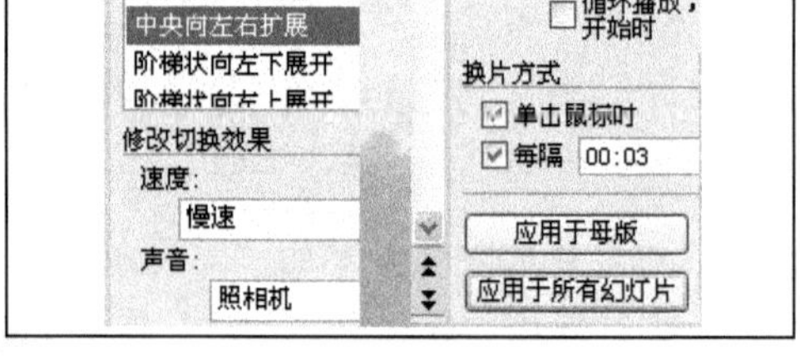

图 12-13　设置幻灯片切换方式

心灵手巧：选中“单击鼠标时”复选框的目的是，允许放映人员等待着急时单击鼠标可以提前切换到下一张幻灯片继续放映。该选项与每隔“5s”是并行关系。

（3）放映幻灯片：按 F5 键，从首页幻灯片开始放映。当播放到文字比较多的第 5 张幻灯片时，按右键后在快捷菜单中选择“指针选项”，并选择“绘图笔颜色”为“绿色”，然后，试着用绘图笔圈画讲演要点，比如，在幻灯片的图片上，用“圆珠笔”在图片的某个部位上画一个圈，此时，可以进行相关内容的介绍。

知识梳理

PowerPoint 2003 所提供的动画素材非常多，实际应用时，应该重点使用一些对演示文稿内容起到辅助或烘托作用的动画和声音，不要用大量的时间无休止地选择五花八门的对话效果和切换方式，以免浪费时间和喧宾夺主。动作设置的主要作用是通过幻灯片中的一个对象（如图形按钮），链接到其他幻灯片，实现演示文稿的统一性和关联性，这是提高演示文稿实用性和观赏性的主要手段。另外，通过动作设置，还可以建立幻灯片与其他文件之间的链接，等同于网页中“超链接”的功能。

自主学习

1. 判断题

（1）如果一幅图片被同时设置了“单击鼠标时”的动作和“鼠标移过时”的动作，前一种设置将不会产生效果。（□正确，□错误）

（2）只可以为图片或文字设置“自定义动画”，对插入的音频对象和视频剪辑不能设置“自定义动画”。（□正确，□错误）

2. 简答题

（1）“自定义动画”和“动作设置”的效果有什么区别？

（2）幻灯片的切换方式与放映方式有什么差别？如何设置？

第5节　添加多媒体信息及输出演示文稿

实训任务 1：奠定在幻灯片中添加多媒体信息的基础

任务描述

在演示文稿“基础训练.ppt”的首页和最后一张幻灯片中插入多媒体信息，包括音频和视频，同时，简单设置多媒体播放的选项。

任务分析

插入声音和视频的命令在“插入”菜单中，把可以插入的多媒体信息划分为两类，一类是机内的文件，另一类是外部的文件。为了简便和可靠，本训练都是从系统提供的多媒体信息中选择，也可以达到训练的目的。

上机操作

（1）插入声音文件：打开文件“基础训练.ppt”，选定第一张幻灯片，从“插入”菜单选择“影片和声音”中的“剪辑管理器中的声音”，在打开的“剪贴画”窗格中选择声音剪辑“Telephone”（电话），当系统提问时选择“自动”播放。

（2）编辑声音播放的条件：对准在幻灯片中插入的声音图标（小喇叭）按右键，从快捷菜单中打开“自定义动画”窗格。单击窗格中的“多媒体 2”项目的下拉按钮，从中选择“效果选项”，打开“播放 声音”对话框，切换到“计时”选项卡，因为是首页，所以，选择“开始”的时机为“之前”，如图 12-14 所示。切换到“声音设置”选项卡，选中“幻灯片播放时隐藏声音图标”复选框。

图 12-14　编辑声音播放的条件

（3）插入视频剪辑：选定最后一张幻灯片，从“插入”菜单选择“影片和声音”中的“剪辑管理器中的视频”，在“剪贴画”窗格中，选择一幅“GIF”型动画。

实训任务 2：在“电子画册”演示文稿的幻灯片中添加多媒体信息

任务描述

在演示文稿“《自然多好》电子画册.ppt”的幻灯片中插入音频信息和视频剪辑多媒体信息，并适当设置多媒体播放的方式及效果。

任务分析

PowerPoint 2003 所提供的声音和视频信息比较少，而且类型不一定满足训练的要求。

如果需要，可以提前从其他素材资料中获取一些多媒体文件，供上课训练时选用。

上机操作

（1）插入声音文件：打开演示文稿“《自然多好》电子画册.ppt”，选定最后一张幻灯片，从“插入”菜单选择“影片和声音”中的“剪辑管理器中的声音”，在打开的“剪贴画”窗格中选择声音剪辑“鼓掌欢迎”，选择“自动”播放。

（2）编辑声音播放条件：选定插入的声音图标，从快捷菜单中打开“自定义动画”窗格。单击窗格中的“多媒体 2”项目的下拉按钮，从中选择“效果选项”，打开“播放声音”对话框的“计时”选项卡，选择“开始”的时间为“之前”。切换到“声音设置”选项卡，选中“幻灯片播放时隐藏声音图标”复选框。

（3）插入外部声音文件：切换到首页幻灯片，从“插入”菜单选择“影片和声音”中的“文件中的声音”，在打开的“插入声音”对话框中，选择电子资料包“PowerPoint”文件夹中的“洁净.mp3”，作为播放幻灯片的背景音乐。

（4）链接外部视频文件：选定第 16 张幻灯片“雪山耕云”中的图片后，从快捷菜单选择“动作设置”，在打开的对话框中，选中“超链接到”单选框，并从列表框中选择“其他文件”，在打开的“超链接到其他文件”对话框中，选择电子资料包中“PowerPoint”文件夹中的“雪山颂.wmv”视频文件。返回“动作设置”对话框后，选中“单击时突出显示”复选框。设置情况如图 12-15 所示。

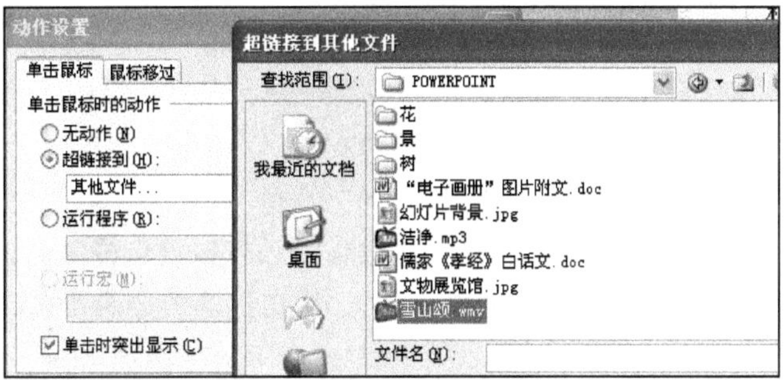

图 12-15　链接外部视频文件

实训任务 3：在投影仪上放映“电子画册”演示文稿并打印讲义

任务描述

在实际环境中，采用多种形式输出演示文稿“《自然多好》电子画册.ppt”，包括：将计算机连接到投影仪上之后放映演示文稿；打印讲义，在能够看清幻灯片文字内容的前提下，尽量节约纸张。

任务分析

最好有投影仪配合，这样能够进行连接信号线、切换计算机的显示输出模式等实际训练，这些也是比较实用的问题。打印讲义的难点在于如何在一页中尽量打印多一些幻灯片，现在有 17 张幻灯片，每页打印 9 张幻灯片比较合适。

上机操作

（1）准备工作：打开演示文稿“《自然多好》电子画册.ppt”，切换到“幻灯片浏览”视图模式，检查每张幻灯片是否存在问题，确保正式放映的顺利进行。

（2）连接投影仪：将投影仪自带的信号电缆的一端插在计算机的视频输出端口上，将另一端插在投影仪的输入端口上。接通投影仪的电源后，按住计算机键盘上的 Fn 键后再点击 F8 键（随机型而定），当投影幕布上显示出 Windows 桌面时停止点击。

心灵手巧：按“输出方式”功能键不要着急，等待屏幕刷新后再继续切换；投影仪的屏幕尺寸必须与计算机配置相匹配，否则会出现不完整的图像。

（3）放映幻灯片：按 F5 键，从第 1 张幻灯片开始放映，单击屏幕左下角的“指针选项”按钮，指向“墨迹颜色”，单击“红色”，然后，在第 1 页幻灯片中，用红色的绘图笔将大标题圈起来。在退出时不必保留“墨迹注释”。

心灵手巧：放映幻灯片时，在屏幕的左下角有一组控制按钮，利用这些按钮可以在不停止播放的情况下，在线改变一些播放设置。

（4）打印讲义：执行“文件”菜单的“打印”命令，在对话框的“打印内容”列表框中选择“讲义”，在“颜色/灰度”列表框中选择“灰度”，选中“根据纸张调整大小”和“幻灯片加框”复选框，在“每页幻灯片数”列表框中选择“9”。

（5）设置属性：单击“打印”对话框中的“属性”按钮，选择 A4 纸张，单击“高级”选项卡，设定“输出格式”为“TIFF−黑白传真”，黑白传真的分辨率是“标准（100 DPI）”，如图 12-16 所示。

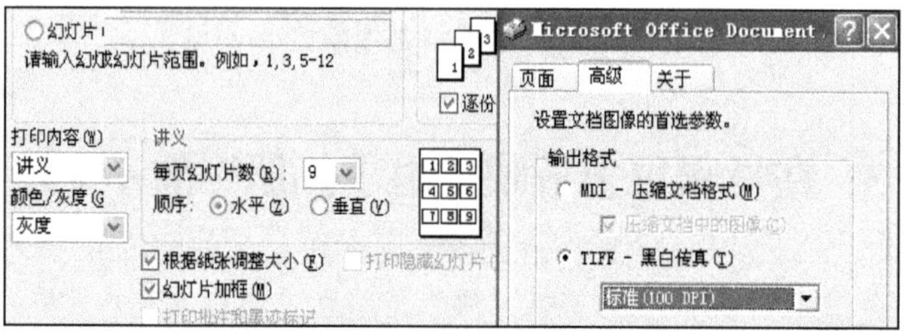

图 12-16　打印参数设置

心灵手巧：选择了“根据纸张调整大小”复选框之后，可能会使打印出来的幻灯片内容不清楚，最好是先设置较低的分辨率，打印成功后再更改打印参数。

（6）正式打印：确认各个参数设置无误之后，返回到“打印”对话框中，单击“确定”

按钮，开始正式打印。如果没有连接到打印机，系统将自动按照打印设置，将要打印的内容输出到一个文件名为"《自然多好》电子画册.tif"的图片文件中，如图 12-17 所示，供用户参考，满意后再正式用打印机打印到纸张上。

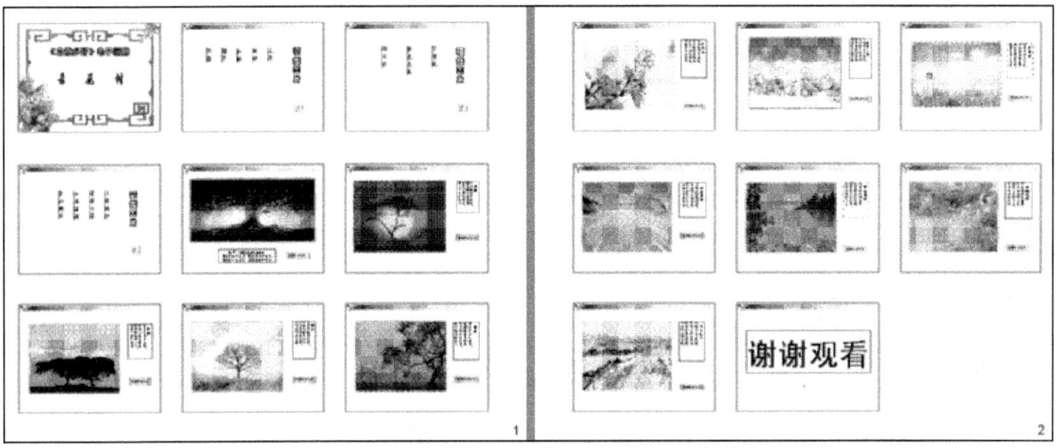

图 12-17 把讲义输出到图片文件

知识梳理

完成演示文稿全部制作工作之后，应该通过多种方式展示作品，包括在投影仪上放映幻灯片，并使用彩色绘图笔标示讲演的内容；为出席会议的人员打印讲义，并选择每页打印幻灯片的张数，还可以打印备注中有关幻灯片内容的其他细节信息；可以将演示文稿保存为 Web 页形式，并将其发布到 Internet 或局域网上，还可以将演示文稿发布到别人的电子邮件信箱中。

自主学习

1. 填空题

（1）执行"插入"菜单的__________命令可以在幻灯片中插入背景音乐。

（2）在"打印"对话框中选择的打印内容是"讲义"，打印时每页幻灯片数可以是 1、2、3、4、___和___张。

2. 简答题

（1）如何使背景音乐反复播放，直到幻灯片末尾为止？

（2）如何使影片在不播放时，在幻灯片中的图标隐藏？如何保证影片全屏播放？

（3）输出成品演示文稿有哪几种方式？

第 13 章

综合应用

训练目标

- 在 Word 中使用 Excel；
- 在 Excel 中使用 Word；
- PowerPoint 与其他 Office 组件的联用。

Microsoft Office 2003 是一个办公软件的大家族，通过本章的实际训练，能够加强办公软件之间的密切联系，提高办公平台的高效性和优质性。

第1节 在Word中使用Excel

实训任务 1：新建 Excel 工作表并将其嵌入到 Word 文档中

任务描述

在一个新建的 Word 文档中，通过不同的方法，插入默认 Excel 工作簿中的空白工作表。

任务分析

在 Word 文档中，可以采取多种手段插入 Excel 工作表，包括菜单命令和利用工具栏插入。

上机指导

（1）新建 Word 文档：启动 Word 2003，新建一个默认的 Word 文档。在文档中输入工作表的标题“多媒体实验室设备明细表”，然后，按回车键产生换行。

（2）利用菜单嵌入空工作表：执行“插入”菜单“对象”命令，在“对象”对话框的“新建”选项卡中，选择“对象类型”列表框中的“Microsoft Excel 工作表”，同时，选中“显示为图标”复选项。

（3）在工作表中输入数据：在 Word 文档中，双击 Excel 工作表图标，打开工作表窗口，如图 13-1 所示。在当前工作表中输入“设备明细表”，关闭 Excel 窗口，返回到 Word 文档中。

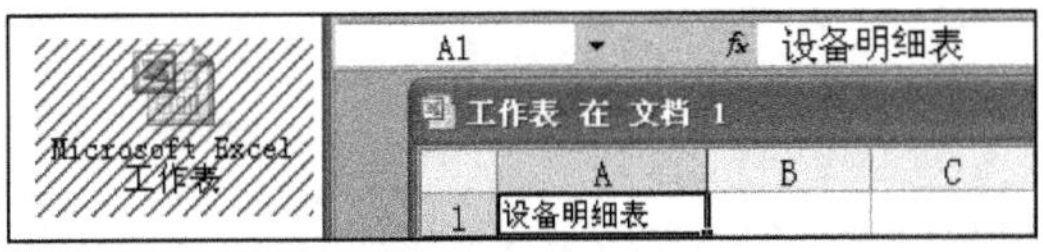

图 13-1 在 Word 文档中编辑 Excel 工作表

（4）利用工具栏插入空工作表：单击“常用”工具栏上的“插入 Microsoft Excel 工作表”按钮，拖动鼠标，插入一个 5 行 6 列的工作表，然后，输入一些数据。单击工作表之外的文档区域，结束编辑工作表的环境，返回 Word 文档中。

实训任务 2：建立 Word 文档和 Excel 工作表之间不同形式的联系

任务描述

查找已知的工作簿文件，在 Word 文档中以不同方式建立与某工作簿文件中工作表的联系。

任务分析

所谓“以不同方式”建立联系，是指在“对象”对话框的“由文件创建”选项卡中，选择不同的复选框，将决定与工作表联系的方式。在 Word 文档中嵌入工作表，相当于将它们插入到 Word 文档中，并与其融为一体，即使原来的工作表被移动了位置，甚至已经被删除，都丝毫不会影响到嵌入的对象。

上机指导

（1）准备工作：启动 Word 2003，打开一个空白 Word 文档文件，从“插入”菜单打开“对象”对话框，切换到“由文件创建”选项卡。

（2）嵌入工作表：在选项卡中，利用“浏览”按钮查找保存在电子资料包“Excel”文件夹中的工作簿文件“数据清单.xls”，单击“确定”按钮，只嵌入工作表。

（3）嵌入工作簿文件：在文档中插入工作簿文件“数据清单.xls”，并选中“显示为图标”复选框，嵌入工作簿文件。

（4）链接工作簿文件：在文档中插入工作簿文件“数据清单.xls”，并选中“显示为图标”和“链接到文件”复选框，链接到工作簿文件。

心灵手巧：只选中“显示为图标”复选框时，插入的是工作簿文件；只选中“链接到文件”复选框时，建立文档与修订工作簿文件之间的链接关系；两个复选框都不选中，只在 Word 文档中插入一个裸工作表。

（5）移动被链接的工作簿文件：把工作簿文件“D:\数据清单.xls”移到 C 盘中，再双击建立链接关系的工作簿图标，系统将显示错误提示，如图 13-2 所示。

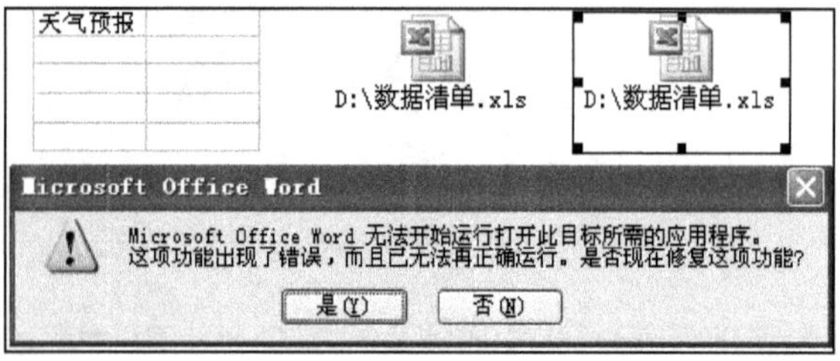

图 13-2　链接工作簿时出错

（6）编辑 Word 文档中的工作表：双击嵌入到 Word 文档中的工作簿文件图标，打开工作簿文件，在当前工作表中输入“嵌入的工作表已经与 Word 文档合为一体。”

（7）返回 Word 文档中：完成编辑工作后，单击 Word 工作区的任何地方，就可以关闭 Excel 窗口，回复 Word 文档的正常编排状态。

实训任务 3：在 Word 文档中插入 Excel 工作表和图表

任务描述

在 Word 文档中，通过不同的方法，插入类型不同的 Excel 工作表和图表。

任务分析

本训练包括在 Word 文档中嵌入工作表，利用工作表中的数据表创建图表，编辑图表以及在 Word 文档中链接工作簿图表等任务。

上机指导

（1）准备工作。启动 Word 2003，建立一个空白 Word 文档，在文档中插入一个分页符，产生一个新页。

（2）嵌入工作表：从“插入”菜单打开“对象”对话框，嵌入位于电子资料包“EXCEL”文件夹中的工作簿文件“复杂计算.xls”，激活“编辑公式 1”工作表。

（3）创建图表：放大“复杂计算.xls”工作簿的窗口，滚动工作表标签，找到“编辑公式 1”工作表并激活，利用工作表中的数据清单创建一个内嵌式图表。

（4）把图表复制到 Word 文档中：拖曳“编辑公式 1”工作表中的图表，到达 Word 文档的空白处时松开鼠标键，把工作表中的图表插入到 Word 文档中。

（5）编辑图表：双击 Word 文档中的图表，进入编辑图表的环境，选定图表，从快捷菜单中打开“图标区格式”对话框，设置“10”磅字体，如图 13-3 所示。

（6）在 Word 文档中链接工作簿图表：打开“对象”对话框的“由文件创建”选项卡，选中“链接到文件”复选项，从电子资料包“EXCEL”文件夹中选择工作簿文件“Book2.xls”，建立 Word 文档与工作簿图表之间的链接关系，如图 13-4 所示。

（7）完成上面的嵌入或链接工作后，分别双击这些对象的图标，在打开的 Excel 工作簿中，检验被插入的内容是否符合题目的要求。

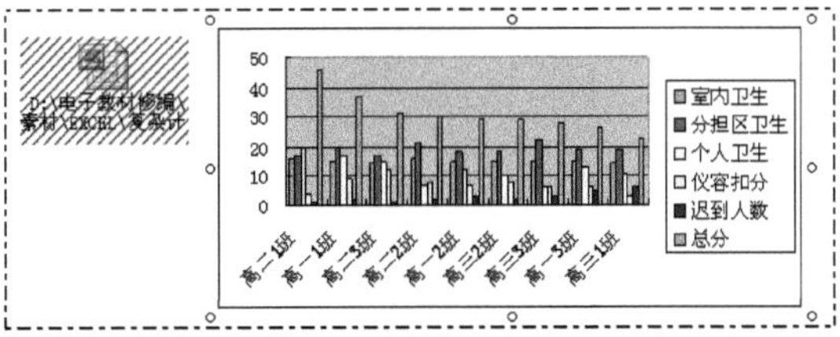

图 13-3 在 Word 文档中插入的图表

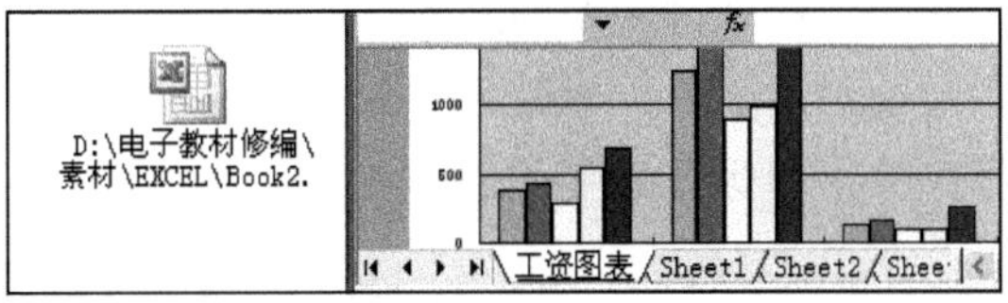

图 13-4 在 Word 中链接的工作簿图表

自主学习

1. 判断题

（1）在 Word 文档中嵌入一个 Excel 工作表，当包含这个工作表的工作簿文件被删除时，这个嵌入工作表也将被删除。（□正确，□错误）

（2）在 Word 文档中链接一个 Excel 工作表，当包含这个工作表的工作簿文件移动时，这个嵌入工作表不受任何影响。（□正确，□错误）

2. 简答题

（1）在 Word 文档中嵌入的工作表和链接的工作表有什么本质区别？操作方法的关键区别是什么？

（2）在 Word 文档中有几种插入 Excel 工作表的方法？各自的优缺点是什么？

第2节 在Excel中使用Word

实训任务 1：在新建的 Excel 工作表中插入 Word 对象

任务描述

新建一个 Excel 工作簿文件，通过不同的操作方法，在工作表中分别插入或链接 Word 文档中的文本、图形和表格内容。

任务分析

所谓“不同方法”包括，菜单插入，工具栏插入，以及利用“复制”和“粘贴”命令完成插入任务。

上机指导

（1）准备工作：新建一个默认的 Excel 工作簿文件，激活工作簿中的一个工作表并命名为“插入 Word 1”。

（2）链接 Word 文档对象：在 Excel 工作簿窗口中，打开插入“对象”对话框，选中“从文件创建”选项卡，并指定一个被链接的 Word 文档文件。

（3）以图标方式显示：选中“对象”对话框中的“链接文件”复选项和“显示为图标”复选项，使被链接的文档文件以图标方式显示。

心灵手巧：利用“常用”工具栏上的“插入超级链接”按钮，通过直接输入文件名或通过浏览指定一个被链接的 Word 文档对象，也可以建立文件之间的链接。

（4）插入空白 Word 文档：打开插入“对象”对话框，选中“新建”选项卡中的“Microsoft Word 文档”，在单元格中插入一个空白的 Word 文档框架。

（5）插入 Word 文本切块：新建一个 Word 文档文件，输入并复制 5 行数字。切换到 Excel 工作表中，在 A1 单元格中粘贴文本内容。

（6）插入 Word 图形：在“对象”对话框的“新建”选项卡中，选中“Microsoft Word 图片”，在工作表中插入一个绘图区域。在空白的 Word 图形绘制区中画一幅简单的图画。单击“关闭”按钮，退回到工作簿窗口中，在工作表中插入该图画。

心灵手巧：如果需要修改图形，可以双击该图形，重新打开绘图窗口，利用绘图工具编辑图形。

（7）插入 Word 表格：打开一个包含表格的 Word 文档，选定并复制表格内容后，切换到 Excel 的工作簿中，激活一个工作表，粘贴 Word 表格及其内部的数据。

实训任务 2：按要求在 Excel 工作表中插入多种 Word 文档对象

任务描述

新建一个默认的工作簿文件，参考如图 13-5 所示的题样，在空白工作表中，分别插入一些 Word 对象。

任务分析

在 Excel 工作表中插入 Word 文件还是插入 Word 文档，取决于在插入“对象”对话框中，使用的是“由文件创建”选项卡还是“新建”选项卡。另外，在 Excel 工作表中以“选择性粘贴”方式插入 Word 表格时，如果选择“Word 文档对象”，插入的是对象；如果选择“HTML”，插入的是“表格”。

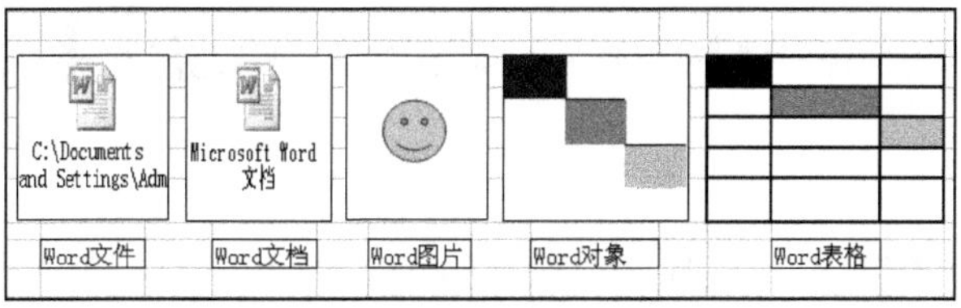

图 13-5　在工作表中插入多种 Word 项目

上机指导

（1）准备工作：打开默认工作簿文件，命名一个工作表为“插入 Word2”。

（2）插入 Word 文件：打开“对象”对话框“由文件创建”选项卡，选择被插入的文档文件，并选中“显示为图标”复选框，在工作表中插入一个 Word 文件。

（3）插入 Word 文档：打开 “对象”对话框“新建”选项卡，从列表框中选择“Microsoft Word 文档”，并选中“显示为图标”复选框，插入 Word 文档框架。

（4）插入 Word 图片：打开“对象”对话框 “新建”选项卡，选择“Microsoft Word 图片”，在打开的窗口中，绘制一个图形，关闭绘画窗口时，插入一幅“图片”。

（5）插入 Word 对象：复制 Word 文档中的表格，切换到 Excel 工作表中，打开“选择性粘贴”对话框，选择“Microsoft Word 文档对象”，插入 Word 对象。

（6）插入 Word 表格：复制 Word 文档中的表格，切换到 Excel 工作表中，在“选择性粘贴”对话框中，选择“HTML”，插入的是 Word 表格。

（7）完成插入工作后，双击插入到 Excel 工作表中的对象，观察发生的变化，检验插入的项目是否符合题目的要求。

知识梳理

在 Excel 工作表中可以插入许多不同形式的对象，究竟插入的是什么对象，既取决于插入的方法或渠道，还取决于在插入的对话框中选择的一些选项。双击不同的插入对象，打开的编辑环境也不尽相同，在打开的编辑环境中可以采取常规的做法，对这些对象进行再编辑。

自主学习

1. 判断题

（1）在 Excel 工作表中插入 Word 文档中的文字切块，这个切块作为普通文字被插入到工作表中的工作表中。（□正确，□错误）

（2）在 Excel 工作表中插入 Word 文档中的表格，这个表格作为图片被插入到工作表中的工作表中。（□正确，□错误）

2. 简答题

（1）在 Excel 工作表中插入 Word 文档内容有什么实用价值？

（2）通过实际操作，说明在 Excel 工作表中插入 Word 文档后，如何重新编辑这个文档？编辑方法与在 Word 窗口中编辑有什么差别？

第3节 PowerPoint与其他Office组件的联合使用

实训任务 1：借助“标题”实现幻灯片与 Word 文档之间的转换

任务描述

利用已有的 Word 文档中的标题，创建 PowerPoint 演示文稿中幻灯片的标题。同时，把演示文稿的幻灯片以图形方式插入到 Word 文档中。

任务分析

在 Word 文档中，可以把所有的标题内容转换到 PowerPoint 演示文稿的幻灯片中，并插入对应数量的新幻灯片，自动将同级的标题分配到各个幻灯片中。要求在“发送”之前，在 Word 文档中事先确定标题的级别并输入标题文字。

上机指导

（1）建立 Word 标题：在 Word 窗口中，先建立 3 个一级标题，并输入标题文字：“第 1 章 计算机在脑血栓方面的应用”、“第 2 章 计算机在治疗精神病方面的应用”和“第 3 章 计算机在冷热无常病中的应用”。

（2）执行“发送”命令：从 Word “文件”菜单的“发送”中选择“Microsoft Office PowerPoint”，打开演示文稿工作窗口，并把标题分布在 3 张幻灯片中。

（3）编辑演示文稿：在演示文稿的每张幻灯片中，分别插入一幅剪贴画。

（4）在 Word 文档中插入幻灯片：在演示文稿窗口中，从“文件”菜单的“发送”中选择“Microsoft Word”，在打开的对话框中，确定粘贴幻灯片后 Word 所使用的版式为“备注在幻灯片下”。确定后，返回到 Word 文档窗口，3 张幻灯片以“图形对象”方式插入到新建 Word 文档中。双击“图形对象”，可以编辑幻灯片。

实训任务 2：在演示文稿的幻灯片中插入 Excel 数据表及图表

任务描述

在演示文稿的“流动红旗”的灯片中，插入 Excel 工作表中的“评选条件”数据表及图表，并适当修饰。

任务分析

这项任务不同于在幻灯片中插入图表，任务将建立 PowerPoint 与 Excel 的密切联系，使获得大量的数据变得易如反掌。首先应该建立一个图表，并同时打开数据表，然后以数据表为基础将外面的 Excel 工作表数据导入进来。

上机指导

（1）新建一个 Excel 数据表：启动 Excel 2003，激活一个工作表并命名为“精英主板数据清单”。参考图 13-6，在表格中输入数据，建立一个反映“精英”主板一年销售情况报告的数据表。保存文件时，命名工作簿文件为“精英遍中华.xls”。

精英主板销售情况报告表				
主板型号	第一季度	第二季度	第三季度	第四季度
XBR4908	12,000.0	14,500.0	16,740.0	19,800.0
TYK5407	11,200.0	12,400.0	14,580.0	21,000.0
XSZ8311	8,000.0	7,000.0	5,800.0	16,000.0

图 13-6 产品销售数据表

（2）在演示文稿中创建图表：在新建演示文稿的窗口中，单击“常用”工具栏上的“插入图表”按钮，插入一个默认的数据表，以及以该数据表建立的图表。

（3）导入数据文件：选定新建数据表的 A1 单元格，从“编辑”菜单选择“导入文件”，在“导入文件”对话框中选择新建立的工作簿文件“精英遍中华.xls”。在打开的“输入数据选项”对话框中选中“整个工作表”单选框，在“从工作簿中选择工作表”列表框中选择“精英主板数据清单”工作表。确定后，幻灯片中默认工作表的内容被精英主板销售数据覆盖，图表的内容也自然发生变化。

（4）重新编辑工作表：调整图表的尺寸，并删除图例中的“主板型号”等两项，实现对数据表和图表的简单编辑。

自主学习

1. 填空题

（1）PowerPoint 使用 Word 文档中的标题样式时，将“标题 1”转换成第____张幻灯片的标题，将“标题 2”转换成第____张幻灯片的标题。

（2）在 PowerPoint 中，执行________菜单的________命令，可以把演示文稿中的幻灯片以缩略图方式插入到 Word 中。

2. 简答题

（1）PowerPoint 2003 在 Office 组件中的独特功能是什么？

（2）简述办公软件“三剑客”有哪些共性知识和共性操作技术。

第4节 综合训练

在本节的训练中，Microsoft Office 的 3 个主要软件将联合应用，演绎“环形嵌入”的精彩片段。

任务描述

首先，建立3个文件，分别是“坚信不疑.doc”、“弘誓大愿.xls”和“专精持名.ppt”。然后，在Office的3个软件之间实现“环形嵌入”，最后，移动这3个软件在磁盘中的位置，要求保证这种链接关系不被破坏。另外，还要求采取方法验证是否实现了“环形嵌入”。

任务分析

实现Word、Excel和PowerPoint 3个软件之间的“环形嵌入”，起点是Word文档，插入的对象是Excel工作表，在Excel工作表中插入的对象是PowerPoint幻灯片，最后，在PowerPoint幻灯片中，再插入位于起点处的Word文档，实现首尾相接。在插入对象时不要选中“链接到文件”。这种做法类似用3个镜子，恰当摆放其位置和角度，使镜子中的图像循环嵌套，层出不穷。

上机指导

分为4大步骤进行。

第一步，准备工作。

（1）建立一个Word文档文件：启动Word 2003，打开一个默认文档文件，单击“常用”工具栏上的“保存”按钮，命名文件名为“坚信不疑.doc”，保存在D盘根目录下。隐藏Word工作窗口中的工具栏、标尺和状态栏，只显示标题栏和菜单。

（2）建立一个Excel工作簿文件：启动Excel 2003，打开一个默认工作簿文件，单击“常用”工具栏上的“保存”按钮，命名文件名为“弘誓大愿.xls”，保存在D盘根目录下。隐藏工作窗口中的一些部件，只显示标题栏和菜单。

（3）建立一个PowerPoint演示文稿文件：启动PowerPoint 2003，打开一个默认演示文稿文件，单击“常用”工具栏上的“保存”按钮，命名文件名为“专精持名.ppt”，保存在D盘根目录下。隐藏工作窗口中的一些部件，只显示标题栏和菜单。

第二步，开始链接。

（4）在Word文档中插入Excel工作簿文件：打开Word文件“坚信不疑.doc”的工作窗口，从“插入”菜单打开“对象”对话框中的“由文件创建”选项卡，选择“显示为图标”复选框，单击“浏览”按钮，在对话框中找到并插入Excel文件“弘誓大愿.xls”，如图13-7所示。最后，关闭软件窗口。

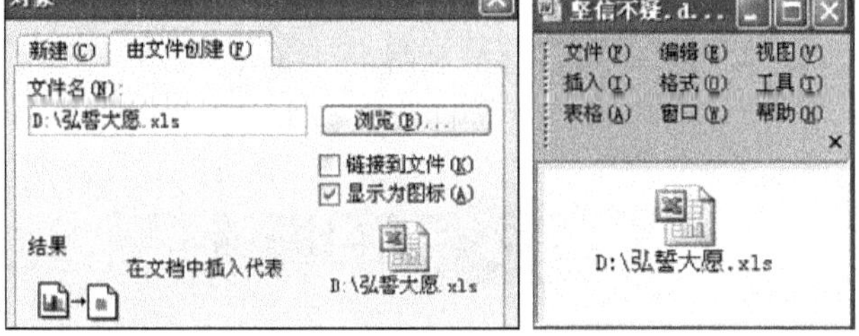

图13-7 在Word文档中插入Excel文件

（5）在 Excel 工作表中插入 PowerPoint 演示文稿：打开 Excel 文件“弘誓大愿.xls”的工作窗口，从“插入”菜单打开“对象”对话框中的“由文件创建”选项卡，选择“显示为图标”复选框，单击“浏览”按钮，在对话框中找到并插入演示文稿文件“专精持名.ppt”。最后，关闭软件窗口。

（6）在 PowerPoint 幻灯片中插入 Word 文档文件：打开 PowerPoint 文件“专精持名.ppt”的工作窗口，从“插入”菜单打开“插入对象”对话框，选中“由文件创建”单选框，单击“浏览”按钮，在对话框中找到并插入 Word 文件“坚信不疑.doc”，然后，选中“显示为图标”复选框，再单击“更改图标”按钮，在打开对话框的“标题”框中输入“坚信不疑.doc”，关闭软件窗口。

第三步，打开链接文件。

（7）打开起点的 Word 文件：首先，双击 D 盘根目录下的 Word 文件“坚信不疑.doc”，打开如图 13-8 所示的第 1 个窗口。

（8）打开被链接的 Excel 文件：在 Word 文件“坚信不疑.doc”工作窗口中，对准 Excel 图标按右键，在快捷菜单中选择“工作表对象”中的“打开”，打开如图 13-8 所示的第 2 个窗口。

（9）打开被链接的 PowerPoint 文件：在 Excel 文件“弘誓大愿.xls”工作窗口中，对准 PowerPoint 图标按右键，在快捷菜单中选择“演示文稿对象”中的“打开”，打开如图 13-8 所示的第 3 个窗口。

第四步，验证“环形嵌入”。

（10）打开被链接的 Word 文件：在 PowerPoint 文件“专精持名.ppt”演示文稿窗口中，对准 Word 图标按右键，在快捷菜单中选择“Word 对象”中的“打开”，打开如图 13-8 所示的第 4 个窗口。

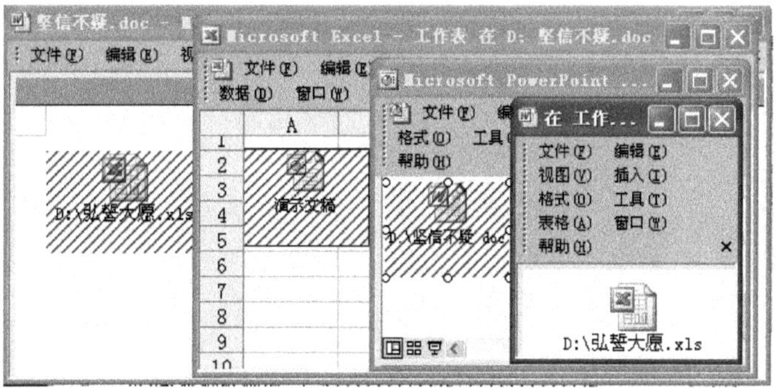

图 13-8　打开相互链接的文件

（11）验证“嵌入”特点：首先，关闭所有打开软件的窗口，然后，把 D 盘根目录下的“坚信不疑.doc”、“弘誓大愿.xls”和“专精持名.ppt” 3 个文件移到 C 盘根目录下。逐层打开被链接的文件时，证实了这些文件已经作为对象被插入到其他软件中，所采取的方式是“嵌入”，而不是“链接”。